高等学校教材

碳基复合材料的制备与应用

张磊磊　卢锦花　贾瑜军　著

西北工业大学出版社

西　安

【内容简介】 本书共9章,主要内容包括复合材料的增强体与基体、复合材料的界面、碳基复合材料简介、碳基复合材料的制备、碳基复合材料的力学性能、碳基复合材料的抗氧化、碳基复合材料的抗烧蚀、碳基复合材料的电磁屏蔽、碳基复合材料的应用。

本书可用作高等学校材料学专业研究生或者高年级本科生的教材,也可供相关领域工程技术人员参考使用。

图书在版编目(CIP)数据

碳基复合材料的制备与应用 / 张磊磊,卢锦花,贾瑜军著. — 西安:西北工业大学出版社,2024.8.
ISBN 978-7-5612-9419-2

Ⅰ. TB333.2

中国国家版本馆 CIP 数据核字第 2024EL7969 号

TANJI FUHE CAILIAO DE ZHIBEI YU YINGYONG

碳 基 复 合 材 料 的 制 备 与 应 用

张磊磊　卢锦花　贾瑜军　著

责任编辑:王玉玲		策划编辑:杨　军
责任校对:曹　江		装帧设计:高永斌　李　飞

出版发行:西北工业大学出版社
通信地址:西安市友谊西路 127 号　　邮编:710072
电　　话:(029)88491757,88493844
网　　址:www.nwpup.com
印 刷 者:陕西向阳印务有限公司
开　　本:787 mm×1 092 mm　　1/16
印　　张:17.5
字　　数:437 千字
版　　次:2024 年 8 月第 1 版　　2024 年 8 月第 1 次印刷
书　　号:ISBN 978-7-5612-9419-2
定　　价:66.00 元

如有印装问题请与出版社联系调换

前 言

现代科学技术的迅猛发展对材料提出了越来越高的要求。实践应用中,复合材料由于具有比强度高、质量轻等优点而成为当今材料应用领域的主体,特别是在航空、航天等高新领域,材料的使用范围以及应用需求(如耐高温、抗氧化、抗腐蚀、高强度等)对原有高温复合材料提出了更高的要求,促进了耐高温材料的快速发展。

20世纪60年代,美国Chance Vought航空公司的实验意外得到了碳基体,制备得到碳基复合材料。该材料由于具有优异的物理性能和高温性能,立刻引起了材料科学与工程研究人员的关注,他们随即对其开展了大量的研究。碳基复合材料在60年代中期到70年代末期得到飞速发展,目前已经在航空、航天、核能、兵器以及许多民用工业领域得到广泛应用。我国在20世纪70年代初开始对碳基复合材料的研究,在预制体的结构设计及编织技术、预制体的致密化工艺以及功能开发应用等方面取得了诸多进展。系统了解碳基复合材料的概念、制备、性能以及应用等将有助于从事该方向科学研究的人员迅速获取基础知识,进而深入探索该专业领域。

本书从复合材料的基础概念出发,对碳基复合材料的制备、性能与应用等问题进行了系统介绍。全书共9章,第1、2章介绍复合材料的增强体与基体以及复合材料的界面等基础概念,由张磊磊、卢锦花执笔;第3、4章介绍碳基复合材料基础概念及其制备等内容,由张磊磊、卢锦花执笔;第5~7章介绍碳基复合材料的力学性能、抗氧化及抗烧蚀内容,由卢锦花、贾瑜军执笔;第8、9章分别介绍碳基复合材料的电磁屏蔽功能及碳基复合材料的应用等内容,由张磊磊、贾瑜军执笔。

笔者集多年教学经验和科研成果撰写了本书,书中内容借鉴或引用了西北工业大学碳/碳复合材料研究团队博士和硕士的学位论文中的部分成果,在此一并表示感谢!

由于笔者水平有限,书中难免存在不足之处,敬请专家和读者不吝指正。

著 者

2024年2月

目　录

第1章　复合材料的增强体与基体 ………………………………………… 1
　1.1　复合材料的定义 …………………………………………………… 2
　1.2　复合材料的复合原则 ……………………………………………… 4
　1.3　复合材料的性能 …………………………………………………… 6
　1.4　复合材料的增强体 ………………………………………………… 8
　1.5　复合材料的基体 …………………………………………………… 40

第2章　复合材料的界面 ……………………………………………………… 48
　2.1　复合材料界面简介 ………………………………………………… 48
　2.2　界面的润湿性 ……………………………………………………… 48
　2.3　界面的结合类型 …………………………………………………… 52
　2.4　界面结合强度 ……………………………………………………… 54
　2.5　界面强度测试 ……………………………………………………… 55
　2.6　金属基复合材料的界面 …………………………………………… 62
　2.7　聚合物基复合材料的界面 ………………………………………… 63
　2.8　陶瓷基复合材料的界面 …………………………………………… 64

第3章　碳基复合材料概述 …………………………………………………… 70
　3.1　碳基复合材料简介 ………………………………………………… 70
　3.2　碳基复合材料的发展历程 ………………………………………… 71
　3.3　碳基复合材料制备技术 …………………………………………… 72
　3.4　碳基复合材料的性能特点 ………………………………………… 76
　3.5　碳基复合材料的用途 ……………………………………………… 77

第4章　碳基复合材料的制备 ………………………………………………… 84
　4.1　液相浸渍-碳化工艺 ………………………………………………… 84

  4.2 化学气相渗透工艺 ·· 88

第 5 章 碳基复合材料的力学性能 ··· 125

  5.1 碳纤维预制体种类及其对力学性能的影响 ·· 125
  5.2 碳基体种类及其对力学性能的影响 ·· 127
  5.3 界面的种类及其对力学性能的影响 ·· 130
  5.4 碳/碳复合材料力学性能上的不足 ·· 131
  5.5 碳纳米管增强碳/碳复合材料 ··· 132

第 6 章 碳基复合材料的抗氧化 ·· 141

  6.1 C/C 复合材料的氧化防护 ·· 141
  6.2 C/C 复合材料抗氧化涂层体系 ··· 142
  6.3 C/C 复合材料抗氧化涂层的制备方法 ··· 154
  6.4 C/C 复合材料抗氧化涂层组元的氧化行为 ··· 157

第 7 章 碳基复合材料的抗烧蚀 ·· 178

  7.1 概述 ··· 178
  7.2 涂层碳基复合材料的抗烧蚀 ·· 179
  7.3 基体改性碳基复合材料的抗烧蚀 ··· 183
  7.4 碳基复合材料抗烧蚀性能测试 ·· 200

第 8 章 碳基复合材料的电磁屏蔽 ··· 225

  8.1 概述 ··· 225
  8.2 电磁屏蔽材料 ·· 226
  8.3 碳基材料的电磁屏蔽原理 ··· 227
  8.4 碳基复合材料的电磁屏蔽性能 ·· 233
  8.5 电磁屏蔽的表征 ·· 248

第 9 章 碳基复合材料的应用 ·· 259

  9.1 碳基复合材料的应用现状 ··· 259
  9.2 碳基复合材料作为高速制动材料的应用 ·· 259
  9.3 碳基复合材料在航空发动机上的应用 ··· 261
  9.4 碳基复合材料在航天热结构件中的应用 ·· 262
  9.5 碳基复合材料作为生物材料的应用 ·· 265
  9.6 碳基复合材料发展前景展望 ·· 267

第1章 复合材料的增强体与基体

　　材料在人类发展史上起着十分重要的作用。材料是社会进步的物质基础和先导,是人类文明进步的里程碑。历史学家常把人类的发展历史按石器时代、陶器时代、青铜器时代和铁器时代来划分。人类的文明史也就是材料的进步史。现代历史也是如此,人类为了一定的生产或科学实验的目的,一直在不断地研究新材料,人类在科学技术上的进步往往是与新材料的出现分不开的。一种新材料的出现,往往会引起生产工具的革新和生产力的大幅度提高,会把人类支配和改造自然的能力提高到一个新的高度,给社会生产力和人类生活带来巨大变化。20世纪以来,高度成熟的钢铁工业已成为现代工业的重要支柱,在已使用的结构材料中,钢铁材料占一半以上,随着宇航、导弹、原子能等现代科学技术和工业的飞速发展,对材料提出了质量轻、功能多、价格低等要求,现有的钢铁和有色合金材料已很难满足需求。与此同时,人类已掌握了丰富的知识和生产技能,在新材料的研制方面取得了巨大的成就。

　　材料、能源和信息技术是当前国际公认的新技术革命的三大支柱,一个国家材料的品种、数量和质量,已成为衡量该国科学技术、国民经济水平和国防力量的重要标志。现代科学的发展和技术的进步,对于材料性能的要求日益提高,希望材料既具有某些特殊性能,又具有良好的综合性能。长期以来,人类不断地改进原有材料,研究出许多新的材料,并且积累了丰富的应用经验。所使用的任何一种单一材料尽管有其若干突出的优点,但在一定程度上仍存在一些明显的缺点,很难满足人类对各种综合指标的要求。因此,采用人工设计和合成的当代新型工程材料应运而生。人类发现采用复合的方式可将两种或两种以上的单一材料制成新的材料。这些新的材料利用其特有的复合效应,可以优化设计,保留原有组分材料的优点,克服或弥补其缺点,并显示出一些新的性能,这就是复合材料。复合材料具有原组成材料所不具备的,并能满足实际需要的特殊性能和综合性能,同时有很强的可设计性。采用复合的方式在一定程度上是研究新材料的捷径,使材料研制逐步摆脱靠经验和摸索的轨道,向着按预定性能设计新材料的方向发展。复合材料的出现是材料设计方面的一个突破,复合材料的研究与开发受到世界各国的高度重视,得到迅速发展。

　　自然界中存在许多天然的复合材料,例如,树木和竹子是纤维素和木质素的复合体,动物骨骼则是由无机物和胶原纤维复合而成的。人类很早就开始接触和使用各种天然的复合材料了,并效仿自然界制作复合材料了。纵观复合材料的发展历史,大致可以分为早期复合材料和现代复合材料两个阶段。早期复合材料,由于性能相对比较差、生产量大、使用面广,也称为常用复合材料。现代复合材料是材料发展中合成材料时期的产物。玻璃纤维增强树脂在第二次世界大战中被美国空军用于制造飞机构件,开辟了现代复合材料的新纪元,后来随着高新技术发展的需要,又在此基础上发展出了高性能的先进复合材料。

1.1 复合材料的定义

复合材料的理论研究,仍在不断发展中,要对复合材料下个确切的定义,还缺乏必要的理论根据,所以目前各国对复合材料的定义和解释不完全相同。一般而言,复合材料的定义主要有以下几种。从广义上来说,复合材料是由两个或多个物理相(以微观或宏观的形式)所组成的固体材料。这种定义的不足之处在于仅以组分的数目为基础来区分复合材料,没有明确说明它的特性和组成规律,不能把真正的复合材料与其他多相混合材料严格地区别开来。还有一种定义是,复合材料在结合后仍能保留原材料各自的特性,在强度或绝热阻抗以及某些其他所需要的性能方面,复合以后能比其原组分中任意一种优越,甚至根本不同。这种严格定义使得复合材料在制造方面难以进行。在此基础上,有人又做了进一步归纳,提出了更符合要求且足够精确的定义:复合材料是一种不同于合金的合成材料,在这种材料中,每一种组分都保留着它们独自的特性,构成复合材料时仅取它们的优点而避开其缺点,从而得到一种改善了的材料。国际标准化组织把复合材料定义为:由两种以上物理和化学性质不同的物质组合起来而得到的一种多相固体材料。即通过适当的工艺方法使两种或两种以上物理和化学性质不同的物质复合起来,形成多相体系的固体。其性能比组成它的材料性能要好,也就是说具有复合效果。实际上,复合材料没有统一的或称为标准的定义,不管复合材料的定义如何,复合材料显然是一种多相材料,它包括基体相和增强相。基体相是一种连续相材料,它把改善性能的增强相材料固结成一体,并起到传递应力的作用;增强相一般为分散相,主要起承受应力和显示功能的作用;这两相最终以复合的固相材料出现。复合材料既能保持原组成材料的重要特性,又可通过复合效应使各组分的性能相互补充,获得原组分不具备的许多优良性能。上述定义的复合材料可以是一个连续物理相与一个分散相的复合,也可以是两个或多个连续相与一个或多个分散相在连续相中的复合。

一般认为,定义复合材料需满足以下条件:复合材料必须是人造的,是人们根据需要设计、制造的材料;复合材料必须由两种或两种以上化学、物理性质不同的材料组成,并有明显的界面隔开各组元;复合材料由各组分材料以所设计的形式、比例、分布组合而成;复合材料应获得任何单独组成材料所不能达到的性能。

可以看出,一般材料的简单混合与复合材料的本质区别主要体现在两个方面:一是复合材料不仅保留了原组分材料的特点,而且通过各组分的相互补充和关联可以获得原组分所没有的新的优异性能;二是复合材料的可设计性,如结构复合材料不仅可根据材料在使用中受力的要求进行组元选材设计,更重要的是还可以通过调整增强体的比例、分布、排列和取向等因素,进行复合结构设计。

复合材料的特性一是体现在复合效果,复合材料应具备任何单独组分材料所不能达到的性能,这种效应即称为复合效果。二是体现在可设计性,材料设计是指在材料科学的理论和已有经验的基础上,按预定性能要求,确定材料的组分和结构,并可以预测达到预定性能要求应选择的工艺手段和工艺参数。通过改变材料的组分、结构、工艺方法和工艺参数来调节材料的性能,就是材料性能的可设计性。显而易见,复合材料包含诸多影响最终性能的、可调节的因素,这使得复合材料的性能具有可设计性。复合材料设计的首要步骤是选择构成复合材料的基本组分(增强材料和基体),这一步骤可简称为选材。它包括确定增强材料和基体的种类(即确定复合体系),并根据复合体系初步确定增强材料在复合材料中的体积分数(即各组元的体积比)。选材的目的是根据复合材料中各组分的职能、所需承担的载荷及载荷分布情况,并考虑具体使用条件下的各种性能,来确定复合材料体系。铺层设计是根据受力要求和刚度要求,通过承受指定载荷下的各层应力分布、强度与变形来确定某种铺叠次序。除颗粒增强复合材料外,定向的晶须和长纤维复合材料的力学及物理性质是非均质和各向异性的,与可视为均质的和各向同性的传统材料有显著不同,这是复合材料可以进行铺层设计的主要依据。复合材料可以根据结构中各部分的工作环境及载荷类型与大小,选用和配置不同的增强材料和基体。材料性能梯度变化的思想使复合材料优化设计日臻完善。传统材料只能选择现有的牌号和规则,在这一点上,复合材料将赋予结构设计者更大的自由度,也为力学工作者提供了更广阔的施展才华的空间。三是体现在材料与构件制造的一致性,确定复合材料组分(增强材料和基体)和配比(即体积比)后,根据铺层设计的要求对其进行排列和配置,经复合(即组合或制造)就可以得到复合材料的构件了。传统材料构件需先选用以板、块、棒、管和型材等形式供应的材料,再将这些材料经各种加工方法制成构件。与其显著不同的是,复合材料与复合材料构件是同时成型的,即在采用某种方法把增强材料加入基体形成复合材料的同时,通常也就形成了复合材料构件,这称为复合材料与构件制造的一致性。

  复合材料在世界各国还没有统一的名称和命名方法,比较共通的趋势是根据增强体和基体的名称来命名,一般有以下三种情况:强调基体时,以基体材料的名称为主,如树脂基复合材料、金属基复合材料、陶瓷基复合材料等。强调增强体时,以增强体的名称为主,如玻璃纤维增强复合材料、碳纤维增强复合材料、陶瓷颗粒增强复合材料等。基体材料名称与增强体名称并用,这种命名方法常用以表示某一种具体的复合材料,习惯上把增强体的名称放在前面,基体材料的名称放在后面。如玻璃纤维增强环氧树脂复合材料,简称为玻璃纤维/环氧树脂复合材料。

  复合材料一般由基体与增强体或功能组元组成,依据金属材料、无机非金属材料和有机高分子材料等的不同组合,可构成各种不同的复合材料体系,所以其分类方法也较多。

  根据复合过程的性质分类,复合材料可分为自然复合、物理复合和化学复合的复合材料。

  按性能分类,复合材料可分为常用复合材料和先进复合材料,先进复合材料主要由碳、芳纶、陶瓷等纤维和晶须等高性能增强体与耐高温的高聚物金属、陶瓷和碳(石墨)等构成,通常用于各种高新技术领域中用量少而性能要求高的场合。

  按用途分类,复合材料可分为结构复合材料和功能复合材料。结构复合材料是作为承力结构使用的材料,基本上由能承受载荷的增强体组元与能连接增强体而成为整体材料的基体组元构成。增强体包括各种天然纤维、人造纤维、织物、晶须、片材和颗粒等,基体则有高分子材料、金属、陶瓷、玻璃、碳和水泥等。结构复合材料的特点是可根据材料在使用中的受力要求进行组元选材设计,更重要是还可进行复合结构设计,即增强体排布设计,能合理地满足需要并节约用材。功能复合材料具备非常优越的发展基础。功能复合材料一般由功能体组元和基体组元组成，基体不仅起到构成整体的作用，而且具有协同或加强功能的作用。功能复合材料是指除机械性能外提供其他物理性能的复合材料，如凸显导电、超导、半导、磁性、压电、阻尼、吸波、透波、磨擦、屏蔽、阻燃、防热、吸声、隔热等某一功能。多元功能体的复合材料可以具有多种功能，同时，还有可能由于复合效应而产生新的功能。多功能复合材料是功能复合材料的发展方向。

按基体类型分类，复合材料所用基体主要是有机聚合物，也有金属、陶瓷、水泥及碳（石墨）基体，如图 1-1 所示。

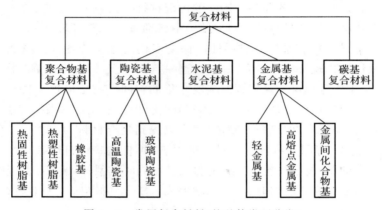

图 1-1　常用复合材料（按基体类型分类）

复合材料通常也可以按增强体形态分类，如颗粒增强复合材料、纤维增强复合材料、片材增强复合材料、层叠式复合材料，如图 1-2 所示。其中短纤维在复合材料中的排列方式又有随机排列和定向排列之分。按纤维的种类，纤维增强复合材料可分为玻璃纤维增强复合材料、碳纤维增强复合材料、芳纶纤维增强复合材料、氧化铝纤维增强复合材料、氧化锆纤维增强复合材料、石英纤维增强复合材料、钛酸钾纤维增强复合材料等；按层压板增强材料的不同，可分为纸纤维层压板、布纤维层压板、木质纤维层压板、石棉层压板等。

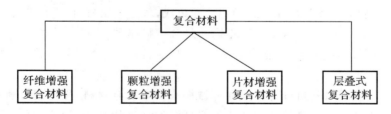

图 1-2　常用复合材料（按增强体形态分类）

1.2　复合材料的复合原则

要想制备一种性能优良的复合材料，首先应根据所要求的性能进行设计。复合材料的设计应遵循以下原则。

其一是材料组元的选择,挑选最合适的材料组元尤为重要。当选择材料组元时,首先应明确各组元在使用中所应承担的功能,也就是说,必须明确对材料性能的要求。对材料组元进行复合,即要求复合后的材料达到特定的性能,如高强度、高刚度、耐蚀、耐磨、耐热、导电、传热等性能,或者某些综合性能,如既高强又耐蚀、耐热。因此,必须根据复合材料所需的性能来选择组成复合材料的基体材料和增强材料。除考虑性能要求外,还应考虑组成复合材料的各组元之间的相容性,这包括物理、化学、力学等性能的相容,使材料各组元和谐地发挥作用。在任何使用环境中,复合材料的各组元之间的伸长、弯曲、应变等都应相互或彼此协调一致。要考虑复合材料各组元之间的浸润性,以使增强材料与基体之间达到比较理想的具有一定结合强度的界面。适当的界面结合强度不仅有利于提高材料的整体强度,更重要的是便于将基体所承受的载荷通过界面传递给增强材料,以充分发挥增强材料的增强作用。若结合强度太低,则界面很难传递载荷,影响复合材料的整体强度;但结合强度太高也不利,它会遏制复合材料断裂对能量的吸收,易发生脆性断裂。除此之外,还应联系整个复合材料的结构来考虑。具体到颗粒和纤维增强复合材料,其增强效果与颗粒或纤维的体积分数、直径、分布间距及分布状态有关。颗粒和纤维增强复合材料的设计原则如下:颗粒增强复合材料的原则是颗粒应高度弥散均匀地分散在基体中,使其阻碍导致塑性变形的位错运动(金属、陶瓷基体)或分子链的运动(聚合物基体)。颗粒直径的大小要合适:颗粒直径过大,会引起应力集中或本身破碎,从而导致材料强度降低;颗粒直径太小,则起不到大的强化作用。因此,一般粒径为几微米到几十微米。颗粒的含量一般大于20%。含量太少,达不到最佳的强化效果。颗粒与基体之间应有一定的黏结作用。纤维增强复合材料的原则是纤维的强度和模量都要高于基体,即纤维应具有高模量和高强度,因为除个别情况外,在多数情况下承载主要是靠增强纤维。纤维与基体之间要有一定的黏结作用,两者之间结合要保证所受的力可以通过界面传递给纤维。纤维与基体的热膨胀系数不能相差过大,否则在热胀冷缩过程中会自动削弱它们之间的结合强度。纤维与基体之间不能发生有害的化学反应,特别是不能发生强烈的反应,否则将引起纤维性能降低而失去强化作用。纤维所占的体积、纤维的尺寸和分布必须适宜。一般而言,基体中纤维的体积分数越高,其增强效果越显著;纤维直径越细,则缺陷越小,纤维强度也越高;连续纤维的增强作用大大高于短纤维,不连续短纤维的长度必须大于一定的长度才能显示出明显的增强效果。

其二是制备方法的选择,在材料组元的选择完成之后,就要考虑所采用的复合工艺路线,即具体的制备方法。制备方法的选择应主要考虑以下四个方面:①所选的工艺方法对材料组元的损伤最小,尤其是当纤维或晶须掺入基体之中时,一些机械的混合方法往往造成纤维或晶须的损伤。②所选的工艺方法能使任何形式的增强材料(纤维、颗粒、晶须)均匀分布或按预先设计要求规则排列,使最终形成的复合材料(在性能上)充分发挥各组元的作用,即扬长避短,而且各组元之间仍然保留着固有的特性。③在制备方法的选择上还应考虑性价比,在能达到复合材料使用要求的情况下,尽可能选择简便易行的工艺方案以降低制备成本。④应针对不同的增强材料和基体特性采用不同的制备方法,如金属基复合材料中,采用纤维与颗粒、晶须增强时,同样采用固态法,但用纤维增强时,一般采用扩散结合,而用颗粒或晶须增强时,往往采用粉末冶金法结合。这是因为颗粒或晶须增强时,若采用扩散结合,势必使制造工艺十分复杂,且无法保证颗粒或晶须均匀分散。

1.3 复合材料的性能

与传统材料相比,复合材料大多具有人为制造的特征,即一般在自然界中是不存在的,需要采用人工的方法进行合成,具备一定的可设计性,通过材料内部组元结构的优化组合,可以得到综合性能良好的复合材料。工程中常用的不同种类复合材料的性能特点,主要表现为以下几点。

其一是比强度和比模量高。比强度和比模量是用来衡量材料承载能力的性能指标。比强度越高,同一零件的自重越小;比模量越高,零件的刚性越大。复合材料的突出优点是比强度和比模量高,有利于材料的减重。表1-1为几种常见材料的比强度、比模量值。复合材料呈现轻质、高强的特征,其比强度和比模量都比钢和铝合金高出许多。

其二是具有良好的抗疲劳性能。疲劳破坏是材料在变载荷作用下,由于裂缝的形成和扩展而形成的低应力破坏。金属材料的疲劳破坏常常是没有任何预兆的突发性破坏。而聚合物基复合材料中纤维与基体的界面能阻止裂纹扩展,其疲劳破坏总是从纤维的薄弱环节开始逐渐扩展到结合界面上,因此,破坏前有明显的预兆,不像金属疲劳破坏那样突然。

其三是减振性能好。纤维增强复合材料减振性能较好,这是因为其基体与纤维界面具有较大的阻尼。以大小、形状相同的金属梁与碳纤维复合材料梁为研究对象,经振动试验发现,金属梁振动衰减时间明显较长。

其四是耐高温性能良好。对比原金属与硼纤维或碳纤维增强金属在高温条件下的刚度与强度,金属基复合材料均明显更高。

其五是耐腐蚀性良好。

其六是绝缘、导电和导热性好。玻璃纤维增强塑料是一种优良的电气绝缘材料,用于制造仪表、电机与电器中的绝缘零部件。金属基复合材料具有良好的导电和导热性能,可以使局部的高温热源和集中电荷很快扩散消失,有利于解决热气流冲击和雷击问题。

其七是整体成型优势,对于复合材料,其材料与构件的形成无先后之分,是同步进行的,组分材料复合时其结构也会同时形成,因此通常无需加工即可实现整体成型。所以,复合材料的应用可实现连接件与零部件的节约,不但有助于成本的降低,也可将加工周期缩短,因其整体性较好,可靠性也较高。

表1-1 几种常见材料的比强度和比模量值

材料	密度 $\dfrac{}{g \cdot cm^{-3}}$	拉伸强度 $\dfrac{}{10^3 \text{ MPa}}$	弹性模量 $\dfrac{}{10^5 \text{ MPa}}$	比强度 $\dfrac{}{10^7 \text{ cm}}$	比模量 $\dfrac{}{10^9 \text{ cm}}$
钢	7.8	1.03	2.1	0.13	0.27
铝合金	2.8	0.47	0.75	0.17	0.26
钛合金	4.5	0.96	1.14	0.21	0.25
玻璃钢	2.0	1.06	0.4	0.53	0.20
碳纤维/环氧树脂复合材料	1.45	1.50	1.4	1.03	0.97

续表

材料	密度 $g \cdot cm^{-3}$	拉伸强度 10^3 MPa	弹性模量 10^5 MPa	比强度 10^7 cm	比模量 10^9 cm
芳纶纤维/环氧树脂复合材料	1.4	1.4	0.8	1.0	0.57
硼纤维/环氧树脂复合材料	2.1	1.38	2.1	0.66	1.0
硼纤维/铝复合材料	2.65	1.0	2.0	0.38	0.57

复合材料具有多组分的特点,因此必然会发展成多功能的复合材料。首先是形成功能与结构兼具的复合材料。

1)机敏复合材料。人类一直期望着材料具有能感知外界作用而且产生适当反应的能力,目前已经开始试着将传感功能材料和具有执行功能的材料通过某种基体复合在一起,并且连接外部信息处理系统,把传感器给出的信息传达给执行材料,使之产生相应的动作。这样就构成了机敏复合材料及其系统,它能够感知外部环境的变化,作出主动的响应,其作用表现在自诊断、自适应和自修复的能力上。机敏复合材料在国防尖端技术、建筑、交通运输、水利、医疗卫生、海洋渔业等方面有很大的应用前景,同时在节约能源、减少污染和提高安全性上有很大的作用。

2)智能复合材料。智能复合材料是在机敏复合材料的基础上增加了人工智能系统,会对传感信息进行分析、决策,并指挥执行材料作出相应的优化动作。显然,智能复合材料对传感材料和执行材料的灵敏度、精确度和响应速度均提出了更高的要求,是功能复合材料发展的高境界。

3)仿生复合材料。天然生物材料基本上是复合材料。仔细分析这些复合材料可以发现,它们的形成结构、排列分布非常合理。例如,贝壳是以天然质成分与有机质成分呈层状交替层叠而成的,既具有很高的强度又有很好的韧性。这些都是生物在长期进化演变中形成的优化结构形式。大量的生物体以各种形式的组合来适应自然环境的考验,优胜劣汰,为人类提供了学习、借鉴的对象。为此,可以通过系统分析和比较,提炼规律并形成概念,利用从生物材料中学习到的知识,结合材料科学的理论和手段来进行新型材料的设计和制造,逐步形成新的研究领域,也就是仿生复合材料。正因为生物界能提供的信息非常丰富,以现有水平还无法认识其机理,所以其具有很强的发展生命力。目前虽已经开展了部分研究,并建立了模型,进行了理论计算,但距离真正掌握自然界生物材料的奥秘还有很大差距,可以肯定这是复合材料发展的必由之路,而且前景广阔。

4)纳米复合材料。纳米复合材料是分散相尺度至少有一维小于100 nm的复合材料,由于纳米粒子大的比表面积,表面原子数、表面能和表面张力随粒径下降急剧上升,使其与基体有强烈的界面相互作用,性能显著优于相同组分常规复合材料的物理机械性能。纳米粒子还赋予了复合材料热、磁、光特性和尺寸稳定性。因此纳米复合材料是获得高性能材料的重要途径之一。纳米复合材料与常规的无机填料/聚合物复合体系不同,不是有机相与无机相之间简单的混合,而是两相在纳米尺寸范围内的复合。分散相与连续相界面间具有很强的相互作用,可产生理想的黏结性能,使界面模糊。作为分散相的有机聚合物通常是刚性棒状高分子,它们以分子水平分散在柔性聚合物基体中,构成有机聚合物/无机聚合物纳米复合材料。作为连续相的有机聚合物可以是热塑性聚合物或热固性聚合物。聚合物基无机纳米复合材料不仅具有纳米材料的表面效应及介电性效应等性质,而且将无机物的刚性、尺寸稳定性和热稳定性与聚合物的韧性、可加工性及介电性能糅合在一起,从而产生很多特异的性能,在电子学、光学、机械学、生物学等领域展现出广阔的应用前景。无机纳米复合材料广泛存在于自然界的生物体(如植物和动物的骨质)中,人工合成的无机纳米复合材料目前成倍增长,不仅有以合成的纳米材料为分散相(如纳米金属、纳米氧化物、纳米陶瓷)构成的有机聚合物基纳米复合材料,而且还有石墨层间化合物、黏土矿物有机复合材料和沸石有机复合材料等。

1.4 复合材料的增强体

复合材料的主要组成是基体材料和增强材料,增强材料一般有长纤维状、颗粒状、片状、须状、短纤维状、连续纤维状或片状。事实证明,在复合材料中使用的大多数增强材料都是纤维状的,这是因为纤维状材料相比其他任何形式的材料都要更加坚硬。具体地说,长纤维在具有高强度和高硬度的同时,还有着很小的密度。植物通常是纤维材料最大的来源。比如,棉花、亚麻、黄麻、大麻、剑麻等形式的纤维素纤维就被用于纺织工业,而木材和稻草就被用于造纸工业。其他天然纤维,如头发、羊毛和丝,含有不同形式的蛋白质。尤其是各种蜘蛛制造的丝纤维,由于其高的断裂强度,从而显得更有吸引力。

玻璃纤维(Glass Fiber)是聚合物基体最常用的增强材料,芳纶纤维比玻璃纤维更硬且更轻,静电纺丝聚乙烯纤维的硬度可以与芳纶纤维相媲美。其他高强度、高硬度相结合的高性能纤维材料有硼、碳化硅、碳和氧化铝。作为高性能工程材料使用的纤维具有三个重要的特征。其一,直径相对其晶粒尺寸和微观结构较小,使其理论强度达到更高的值。这就是所谓尺寸效应,晶粒尺寸越小,材料中出现缺陷的概率就越小。图1-3显示出随着碳纤维直径的增大,其强度呈线性下降,这是纤维强度变化的一般趋势。其二,具有大的长径比,这样可以使很大一部分施加载荷通过基体转移到坚硬的纤维上。其三,弹性高,这是低模量或低硬度、小直径材料的特性,高弹性可以使纤维复合材料的制备工艺更加简单多样。

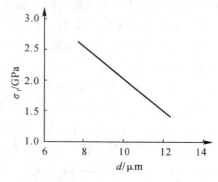

图1-3 碳纤维强度(σ_f)随着直径(d)的增大而下降

弹性是材料弹性刚度和截面尺寸的函数。直观地说,材料的刚度越大,它的弹性就越差。人们在使用纤维时,希望知道在失效之前其可以弯曲到什么程度。纤维的弹性是其直径的一个逆函数。只要有足够小的直径,原则上就可以用聚合物、金属或陶瓷制成和其他材料一样柔韧的纤维。把易碎的材料,如玻璃、碳化硅、氧化铝等制成细纤维,就可以使其柔韧性增强。然而,细直径陶瓷纤维的生产工艺是一个亟待解决的问题。

纤维纺丝是将液体从喷丝头上的小孔中挤出形成固体细丝的过程。在自然界中,蚕和蜘蛛通过这个过程产生连续的细丝。纤维纺丝技术通常有以下几种:

1)湿法纺丝:纺丝原液从喷丝孔中挤压成细流,由于化学或物理变化,液体细流凝固成初生纤维。

2)干法纺丝:将某些高分子化合物用沸点低而易挥发的溶剂制成纺丝溶液,由喷丝头的细孔压入热空气中,因溶剂急速挥发而凝固成纤维。

3)熔融纺丝:以聚合物熔体为原料,采用熔融纺丝机进行纺丝的一种成型方法。凡是加热能熔融或转变成黏流态而不发生显著降解的聚合物,都能采用熔融纺丝法进行纺丝。

4)干湿纺丝:一种特殊的芳纶纺丝工艺,通过喷丝孔挤出合适的聚合物液态晶体溶液,在进入凝固浴之前通过一个气隙,然后进入卷轴进行缠绕。

通过喷丝头的挤压过程会导致纤维中产生某些链取向,一般来说,由于喷丝孔的边缘对近表面分子的影响较大,所以喷丝孔表面分子的取向比内部分子的取向大。这就是所谓的"集肤效应",它能够影响纤维的很多其他性能,如与聚合物基体的黏附性。一般而言,已经纺成的纤维会受到一定的拉伸作用,从而导致纤维轴向的链取向更大,进而改善纤维轴向的拉伸性能,如刚度和强度。拉伸量通常以拉伸比(即初始直径与最终直径之比)的形式给出。高拉伸比会导致高弹性模量。结晶度越高,吸湿率越低。一般来说,结晶度越高,越能抵抗外来分子的渗透,即化学稳定性更强。拉伸处理的作用是使分子结构沿着纤维轴向,它不会完全消除分子分支,也就是说,纤维分子取向得到了改变,但并没有得到拉伸。这种拉伸处理确实更有效,但由于颈缩现象会干涉并导致纤维的断裂,故这种拉伸量是有限的。

1.4.1 玻璃纤维

玻璃纤维是以叶腊石、石英砂、石灰石、白云石、硼钙石、硼镁石六种矿石为原料,经高温熔制、拉丝、络纱、织布等工艺制出来成的,其单丝的直径为几微米到二十几微米,每束纤维原丝都由数百根甚至上千根单丝组成。玻璃纤维种类繁多、绝缘性好、耐热性强、抗腐蚀性好、机械强度高,但其脆性大、耐磨性较差。玻璃纤维通常用作复合材料中的增强材料、电绝缘材料和绝热保温材料,用于电路基板等。

1.4.1.1 玻璃纤维的分类

(1)按玻璃原料成分分类

根据玻璃纤维中钾、钠氧化物的含量,可将玻璃纤维分为以下四种:

1)无碱玻璃纤维(E玻璃纤维):由钙铝硼硅酸盐组成的玻璃纤维,碱性氧化物含量在2%以下。这种纤维强度较高,耐热性能优良,能抗大气侵蚀,具有良好的电绝缘性,因此也称作电气玻璃。但其耐酸性能差,不能应用于酸性环境。

2)低碱玻璃纤维:碱性氧化物含量为2%~6%。

3) 中碱玻璃纤维（C 玻璃纤维）：碱性氧化物含量为 6%～12%，耐化学腐蚀性特别是耐酸性优于无碱玻璃，但电气性能差，机械强度比无碱玻璃纤维低 10%～20%。

4) 有碱玻璃纤维（A 玻璃纤维）：碱性氧化物含量大于 12%，含碱量高，强度低，耐水性差，对潮气侵蚀极为敏感。

(2) 按玻璃纤维直径分类

1) 粗纤维：单丝直径 30 μm；

2) 初级纤维：单丝直径 20 μm；

3) 中级纤维：单丝直径 10～20 μm；

4) 高级纤维：单丝直径 3～9 μm，也称为纺织纤维；

5) 超细纤维：单丝直径小于 4 μm。

(3) 按玻璃纤维用途分类

按用途可将玻璃纤维分为高强度纤维、低介电纤维、耐化学药品纤维、耐电腐蚀纤维、耐碱纤维。

(4) 按玻璃纤维外观分类

按纤维的外观可将玻璃纤维分为长纤维、短纤维、空心纤维、卷曲纤维。

1.4.1.2 玻璃纤维的化学组成

从化学成分上看，玻璃纤维的主要成分是二氧化硅（SiO_2）和其他金属氧化物。SiO_2 是玻璃的主要组分，其作用是在玻璃中形成基本骨架，减小其热膨胀系数，而且有高的熔点和低的热膨胀系数。金属氧化物如 Al_2O_3、CaO、MgO、$Na_2O(K_2O)$、BeO、B_2O_3 等。部分玻璃纤维的化学组分见表 1-2，其作用如下：

1) 改善制备玻璃纤维的工艺条件（以降低玻璃纤维性能为代价，如降低熔点，减轻组分的析晶倾向，使玻璃纤维有合适的黏度以便于拉丝等。例如玻璃纤维中通常含有碱金属氧化物，$Na_2O(K_2O)$ 可以降低玻璃的熔融温度和黏度，使玻璃液中的气泡易于排除，制备工艺简单，故被称为助熔氧化物，但会对纤维性能如耐水性、电性能等有不良影响。

2) 使玻璃纤维具有一定的特性。通过加入 BeO 可以使玻璃纤维的模量提高，但毒性大；B_2O_3 的加入可提高玻璃纤维的耐酸性，改善电性能，降低熔点、黏度，但模量和强度下降。

总之，玻璃纤维化学成分的制定，一方面要满足玻璃纤维物理和化学性能的要求；另一方面要满足制造工艺的要求，如合适的成型温度、硬化速度及黏度范围。

表 1-2 玻璃纤维的近似化学组分

成分	组分（质量分数）/%		
	E 玻璃纤维	C 玻璃纤维	A 玻璃纤维
SiO_2	55.2	65.0	72.0
Al_2O_3	8.0	4.0	0.60
CaO	18.7	14.0	10.0
MgO	4.6	3.0	2.50

续表

成分	组分(质量分数)/%		
	E 玻璃纤维	C 玻璃纤维	A 玻璃纤维
Na_2O	0.3	8.5	14.2
K_2O	0.2	—	—
B_2O_3	7.3	5.0	0.70

1.4.1.3 玻璃纤维的结构

无机、硅基玻璃类似于有机玻璃聚合物,这是因为它们都是无定形的,即没有晶体材料所特有的长程有序结构。纯石英的熔点是 1 800 ℃,然而,通过添加一些金属氧化物,可以打破 Si—O 键,获得一系列具有较低玻璃化转变温度的非晶玻璃。石英玻璃的二维结构中每个多面体都是由氧原子共价结合在硅原子上构成的[见图 1-4(a)]。当向玻璃中加入 Na_2O 时,钠离子和氧离子以离子键形式相结合但并不直接参与结构网络[见图 1-4(b)]。过多的 Na_2O 会影响玻璃状结构的形成。加入其他金属氧化物类型可以改变网络结构和键合,从而改变性能。玻璃的各向同性、三维网状结构导致玻璃纤维或多或少的各向同性。也就是说,对于玻璃纤维,其弹性模量和热膨胀系数沿纤维轴方向和垂直于纤维轴方向是相同的。

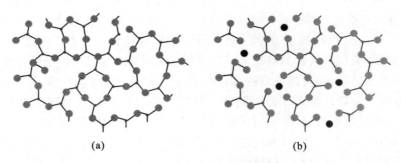

图 1-4 石英玻璃加入 Na_2O 前后的微观结构
(a)石英玻璃网状结构; (b)Na_2O-SiO_2 玻璃纤维结构

1.4.1.4 玻璃纤维的性能

(1)玻璃纤维的物理性能

玻璃纤维外观是光滑的圆柱体,密度为 2.16~4.30 g/cm³,有碱玻璃纤维密度较小。用于复合材料的玻璃纤维,直径一般为 5~20 μm,密度为 2.4~2.7 g/cm³。

玻璃纤维具有低线膨胀系数、低热导率和良好的热稳定性。普通硅酸盐玻璃纤维在 450 ℃时强度变化不大。一般玻璃纤维的软化温度为 550~850 ℃,C 玻璃纤维的软化点为 688 ℃,S 玻璃和 E 玻璃纤维的软化点分别为 970 ℃和 846 ℃,石英和高硅氧玻璃纤维的耐热温度可达 2 000 ℃以上。石英纤维是由纯度达 99.5% 以上的二氧化硅经熔融制成的,其线膨胀系数较小,而且具有弹性模量随温度升高而增大的罕见特性。

在外电场作用下,玻璃纤维内的碱金属离子最容易迁移而导电。因此,有碱玻璃纤维的电绝缘性大大低于无碱玻璃纤维。玻璃纤维的化学组成、环境温度、湿度是影响其导电性能的主要因素。

(2)玻璃纤维的化学性能

玻璃纤维不燃烧,具有良好的化学稳定性,除氢氟酸和热浓强碱外,对大多数化学药品都是稳定的,也不受霉菌或细菌的侵蚀。玻璃纤维的化学性能主要取决于组成中的二氧化硅及碱金属的含量。增加 SiO_2、Al_2O_3 含量或加入 ZrO_2 及 TiO_2 可改进玻璃纤维的耐酸性;提高 SiO_2 比例或添加 CaO_2、ZrO_2、ZnO 有利于增强耐碱性,添加 Al_2O_3、ZrO_2、TiO_2 等能提高玻璃纤维的耐水性。

有碱玻璃由于组成中碱金属氧化物较多,在水或空气的作用下易发生水解,耐水性较差。水使玻璃纤维中的碱金属氧化物溶解,使其表面裂纹扩展,降低纤维的强度。因此,一般控制碱金属氧化物含量不超过 13%。除了溶解作用外,由于玻璃纤维比表面积大,所以其对水的吸附能力也大于玻璃。表面吸附水使玻璃纤维与树脂的黏结力减弱,从而影响复合材料性能。

在水和酸性介质中,石英、高硅氧玻璃纤维的稳定性极高,即使在加热条件下也很稳定。室温下,氢氟酸能破坏这种纤维,而磷酸要在 300 ℃ 以上才能使其破坏。在碱性介质中,石英和高硅氧玻璃纤维的稳定性较差,但是比普通玻璃纤维要好得多。

(3)玻璃纤维的力学性能

玻璃纤维的最大特点是具有较高的拉伸强度。一般玻璃的拉伸强度只有 40～100 MPa,而玻璃纤维的拉伸强度高达 1 500～4 500 MPa,是高强钢的 2～4 倍,比强度更为高强度钢的 6～10 倍,弹性模量为 60～110 GPa,与铝和钛合金相当。因此,采用玻璃纤维制成的玻璃纤维增强塑料又称为玻璃钢。玻璃纤维具有高强度是因为纤维直径小、缺陷少,所以玻璃纤维的直径越小,拉伸强度越高。在 200～250 ℃ 下,玻璃纤维的强度不会降低但会发生体积收缩。玻璃纤维属于具有脆性特征的弹性材料,应力-应变曲线基本为一条直线,没有明显的塑性变形阶段,其断裂延伸率在 3% 左右。玻璃纤维的弹性模量高于木材和有机纤维,一般在 100 GPa 以下,与纯铝相近,仅为普通钢材的 1/3 左右,所以玻璃纤维不能作为先进复合材料的增强材料。玻璃纤维抗扭折能力和耐磨性差,易受机械损伤。玻璃纤维长期放置后强度稍有下降,这主要是空气中的水分对纤维侵蚀的结果。随着对玻璃纤维施加负荷时间的延长,其拉伸强度降低,环境湿度较高时更加明显。这是因为在水分侵蚀和外力的联合作用下裂纹扩展速度加快,导致强度降低。此外,在反复波动的高温环境下,玻璃纤维复合材料易发生界面黏附破坏。

1.4.1.5 玻璃纤维的制造工艺

图 1-5 所示为玻璃纤维的传统制造工艺示意图(制备 E 玻璃纤维)。首先将原料在料斗中熔化,然后将熔化的玻璃注入电加热铂衬套或坩埚内,其中每个衬套底部大约有 200 个孔。熔融的玻璃在重力作用下流动通过这些小孔,形成细小连续的细丝,这些丝聚集成一股纤维。最终形成的纤维的直径与衬管的孔径有关,黏度与组分和温度有关。图 1-6 显示了玻璃纤维的多种形式。

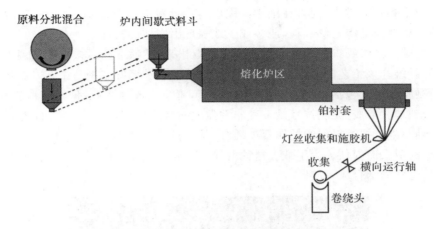

图 1-5 玻璃纤维制造示意图

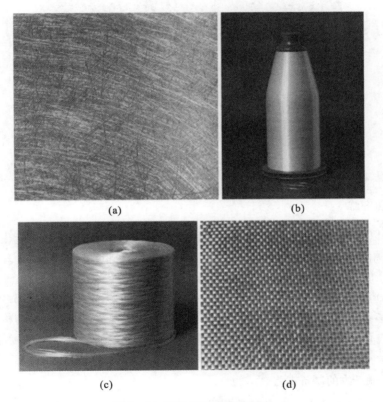

图 1-6 玻璃纤维的多种形式
(a)短切股； (b)连续纱； (c)粗纱； (d)织物

制造玻璃或陶瓷纤维的传统方法需要从高温熔体中提取适当的成分。该工艺具有加工温度要求高、各组分液态不混溶、冷却过程易结晶等实际困难。目前，已经发展了几种制备玻璃和陶瓷纤维的技术，其中溶胶-凝胶法是一种比较常用的方法。溶胶是一种胶体悬浮液,其中的单个颗粒非常小(通常在纳米范围内),因此没有沉降现象。此外,凝胶是一种悬浮体,其中液体介质变得足够黏稠,或多或少地表现出固体的特性。

溶胶-凝胶法是将纤维凝胶从低温溶液中提取出来,然后在几百摄氏度的温度下转化成玻璃或陶瓷纤维。该工艺的最高加热温度远低于传统的玻璃纤维制造工艺。金属醇氧化合物的溶胶-凝胶法工艺包括:制备合适的均相溶液,将溶液改为溶胶,使溶胶凝胶化,加热使凝胶转化为玻璃。溶胶-凝胶技术是一种非常强大的制造玻璃和陶瓷纤维的技术。图1-7显示了用溶胶-凝胶技术得到的拉伸石英纤维(从连续的纤维线轴上切下)。玻璃纤维容易因表面缺陷的引入而损伤。为了减少这种情况,可以对玻璃纤维进行施胶处理,控制丝状物的大小并将丝状物结合成一股。

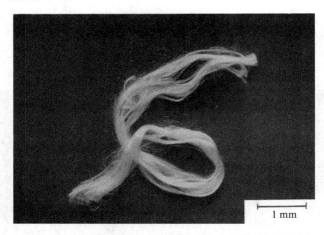

图1-7 通过溶胶-凝胶技术获得的连续玻璃纤维(从线轴上切割)

1.4.2 硼纤维

硼纤维是以硼为原料,采用化学气相沉积(CVD)法在衬底上进行商业化生产的,这一沉积过程需要相当高的温度,且衬底材料的选择有限,一般情况下选用细钨丝或者碳基板。因此,商业生产的硼纤维实芯为钨丝或碳纤维、表层为硼的皮芯型复合纤维。硼纤维直径有100 μm、140 μm 及 200 μm 三种,密度为 $2.30\sim2.65$ g/cm³,强度为 $3.2\sim5.2$ GPa,模量为 $350\sim400$ GPa,是良好的增强材料,可与金属、塑料或陶瓷复合,制成高温结构用复合材料。硼纤维活性大,在制作复合材料时易与基体相互作用,影响材料的使用,故通常在其上涂敷碳化硼、碳化硅等涂料。

1.4.2.1 硼纤维的制备工艺

硼纤维是通过CVD工艺在衬底上获得的,有两种工艺方法:

1)硼氢化物的热分解。这种方法适用于低温环境,碳涂层玻璃纤维可以用作衬底。但是,用这种方法生产的硼纤维强度不高,这是因为硼表层和内芯之间没有黏附作用。由于气体被截留,所以这种纤维的密度要小得多。

2)硼卤化物的还原。在卤化物还原的过程中,所需温度非常高,因此需要一种难熔的材料作为基底,例如钨等高熔点的金属。该工艺克服了高密度衬底(钨的密度为 19.3 g/cm³)

的缺点,提供了质量非常高且均匀的硼纤维。图1-8为钨衬底上三氯化硼(BCl₃)分解制硼纤维示意图。在BCl₃还原过程中,一根非常细的钨丝(直径为10~12 μm)通过一根水银密封条从一端拉入反应室,另一端通过另一根水银密封条拉出。当气体(BCl₃ + H₂)通过反应室时,水银密封件作为电接触体作用于衬底丝的电阻加热,气体(BCl₃ + H₂)在反应室中与白热丝衬底发生反应。反应器可为单级或多级、立式或卧式的。BCl₃是一种昂贵的化学物质,在这种反应中,只有大约10%的BCl₃被转化成硼。因此,有效回收未使用的BCl₃可以显著降低生产硼纤维的成本。

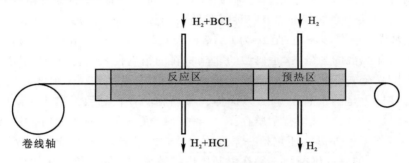

图1-8 钨衬底上BCl₃分解制硼纤维示意图

获得具有最佳性能和结构的硼纤维需要一个临界温度。硼的理想不定形出现在临界温度以下,而在临界温度以上,硼的结晶态也会出现,从机械性能的角度来看,这是不理想的,当衬底丝固定在反应器中时,临界温度约为1 000 ℃。在导线运动过程中,临界温度会更高,它随钨丝速度的增加而增加,如图1-9所示,图中显示了温度和拉丝速度的关系。在虚线以上区域形成的纤维强度相对较弱,因为它们含有由重结晶产生的不需要的结晶状的硼。硼是以非晶态沉积的,纤维丝从反应器中抽出的速度越快,其临界温度就越高。拉丝速度越快,生产效率越高,成本越低。硼在碳单丝(直径约35 μm)衬底上沉积时需要在碳衬底上预涂一层热解石墨,该涂层有利于缓解硼沉积过程中产生的应变。反应组件与硼在钨衬底上略有不同。

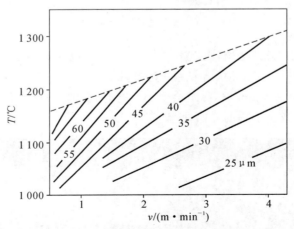

图1-9 温度T与拉丝速度v的关系

1.4.2.2 硼纤维的结构和形态

硼纤维的结构和形态取决于沉积的条件——温度、气体成分、气体动力学等。虽然理论上硼纤维的力学性能仅受原子键强度的限制,但在实际应用中,总是存在结构缺陷和形态不规则性,从而使其力学性能降低。温度梯度和微量杂质元素的浓度会导致工艺的不规范。电力的波动、气体流动的不稳定和操作不当会导致硼纤维更大的不均匀性。

根据沉积条件,硼纤维可以有多种晶体结构。熔体结晶或 CVD 超过 1 300 ℃时的结晶形式为 β-斜方六面体。当低于此温度时,如果产生结晶状的硼,最常见的结构是 α-斜方六面体。用 CVD 方法生产的硼纤维有一种微晶结构,通常称为非晶形。这种命名基于 Debye 法产生的 X 射线衍射图形,即间距 d 为 0.44 nm、0.25 nm、0.17 nm、1.4 nm、1.1 nm 和 0.091 nm 的大而弥散的光晕,这是典型的非晶材料的衍射图形。然而,电子衍射研究得出结论,这种"非晶"硼实际上是一种晶粒直径为 2 nm 的纳米晶相。X 射线和电子衍射结果显示,非晶硼实际上是纳米 β-斜方六面体。微晶相的存在导致纤维产生缺陷,这是因为沉积时超过了临界温度或气体有杂质存在。当硼纤维沉积在钨衬底上时,根据沉积期间的温度条件,内芯除了钨外可能还包括一系列化合物,如 W_2B、WB、W_2B_5 和 WB_4。图 1-10 为直径为 100 mm 的硼纤维截面。硼在钨基体中扩散形成不同的钨硼化物相。纤维内芯仅由 WB_4 和 W_2B_5 组成。但在长时间的加热条件下,内芯可能完全转化为 WB_4。当硼扩散到钨基体中形成硼化钨时,芯体从原来的 12.5 μm(钨丝直径)扩展到 17.5 μm。SiC 涂层是一种用于防止 B 与基体(如 Al)在高温下发生任何有害反应的屏障涂层,碳化硅阻挡层是氢和甲基二氯硅烷的混合物蒸气沉积在硼上形成的。

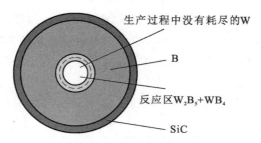

图 1-10 具有 SiC 阻挡层的硼纤维截面示意图

硼纤维表面呈"玉米穗"结构,由以边界分开的结节组成(见图 1-11)。在制作过程中,结节的大小是变化的。一般来说,结节一开始是基底上的单个核,然后以圆锥形向外生长,直到纤维直径达到 80~90 μm 时,结节会变小。有时,新的锥形体可能在材料中成核,但它们总是在与外来颗粒或夹杂物的界面处产生。

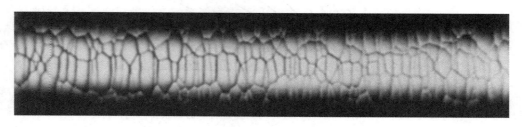

图 1-11 硼纤维的"玉米穗"结构特征

1.4.2.3 硼纤维的断裂特征

脆性材料表现出连续的强度分布,而不是单一的值。这些材料中的缺陷导致应力集中远远高于施加的应力水平。由于脆性材料在这些应力集中的情况下不能发生塑性变形,在一个或多个这样的部位就会发生断裂。硼纤维的确是一种非常脆的材料,裂纹源于硼内芯界面或表面原有的缺陷处。图1-12为硼纤维的脆性断裂特征和径向裂纹。值得指出的是,径向裂纹并不是一直延伸到纤维表面的。这是因为硼纤维的表层受到压缩。硼纤维的表面缺陷是由硼锥形体生长所形成的结节表面缺陷所引起的。特别是,当一个结节在污染粒子周围夸张地生长而变粗时,这个大的结节会产生裂纹并削弱纤维。

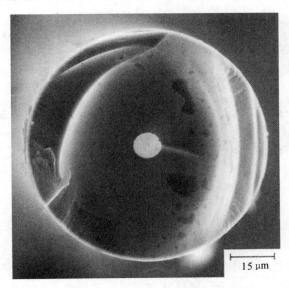

图1-12 硼纤维断口为典型的脆性断裂和径向裂纹

1.4.2.4 硼纤维的性能及应用

许多研究人员研究了硼纤维的机械性能。由于硼纤维的复合性质,其复杂的内应力和缺陷,如空洞和结构不连续性,是由芯的存在和沉积过程造成的,因此我们不希望硼纤维显现出硼固有的强度,硼纤维平均的抗拉强度是$3\sim4$ GPa,然而弹性模量在$380\sim400$ GPa范围内。硼的固有强度可以通过弯曲试验得到。在挠曲过程中,假定芯部和界面靠近中性轴,临界拉伸应力不会在芯部或界面处产生。硼的密度为2.34 g/cm^3。对于直径为$100~\mu$m的纤维,钨芯硼纤维的密度为2.6 g/cm^3。它的熔点是2040 ℃,热膨胀系数是4.5×10^{-6} ℃$^{-1}$。

1.4.3 碳纤维

碳是一种非常轻的元素,其密度为2.268 g/cm^3,有多种晶体形式。典型的碳晶体结构为石墨结构和金刚石结构,前者碳原子以六边形层状的形式排列,后者碳原子是几乎没有结构灵活性的三维构型排列。还有一种晶体结构是巴克球(或称Bucky Ball),其分子组成为C_{60}或C_{70}。石墨形态的碳具有高度的各向异性,层平面的理论弹性模量约为1000 GPa,而

沿 c 轴的理论弹性模量约为 35 GPa。石墨结构在层状平面内具有非常致密的堆积(见图1-13),键结合强度决定了材料的模量。因此,层平面内碳原子间的高强度键会导致模量极高,而相邻层间的弱范德瓦耳斯型键则导致该方向的模量较低。

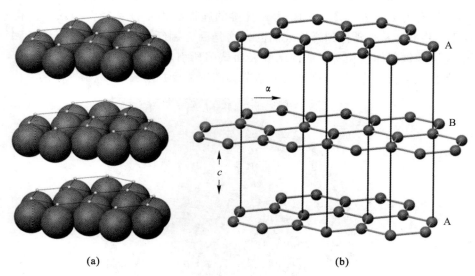

图 1-13 石墨的结构
(a)石墨层结构; (b)石墨的六边形晶格结构

高模量碳纤维可由有机前驱体纤维碳化后经高温石墨化制成。有机前驱体纤维,也就是碳纤维的原料,通常是一种特殊的纺织聚合物纤维,可在不熔化的情况下碳化。前驱体纤维和任何聚合纤维一样,由长链分子随机排列而成。这类聚合物纤维通常力学性能较差,在低应力下表现出较大的变形,这主要是聚合物链无序造成的。常用的前驱体纤维是聚丙烯腈(PAN)。其他前驱体纤维包括人造纤维和从沥青、聚乙烯醇、聚酰亚胺和酚醛树脂中获得的前驱体纤维。

碳纤维是一个代表纤维家族的通用术语。与刚性金刚石结构不同,石墨碳具有层状结构。因此,根据层状包的大小、堆积高度和结晶方向,可以获得一系列的性能。大部分碳纤维的制造过程包括以下基本步骤:
1)前驱体纤维的纤维化过程。这通常包括湿纺、干纺或熔纺,然后进行拉伸。
2)在随后的高温处理中防止纤维熔化的稳定处理。
3)碳化,可以除去大部分的非碳元素。
4)石墨化。

1.4.3.1 碳纤维的生产工艺

早在19世纪晚期,Thomas Edison 就把棉花纤维中的纤维素转化成了碳纤维。他对在白炽灯中使用碳纤维很感兴趣,从 PAN(聚丙烯腈)中制备高模量碳纤维,获得了约 170 GPa 的弹性模量。研究人员发现,在加工的氧化阶段,采取拉伸处理可以获得高弹性模量的碳纤维。从 PAN 开始,得到了一种弹性模量约为 600 GPa 的碳纤维。从那以后,碳纤维技术的发展突飞猛进。从前驱体纤维到高模量碳纤维的转换过程的详细细节仍然是专利秘密。然而,所有的方法都是利用有机纤维在受控的升温速率和时间、环境等条件下的热分解现象。此外,在所有过程中,前驱体在热解的某个阶段被拉伸,以获得石墨基面的高度排列。

（1）PAN 基碳纤维

由 PAN 制成的碳纤维称为 PAN 基碳纤维。PAN 基碳纤维被稳定在空气中,以防止在随后的高温处理过程中熔化。纤维保持在张力下,即防止其在氧化处理过程中发生收缩。白色的 PAN 基碳纤维经氧化后变成黑色。氧化处理后得到的黑色 PAN 基碳纤维在惰性气体中缓慢加热到 1 000～1 500 ℃,以保持纤维的高度有序。温度升高的速率应较低,以免破坏纤维中的分子秩序。最后一种可选的热处理方法是将纤维在 3 000 ℃ 以上的温度下保持很短的时间。这改善了纤维的结构,即改善了基面的取向,从而增大了纤维的弹性模量。图 1-14 显示了以 PAN 为基础的碳纤维生产过程。

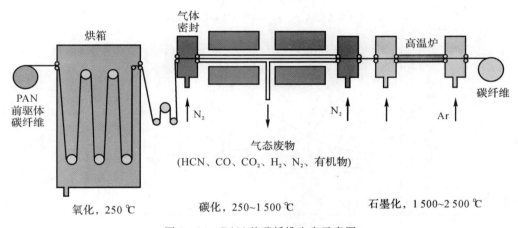

图 1-14　PAN 基碳纤维生产示意图

图 1-15(a)为柔性的 PAN 分子结构,这种结构本质上是在每一个交替的碳原子上都带有腈基团的聚乙烯。PAN 向碳纤维转化过程中发生的结构变化如下。

PAN 的初始拉伸处理改善了聚合物分子的轴向排列。在这个氧化处理过程中,当 PAN 转变为刚性梯形聚合物[见图 1-15(b)]时,纤维在张力下保持 PAN 的排列。在这个步骤中,如果没有拉伸应力,就会发生弛豫,而梯形聚合物结构就会相对于纤维轴发生偏离。经过稳定处理后,由此产生的梯形结构具有较高的玻璃化转变温度,因此在下一阶段(即碳化阶段),不需要拉伸纤维。这里仍然有相当数量的氮和氢存在,它们在碳化过程中作为气态废物被消除了,此时温度为 1 000～1 500 ℃。这种处理后的碳原子主要以扩展的六角形带状网的形式存在,被称为乱层石墨结构。虽然这些带状物倾向于与纤维轴平行排列,但一种条带相对于另一种条带的有序度相对较低。这可以通过在更高的温度(高达 3 000 ℃)下进行热处理来进一步改善。这是石墨化处理。合成碳纤维的机械性能可能在很大范围内变化,这主要取决于最终热处理的温度:2 000 ℃ 以上的热拉伸会使碳纤维发生塑性变形,从而导致弹性模量的提高。碳纤维的强度和弹性模量与热处理温度的关系如图 1-16 所示。

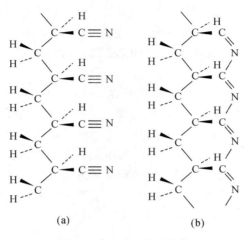

图 1-15　PAN 分子结构
(a)柔性聚丙烯腈分子；(b)刚性阶梯(或定向环)分子

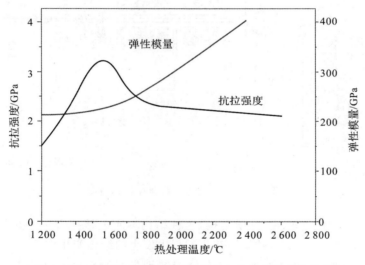

图 1-16　碳纤维的强度和弹性模量与热处理温度的关系

(2)纤维素基碳纤维

纤维素是一种天然聚合物，通常以纤维形式存在。棉花纤维是最早可以碳化的纤维之一。棉花具有在熔化前分解的优良特性。但是，它对于高模量碳纤维制造不是很适合，因为它与纤维轴有一个相当低的取向度(尽管它是高度结晶的)。它也不适合作为一个连续纤维的丝束，因为其成本是相当高的。以人造丝为例，这些困难已经被克服了，人造丝是由廉价的木浆制成的。纤维素能从木浆中提取出来，通过湿法纺丝可以得到连续纤维丝束。

人造纤维是一种热固性聚合物。将人造纤维转化为碳纤维的过程包括几个阶段：纤维化、在反应性气氛(空气或氧气，<400 ℃)中稳定化、碳化(<1 500 ℃)和石墨化(>2 500 ℃)。在第一阶段发生了各种各样的反应，引起 H_2O、CO、CO_2 和焦油的大量分解和变化。稳定化是在反应性气氛中进行的，以抑制焦油的形成和提高产量。链的断裂或解聚发生在这个阶段。由于这种解聚作用，人造纤维不能像 PAN 前驱体一样在张力下稳定。碳化处理涉及在氮气中加热到大约 1 000 ℃。石墨化过程是在 2 800 ℃ 施加压力。这种高温定向应力通过多滑移体系的作用和扩散导致塑性变形。图 1-17 所示为该流程的示意图。

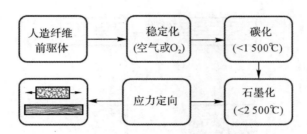

图 1-17 人造纤维基碳纤维生产示意图

(3) 沥青基碳纤维

沥青有各种各样的来源，但三种常用的来源分别是聚氯乙烯、石油沥青和煤焦油。沥青基碳纤维具有原料便宜、产率高、可从中间相沥青前驱体纤维中获得高取向度碳纤维等优点。

采用沥青作为前驱体制造碳纤维同样需要氧化、碳化和石墨化过程。在这种情况下，取向度是通过纺丝获得的。将各向同性的芳香族沥青以很高的应变率进行熔融纺丝，并经淬火得到高度定向的沥青前驱体纤维。然后，这种热塑性纤维被氧化形成交联结构，这种结构使纤维不熔化。接下来是碳化和石墨化。

商品沥青是各种有机化合物的混合物，持续加热至 350 ℃ 以上会形成高取向度、光学各向异性的液晶相（也称为中间相）。在偏振光下，各向异性的中间相沥青表现为在各向同性沥青中悬浮的微球体。液晶中间相沥青可经熔融纺丝成为碳纤维前驱体。在熔融纺丝过程中，纤维轴方向存在剪切和伸长，因此可以获得优先取向。这种取向可以在向碳纤维转化的过程中进一步变化。沥青分子（低分子量的芳香烃）的氢被去除，芳香烃分子结合形成更大的二维分子，从而可以得到很高的弹性模量。值得注意的是，为了生产前驱体纤维，必须使沥青处于一种适于纺丝的状态，这种状态使其在碳化过程中不发生熔化。因此，从石油沥青和煤焦油中提取的沥青需要预处理。当来源是聚氯乙烯时，可以通过仔细控制聚氯乙烯的热降解省去这种预处理。沥青是多分散体系，因此它们的相对分子质量分布很广，可以通过溶剂萃取或蒸馏来调节。相对分子质量控制聚合物熔体的黏度和熔点范围。因此，它还控制温度和纺丝速度。图 1-18 显示了从各向同性沥青和中间相沥青开始的沥青基碳纤维制造过程。

1.4.3.2 碳纤维加工过程中的结构变化

所有前驱体纤维的热处理都是以气体的形式去除非碳元素的。为此，前驱体纤维被稳定下来，以确保它们分解而不是熔化。一般来说，经过这种处理后，它们会变成黑色。碳化后得到的碳纤维含有许多"生长"缺陷，这是因为在低温下提供的热能不足以打破已经形成的碳-碳键。这就是为什么当碳纤维在 2 500～3 000 ℃ 变成石墨时,依然能保持稳定。前驱体纤维的分解必然导致质量的下降和纤维直径的减小。质量的下降幅度非常大,这主要取决于前驱体和处理方法。然而,纤维的外部形态通常保持不变。因此,前驱体纤维在转化为碳纤维后仍保持其形态,即横截面呈菜豆状、狗骨状或圆形。图 1-19 显示了 PAN 基碳纤维的扫描电镜(SEM)图。

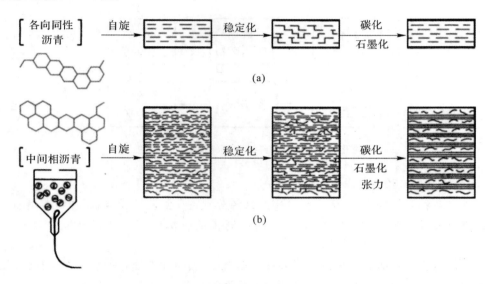

图 1-18 沥青基碳纤维生产示意图
(a)各向同性沥青工艺; (b)中间相沥青工艺

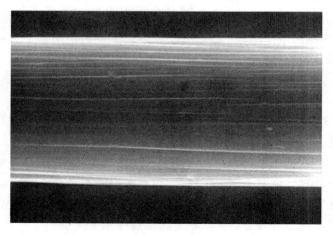

图 1-19 PAN 基碳纤维的扫描电镜图

在微观层次上,碳纤维具有非均匀的微观结构。从本质上说,碳纤维是由许多石墨层状带组成的,这些带大致平行于纤维轴,纵向和横向的层间具有复杂的相互连接。基于透射电子显微镜(TEM)中纵断面和横断面的高分辨率晶格条纹图像,PNA 基碳纤维二维示意图如图 1-20 所示,三维模型如图 1-21 所示。

图 1-20 PAN 基碳纤维的二维示意图

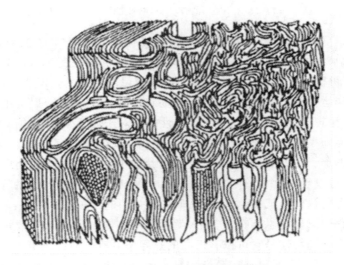

图 1-21 PAN 基碳纤维的三维模型

1.4.3.3 碳纤维的性能及应用

碳纤维的密度随前驱体和热处理的不同而不同,一般在 1.6~2.0 g/cm³ 之间。碳纤维的密度大于前驱体纤维的密度,前驱体的密度一般在 1.14~1.19 g/cm³ 之间。碳纤维中总是存在着各种各样的缺陷,这些缺陷可能是由前驱体中的杂质引起的,也可能是由层面定向错误造成的。图 1-22 显示了基于取向错误晶体的碳纤维的拉伸破坏机理。在外加应力的作用下,在 L_c 方向上取向错误的晶体发生基面断裂,随后在 L_a 和 L_c 方向上出现裂纹。持续的应力会导致取向错误的晶体完全失效。当裂纹尺寸大于 L_a 和 L_c 方向上的临界尺寸时,将导致灾难性的破坏。

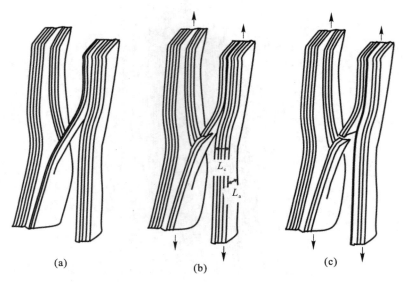

图 1-22 碳纤维的拉伸破坏模型
(a)连接两个平行于纤维轴微晶的取向错误的微晶;
(b)外加应力作用下基面断裂; (c)取向错误的微晶完全破坏

  PAN 碳纤维中可以有一系列的碳纤维,例如高抗拉强度(HT)但中等弹性模量(200～300 GPa)纤维、高弹性模量(HM)(400 GPa)纤维、超高抗拉强度(SHT)纤维以及超高模量(SHM)纤维。中间相沥青基碳纤维表现出较高的模量和较低的强度水平(2 GPa)。中间相沥青基碳纤维用作增强材料,而各向同性沥青基碳纤维(极低模量)更常用作绝缘材料和填充材料。表 1-3 比较了几种常见的碳纤维的性能。对于涉及碳纤维的高温应用,考虑碳纤维的固有抗氧化性随模量的变化是很重要的。从图 1-23 可以看出,碳纤维的抗氧化性随着模量的增加而增加。正如我们所知的,模量随着加工过程中最终热处理温度的升高而增加。从表 1-3 中可以看出,由各种前驱体材料制成的碳纤维是相当好的导电材料。虽然碳纤维可以作为电力传输的电流载体,但其负面影响也引起了极大的关注:如果极细的碳纤维在生产或运用过程中意外地飘浮在空气中,就可能落在电气设备上导致短路。前中间相沥青碳纤维的一个有趣的特性是它可以有极高的热导率。有合适纤维取向的前沥青碳纤维的热导率高达 1 100 W/(m·K)。前 PAN 碳纤维的热导率一般比其小 50 W/(m·K)。

表 1-3 不同碳纤维性能比较

前驱体	密度/(g·cm^{-3})	弹性模量/GPa	电阻率/(10^{-4} Ω·m)
人造纤维	1.66	390	10
PAN 碳纤维	1.74	230	18
低弹性模量纤维	1.6	41	100
中弹性模量纤维	1.6	41	50

续表

前驱体	密度/(g·cm^{-3})	弹性模量/GPa	电阻率/(10^{-4} Ω·m)
沥青基低弹性模量纤维	2.1	340	9
沥青基高弹性模量纤维	2.2	690	1.8

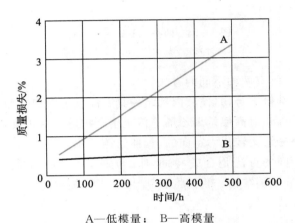

A—低模量； B—高模量

图 1-23 不同模量碳纤维的抗氧化性(空气中 350 ℃)

虽然碳纤维是各向异性的,但它们有两个主要的热膨胀系数,即纵向或平行于纤维轴的热膨胀系数 α_l,横向或垂直于纤维轴的热膨胀系数 α_t。热膨胀系数的典型值为 $\alpha_l \approx (5.5 \sim 8.4) \times 10^{-6}$ K^{-1} 和 $\alpha_t \approx (-0.5 \sim -1.3) \times 10^{-6}$ K^{-1}。碳纤维的抗压强度大约是抗拉强度的一半,尽管如此,仍然比芳纶纤维高一个数量级。碳纤维在航空航天和体育用品工业中有着广泛的应用。

1.4.4 有机纤维

聚合物链采用随机线螺旋结构,在这种随机的螺旋结构中,大分子链既没有在一个方向排列,也没有被拉长。因此,它们之间主要有弱的范德瓦耳斯力,而不是强的共价相互作用,从而导致低强度和低刚度。由于共价碳-碳键非常强,人们会认为线性链聚合物可能会非常强和硬。然而,如果想要得到强韧的有机纤维,那么不仅必须得到定向的分子链,而且必须得到定向和完全延展的链。因此,为了获得高刚度和高强度的聚合物,必须扩展这些聚合物链并将它们包装成平行阵列,如图 1-24 所示。这些聚合物链相对于纤维轴的方向和它们结合在一起的方式(即排列顺序和结晶度)都是由化学性质和加工路线来决定的。它们的化学性质和加工路线决定了它们的结晶度。为了使弹性模量值大于 70 GPa,就需要相当高的拉伸比,要得到一个非常高的延伸率,就必须在这样的条件下进行,即宏观伸长导致相应的分子水平上的伸长。结果表明,聚合物纤维的弹性模量 E 随变形比(拉伸比或模拉伸比和流体静力挤压比)线性增加。聚合物的拉伸行为是其相对分子质量和相对分子质量分布以及变形条件(温度和应变速率)的敏感函数。过低的拉伸温度会产生空洞,过高的拉伸温度会导致流动拉伸,即材料的宏观伸长不会导致分子排列,因此,不会导致刚度增强。然而,一个定向的和延展的大分子链结构,在实际中是不容易得到的。

图1-24 两种类型的分子取向
(a)未进行高分子延伸; (b)进行高分子延伸

制造高模量有机纤维有两种不同的方法:

(1)加工传统的柔性链聚合物,使其内部结构具有高度定向和延伸链的排列。通过选择合适的相对分子质量分布,对高模量聚乙烯等传统聚合物进行结构改性,然后在适当的温度下拉伸,将原来的折叠链结构转化为定向的、延伸的链结构。

(2)第二种完全不同的方法是合成,就是对一类叫作液晶聚合物的新型聚合物进行挤压。它们具有刚性杆分子链结构。我们将看到,液晶态在提供高度有序的、延伸的链纤维方面起着非常重要的作用。

1.4.4.1 聚乙烯纤维

超高相对分子质量聚乙烯(UHMWPE)纤维是一种高结晶纤维,具有很高的刚度和强度。

(1)聚乙烯纤维的加工工艺

对熔体结晶聚乙烯施加非常高的拉伸比可以得到高达70 GPa的模量。应力拉伸、模具拉伸或流体静力挤压可以用来获得高的永久或塑性应变所需的高模量。结果表明,模量与拉伸比有关,但与获得拉伸比的方式无关。在所有这些拉伸过程中,聚合物链仅是定向的,而没有进行分子延伸。后来产生了超高相对分子质量聚乙烯的溶液纺丝和凝胶纺丝,其产物模量高达200 GPa。

(2)聚乙烯纤维溶胶纺丝

聚乙烯(PE)是一种特别简单的线性高分子,其化学式为$+CH_2—CH_2—CH_2—CH_2—CH_2—CH_2—CH_2—CH_2\frac{1}{n}$。与其他聚合物相比,在聚乙烯中更容易获得延伸和定向的链结构。高密度聚乙烯(HDPE)比其他类型的聚乙烯更受欢迎,这是因为HDPE的主干分支点较少,且结晶度高。线性和结晶度的特性对于在最终纤维中获得高的定向有序度和获得延伸的链结构是很重要的。

图1-25为高模量聚乙烯纤维的凝胶纺丝工艺流程。不同的公司使用不同的溶剂,如石蜡油和石蜡,在适当的溶剂中,以大约150 ℃的温度使聚合物溶液稀释。稀释溶液的选择很重要,这是因为合适的溶液能使纤维产生较少的链缠结,使得最终的纤维更容易高度定向。当从喷丝口流出的溶液空冷时,就会产生聚乙烯凝胶。纺成的胶凝纤维进入冷却浴中。在这一阶段,人们认为纤维的结构是由折叠的带溶剂的链片和膨胀的缠结网络组成的。这些缠结使得纺成的纤维达到很高的拉伸比。

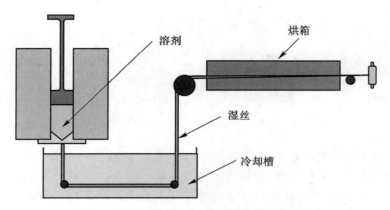

图1-25 高模量聚乙烯纤维的凝胶纺丝工艺

(3)聚乙烯纤维的结构和性能

聚乙烯的理论密度是 0.997 9 g/cm³,高结晶度、高取向和高延伸链的 UHMWPE 纤维密度为 0.97 g/cm³,与理论值非常接近。聚乙烯纤维的强度和模量略低于芳纶纤维,但在单位质量的基础上,其特殊性能值比芳纶纤维高出 30%～40%。高模量聚乙烯纤维很难与任何聚合物基体结合,必须对聚乙烯纤维进行某种表面处理,使其与环氧树脂和聚甲基丙烯酸甲酯(PMMA)等树脂结合。迄今为止,最成功的表面处理是冷气体(如空气、氨或氩)等离子表面处理。等离子是由处于激发态的气体分子组成的,即高活性的解离分子。当用等离子表面处理聚乙烯或任何其他纤维时,通过去除任何表面污染物和高度定向的表面层、在表面添加极性基团和官能团以及引入表面粗糙度来进行表面改性。

1.4.4.2 芳纶纤维

芳纶纤维是一类合成有机纤维芳香族聚酰胺的总称,是一种人造纤维,其纤维形成物质为长链合成聚酰胺,其中有至少 85% 的酰胺键直接连接到两个芳香环上。著名的商业芳纶纤维有 Kevlar 纤维和 Twaron (Teijin Aramid)纤维。尼龙是一些长链聚酰胺的通称。然而,像 Kevlar 这样的芳纶纤维是基于苯结构的环状化合物,而不是用于制造尼龙的线性化合物。芳纶纤维的基本化学结构是由定向的对位取代芳香族单元构成的刚性棒状聚合物。刚性棒状结构导致高的玻璃化转变温度和低的溶解度,这使得用传统的拉伸技术制造这些聚合物变得困难。

(1)芳纶纤维的制造过程

芳纶纤维的制造涉及二胺和二酸卤化物在低温下的溶液缩聚反应。高强度、高模量纤维的可纺初始溶液是液晶有序的。图1-26为聚合物在溶液中的各种状态,显示了溶液中的二维线性、柔性链聚合物。聚合物可以由刚性单元构成,呈刚性棒状。随着棒状分子浓度的增加,可以通过形成部分有序的区域,即链平行排列的区域,来溶解更多的聚合物。这种部分有序的状态称为液体结晶状态。当棒状链变得近似平行于其长轴排列,但其中心仍然是无组织的或随机分布的时候,就得到了向列液晶。

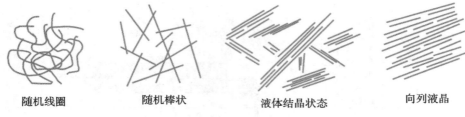

图 1-26　聚合物在溶液中的各种状态

液晶溶液由于有序域的存在,呈现出光学各向异性,即双折射现象。双折射是一束光通过某种材料时分成两束光的现象,这取决于光的偏振。图 1-27 显示了在静止的交叉偏振镜下各向异性的 Kevlar 芳纶纤维和硫酸溶液。注意在液晶状态下有序聚合物链的平行排列,当这些溶液受到挤压时,例如当通过喷丝孔挤压时,它们会变得更加有序。芳纶纤维的制造正是利用了液晶溶液的这种固有特性。这种沿纤维轴排列的聚合物晶体形成了芳纶纤维特有的纤维状结构。

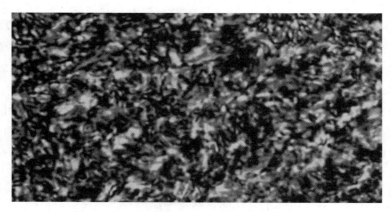

图 1-27　在交叉极化器之间静止的 Kevlar 芳纶纤维和硫酸各向异性溶液

对位芳香族聚酰胺在一定的浓度、温度、溶剂、相对分子质量等条件下形成液晶溶液。这可以用相图的形式来表示。各向异性区域表示液晶态。只有在一定的条件下,我们才能得到这种理想的各向异性状态。在液晶溶液中,黏度与聚合物浓度之间也存在一种反常的关系。最初,黏度是随着溶液中聚合物浓度的增加而增加的,就像在任何普通聚合物溶液中一样。当它开始呈现各向异性液晶形状的临界点时,黏度急剧下降。Flory 预测了液晶聚合物在临界浓度时黏度的下降。黏度的下降是由于易溶的向列结构的形成。液晶区域分散的粒子,对溶液的黏度贡献很小。随着聚合物浓度的增加,液晶相的量增加到一定程度后,黏度会再次上升。由芳香族聚酰胺形成液晶溶液还有其他要求。相对分子质量必须大于某个最小值,溶解度必须超过液晶的临界浓度。因此,从含有高度有序排列的延伸聚合物链的液晶纺丝溶液开始,可以直接将纤维纺成极定向的、延伸链的形态。这些纺成的纤维非常结实,由于链条高度延伸和定向,因此可以选择使用传统的拉伸技术。在适当的溶剂、聚合物浓度和聚合物相对分子质量条件下,对位取向的刚性二元胺和二元羟酸能产生理想的向列液晶结构的聚酰胺。

对芳纶纤维,采用干法喷湿纺丝法,过程如图 1-28 所示。二元胺和二酸卤化物在低温下缩聚得到聚酰胺溶液。采用低温从而能抑制副产品的产生和促进线性聚酰胺的形成。得到的聚合物是粉末状、清洁和干燥的,将其与浓缩的 H_2SO_4 混合,并在 100 ℃左右通过喷丝板挤出。射流通过约 1 cm 的空气层,然后进入一个冷水浴(0~4 ℃)。纤维在气隙中凝固,酸在凝固浴中析出。喷丝头毛细管和气隙在纺丝区域的旋转和排列,形成高度结晶和定向的纺丝纤维。气隙还允许涂料处于比没有气隙时更高的温度。

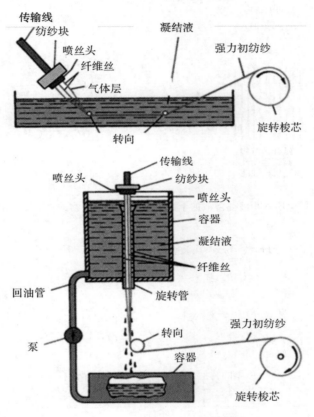

图 1-28　芳纶干法喷湿纺丝工艺

图 1-29 对比了向列液晶干法喷湿纺丝方法和常规聚合物纺丝方法。通过干法喷湿纺丝方法,可以实现纤维的定向链和分子的延伸结构。传统的湿纺和干纺工艺要获得性能的显著改善就必须对前驱体进行进一步的加工。纺成的纤维在水中洗涤,缠绕在筒子上,然后晾干。通过使用适当的溶剂添加剂、改变纺丝条件以及必要时进行纺丝后热处理来改善纤维性能。

(2)芳纶纤维的结构

Kevlar 纤维是人们研究最多的芳纶纤维。芳纶纤维的化学式如图 1-30 所示。化学上,Kevlar 或 Twaron 型芳纶纤维为聚对苯二胺,是对苯二甲酰氯与对苯二胺的缩聚产物。芳香环赋予芳纶刚性棒状链结构。这些链是高度定向的,并沿纤维轴延伸,由此产生高模量。芳纶具有高度的结晶结构,芳烃环在高分子链中的对位取向使其具有较高的填充效率。纤维方向上的强共价键结合和横向上的弱氢键结合(见图1-31)导致了高的各向异性。

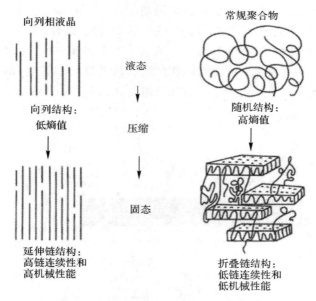

图1-29 向列相液晶溶液的干法喷湿纺丝与聚合物的常规纺丝的比较

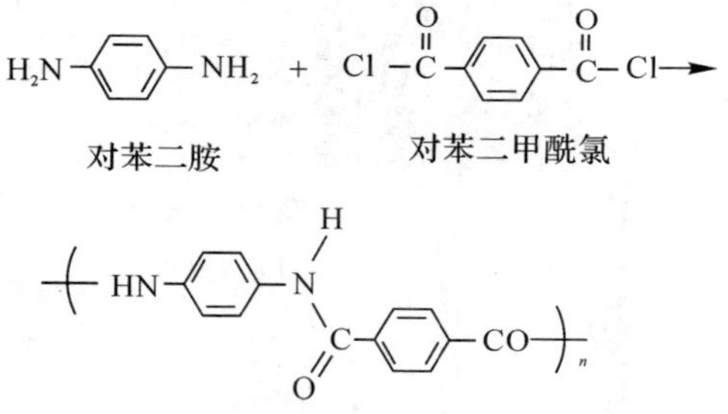

图1-30 芳纶纤维的化学结构

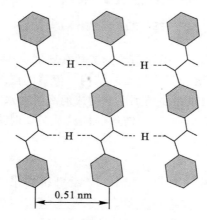

图1-31 芳纶纤维的成键示意图

用电子显微镜和衍射法研究了芳纶纤维的结构。图 1-32 所示为放射状排列、轴向褶状的结晶超分子片。这些分子通过链间氢键形成平面阵列。堆叠的薄片形成晶体阵列,但分子片和键之间的结合是相当弱的。每个褶状结构约宽 500 nm,并由过渡带分隔。褶状结构的邻接部分构成 170°角。这种结构与实验观察到的相当低的纵向剪切模量、较差的压缩性能以及与 Kevlar 纤维轴的横向性能是一致的。由于有机纤维的玻璃化转变温度低于无机纤维,因此有机纤维的压缩性能较差。对于芳纶和聚乙烯型高刚度纤维,压缩导致扭结带的形成,最终导致延性失效,产率约为 0.5%。在芳香族结构中,键的旋转受到很大的限制。在芳纶纤维中,这种由反式到顺式的旋转导致 45°链条弯曲。这种弯曲通过单位晶胞(微原纤维)传播,并形成纤维的扭结带。芳纶纤维的这种各向异性行为在图 1-33 所示的打结纤维的 SEM 图中得到了反映。

图 1-32 芳纶超分子结构示意图

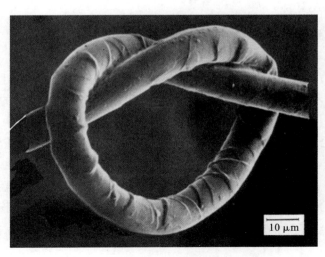

图 1-33 抗压侧有屈曲痕的芳纶纤维打结

(3)芳纶纤维的性能及应用

芳纶纤维非常轻,并且具有非常高的刚度和抗拉强度。Kevlar29 的模量只有 Kevlar49 的一半,但其断裂应变却是后者的两倍。正是这种高应变的 Kevlar29,使它成为制作防弹背心的材料。需要强调的是,芳纶纤维与其他大多数高性能有机纤维一样,抗压性能较差,抗压强度仅为抗拉强度的 1/8 左右。这是缘于前面讨论过的纤维的各向异性。在拉伸载荷作用下,纤维受强共价键的作用,而在压缩载荷作用下,纤维受弱氢键和范德瓦耳斯键的作用,容易发生局部屈服、屈曲和扭结。芳纶纤维具有良好的减振性能。采用动态(通常为正弦)扰动方法研究材料的衰减行为。与其他聚合物一样,芳纶纤维对紫外线很敏感。在紫外线照射下,芳纶纤维会从黄色变成棕色,失去机械性能。由于聚合物的吸收和化学键的断裂作用,特定波长的辐射会引起纤维的降解。户外应用中涉及的无保护的芳纶纤维应避免近紫外线和部分可见光谱(少量的这种光来自白炽灯和荧光灯或被玻璃过滤的阳光)。

1.4.5 陶瓷纤维

连续陶瓷纤维呈现出优异的性能。它结合了高强度、高弹性模量与抗高温能力,不受环境的影响。这些特性使其成为高温结构材料中很有吸引力的增强材料。陶瓷纤维的制备方法有三种:化学气相沉积法、聚合物热解法和溶胶-凝胶法。后两者涉及从有机金属聚合物中获得陶瓷的新技术,溶胶-凝胶技术在商业中被用于生产各种铝基氧化物纤维。在陶瓷纤维领域的另一个突破是热解的概念:在受控条件下,含有硅和碳或氮的聚合物可以转化成高温陶瓷纤维。制备陶瓷纤维的热解路线已被用于含有硅、碳、氮和硼的聚合物,最终产物为 SiC、Si_3N_4、B_4C 和 BN 的纤维形式、泡沫或涂层。

1.4.5.1 氧化物纤维

氧化铝有许多同素异形体(γ、δ、η、和 α)。α-氧化铝是最稳定的形式。通过溶胶-凝胶法制备的各种铝基连续纤维在商业上是可用的。纤维的溶胶-凝胶法的制作包括以下步骤:
1)制备溶胶。
2)浓缩成黏稠的凝胶。
3)纺丝前驱体纤维。
4)煅烧以获得氧化纤维。

3M 公司生产了一系列被称为 Nextel 的陶瓷纤维。它们主要由 Al_2O_3、SiO_2 和 B_2O_3 组成。图 1-34 显示了 Nextel 312 纤维的光学显微图。3M 公司使用的溶胶-凝胶制造工艺把金属醇盐当作原材料。金属醇氧化合物是 $M(OR)_n$ 型化合物,其中 M 是金属,n 是金属价,R 是有机化合物。选择一个合适的有机基团是非常重要的,它应该为醇氧基提供足够的稳定性和挥发性,使 M—OR 键断裂,得到 MO—R,从而得到所需的氧化陶瓷。金属醇氧化合物的水解产生了纺丝和凝胶的溶胶。然后,在相对较低的温度下,凝胶纤维被致密化。孔隙的高表面自由能可允许凝胶纤维在相对较低的温度下致密化。溶胶-凝胶法提供了对溶液组成和纤维直径流变学的严密控制。其缺点是必须适应相当大的尺寸变化和保持纤维的完整性。

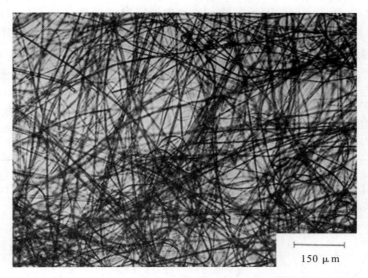

图 1-34　Nextel 312（Al_2O_3 + SiO_2 + B_2O_3）纤维的光学显微图

　　Sowman 提供了 3M 公司生产 Nextel 氧化物纤维的详细过程。在从水溶液中去除水后，Al_2O_3：B_2O_3（物质的量之比）为 3∶1 的醋酸铝[$Al(OH)_2(OOCCH_3) \cdot \frac{1}{3}H_3BO_3$]可纺丝。在 3M 连续纤维的制造中，37.5% 的碱式醋酸铝水溶液在旋转烧瓶中浓缩，其中部分浸入 32～36 ℃ 的水浴中。Al_2O_3 浓度达到 28.5% 后，获得的溶液的黏度 η 为 100～150 Pa·s。这是在 800～1 000 kPa 的压力下通过喷丝板挤出的，燃烧至 1 000 ℃ 时可获得有光泽的无色纤维，显微结构为立方和板条状晶体。氧化硼的加入降低了莫来石形成所需的温度，延缓了氧化铝向 α-Al_2O_3 的转变。氧化硼的含量应等于或大于 Al_2O_3-B_2O_3-SiO_2 合成物中 9Al_2O_3：2B_2O_3 的比例，以防止结晶氧化铝的形成。

　　晶体氧化铝纤维也是通过溶胶-凝胶法制成的。铝的硼酸盐在 400 ℃ 以上分解为过渡氧化铝尖晶石，如 η-Al_2O_3。当加热到 1 000～1 200 ℃ 时，这些过渡立方尖晶石转化为六边形的 α-Al_2O_3，问题是纯 α-Al_2O_3 的成核率过低，晶粒较粗大。同时，在相变过程中，较大的收缩会导致较大的孔隙率。

　　许多其他氧化铝或铝硅型纤维也是通过溶胶-凝胶法制造的。Sumitomo Chemical 公司生产了一种由氧化铝和二氧化硅混合而成的纤维，该工艺流程如图 1-35 所示。从一种有机铝（多铝氧烷或多铝氧烷与一种或多种含硅化合物的混合物）出发，通过干法纺丝得到前驱体纤维。这种前驱体纤维经过煅烧产生最终的纤维。这种纤维由晶态的尖晶石组成。SiO_2 的作用是稳定尖晶石结构，防止其转化为 α-Al_2O_3。另一种市场上可以买到的氧化铝纤维是 δ-Al_2O_3，它是一种纺织纤维（商品名为 Saffil）。这种纤维含有大约 4% 的二氧化硅，直径非常小（3 mm）。Saffil 的起始原料是一种含有氧化物溶胶和一种有机聚合物的水相：铝的氯氧化物[$Al_2(OH)_5Cl$]与一种中等相对分子质量的聚合物（如质量分数为 2% 的聚乙烯醇）混合。所述溶胶以细丝的形式被挤压成凝固（或沉淀）浴，在该浴中挤压成型凝胶。然后将胶化的纤维干燥并煅烧以产生最终的氧化物纤维。该溶液在旋转蒸发器中缓慢蒸发，直到达到 80 Pa·s(800 P) 的黏度。这种溶液通过喷丝器挤出，形成纤维后缠绕在圆筒上，然后被加热到 800 ℃左右。将有机材料燃烧掉，得到孔隙率为 5%～10%、直径为 3～5 mm 的氧化铝纤维。这一阶段生产的纤维由于孔隙率高，适合用于过滤。加热到 1 400～1 500 ℃，将导致 3%～4% 的线性收缩，得到的耐火氧化铝纤维适合用作增强体材料。

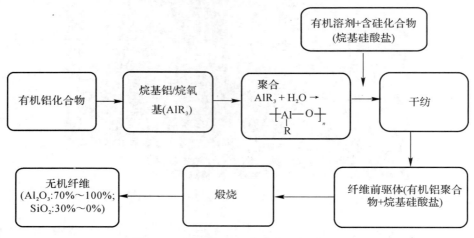

图 1-35　氧化铝＋石英光纤生产流程图

一种称为边缘定义薄膜生长（EFG）的技术已经被用来制造连续的单晶蓝宝石（Al_2O_3）纤维。使用改进的 Czochralski 拉拔器和射频加热制造蓝宝石单晶纤维，这个过程被称为边定义薄膜生长方法，因为模具的外边缘决定了纤维的形状，液体以薄膜的形式输入。其纤维生长速度高达 200 mm/min。模具材料在氧化铝熔点下必须是稳定状态，钼模是常用的模具。毛细管在晶体界面提供恒定的液位。蓝宝石晶体用于控制单晶光纤的方向。熔融的氧化铝润湿了钼和氧化铝。晶体从生长晶体和模具之间的熔融薄膜中生长。晶体的形状是由模具的外部形状而不是内部形状决定的。用这种方法生产的一种商用纤维，称为 Saphikon，它具有六边形结构，其 c 轴平行于纤维轴，直径（实际上是圆形的三角形截面）相当大，在 125～250 μm 之间。

采用一种激光加热浮区法来制备各种陶瓷纤维。Gasson 和 Cockayne 使用激光加热晶体生长了 Al_2O_3、Y_2O_3、$MgAl_2O_4$ 和 Na_2O_3。Haggerty 使用四束激光加热浮区法来制造 Al_2O_3、Y_2O_3、TiC 和 TiB_2 的单晶纤维。碳氧激光器聚焦在熔化区，将源棒引入聚焦激光束，一个种子晶体浸在熔融区，用来控制方向。晶体生长开始于同时移动源棒和种子棒。质量守恒定律要求直径减小率为进给速率与拉出速率之比的二次方根。很容易看出，在这个过程中，纤维的纯度是由原料的纯度决定的。

1.4.5.2　非氧化物纤维

（1）化学气相沉积法制备碳化硅纤维

碳化硅纤维是陶瓷增强材料领域的一个重要发展，特别是对聚碳硅烷（PCS）前驱体进行控制热解来生产直径较小的柔性纤维。

碳化硅的制备方法分为常规和非常规两类，常规的方法包括化学气相沉积（CVD）法等,非常规的方法包括聚合物前体的控制热解等。还有另一种重要类型的碳化硅可用来达到加固目的,即碳化硅晶须。

碳化硅纤维可以通过 CVD 方法在基材上将原料加热到约 1 300 ℃ 得到,衬底可以是钨或碳,如图 1-36 所示。反应性气体混合物含有氢和烷基硅烷。通常,由 70% 的氢和 30% 的硅烷组成的气体混合物被引入反应堆顶部,在那里钨基板(直径约 13 μm)也进入反应器。两端用水银密封作为灯丝的接触电极。基片由直流(250 mA)和超高频(VHF,约 60 MHz)组合加热,以获得最佳的温度分布。要得到 100 μm 碳化硅单丝,一般需要 20 s 左右。灯丝缠绕在反应器底部的线轴上,废气(95% 的原始混合气体 + HCl)通过冷凝器回收。

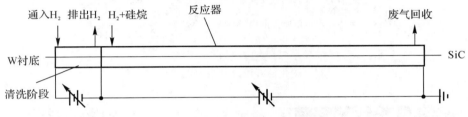

图 1-36　SiC 单丝制备的 CVD 工艺

有效地回收未使用的硅烷对于生产过程的经济性是非常重要的。碳化硅纤维的 CVD 工艺与硼纤维的 CVD 工艺非常相似。碳化硅表面的结节比硼纤维表面的小。这样的 CVD 过程会导致复合单丝产生残余应力。当然,这个过程是非常昂贵的。甲基三氯硅烷是一种理想的原料,因为它含有一个硅原子和一个碳原子。氢的最佳用量是必须满足的,如果氢不够,氯硅烷就不能还原成硅,自由碳就会出现在混合物中。如果存在太多的氢,那么多余的硅会在最终产物中形成。通常,固体(自由)碳和固体或液体硅与碳化硅混合。最终的单丝(100~150 μm)由一个主要由 β-SiC 组成的护套和钨芯上的一些 α-SiC 组成。SiC 单丝的横截面与硼纤维的横截面非常相似。在商业上,有一系列表面改性的碳化硅纤维(称为 SCS 纤维)。这些特殊纤维具有复杂的厚度梯度结构,它是一种粗纤维,由化学气相沉积技术沉积 SiC 到表面包覆热裂解石墨的碳纤维上。热解石墨涂层应用于碳单丝,得到 37 μm 厚的衬底。然后用化学气相沉积(CVD)法在其表面涂覆 SiC,最终得到直径为 142 μm 的单丝。图 1-37 为 SCS-6 碳化硅纤维的示意图及其表面组成特征梯度。SCS-6 纤维的表面改性主要包括以下几个方面:1 μm 厚的表面涂层的主体是碳掺杂的硅;Ⅰ区及其附近是富碳区;在Ⅱ区,硅含量降低;接着是Ⅲ区,硅含量增加到 SiC 成分的化学计量。因此,SCS-6 碳化硅纤维具有高碳含量表面。另一种 CVD 型碳化硅纤维称为 sigma 纤维。sigma 纤维是通过化学气相沉积在钨基板上的一种连续的碳化硅单丝。

(2)聚合物前驱体法制备碳化硅纤维

如前所述,通过 CVD 得到的 SiC 纤维非常厚,而且柔韧性不强,因此研究人员开发了一种通过控制聚合前体的热解来制造这种纤维的方法。这种利用硅基聚合物生产具有良好机械性能、热稳定性和抗氧化性的陶瓷纤维的方法具有巨大的潜力。如图 1-38 所示,该聚合物路线的步骤如下:

1)聚合物的合成与表征(产率、相对分子质量、纯度等)。

2）熔融自旋聚合物制成前驱体纤维。

3）固化前驱体纤维，使其交联分子链，并在热解的最后阶段不可熔。

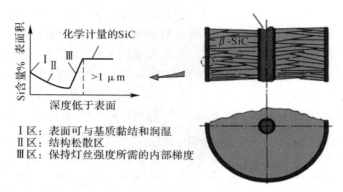

图 1-37　碳化硅纤维及其表面组成梯度示意图

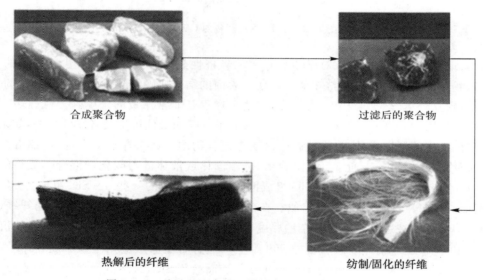

图 1-38　从硅基聚合物开始的陶瓷纤维生产示意图

具体来说，制作 SiC 的过程如图 1-39 所示。通过二甲基氯硅烷与钠反应脱氯得到聚二甲基硅烷(PDMS)。由 PDMS 热分解聚合得到聚碳硅烷(PCS)。此反应在 470 ℃、Ar 气氛下的高压炉中进行 8~14 h。采用真空蒸馏处理，温度可达 280 ℃，得到的聚合物的平均相对分子质量约为 1 500。这是从一个 350 ℃、含氮气氛、500 孔的喷丝板中，利用熔融纺丝获得连续预陶瓷、前驱体纤维的方法。前驱体纤维强度较弱(抗拉强度约为 10 MPa)，首先在空气中固化转化为无机碳化硅，然后在氮气中加热到 1 300 ℃进行拉伸。在热解过程中，当聚合物链发生交联时，第一阶段的转化发生在大约 550 ℃。超过这个温度，含有氢和甲基的侧链就会分解，纤维密度和力学性能显著提高。市面上有不同等级的 Nicalon。第一代 Nicalon 纤维的性能不是很理想，大约在 600 ℃以上就会开始退化，这是由于其成分和微观结构的热力学不稳定性。还有一种叫作 NLP-202 的陶瓷级 Nicalon 纤维，它的含氧量很低,并且表现出更好的高温性能。另一种多丝碳化硅纤维是 Tyranno。它是通过热解聚钛氧碳硅烷得到的,包含 1.5%~4% 的钛。直径小、聚合物衍生的碳化硅纤维,如 Nicalon,通常含氧量高。这是前驱体纤维在氧化气氛中固化而产生交联的结果。在随后的热解步骤中,需要交联才能使前驱体纤维不熔。解决这个问题的一种方法是使用电子束固化。其他技术包括高相对分子质量 PCS 聚合物的干法纺丝。在这种情况下,纺成的纤维不需要固化步骤,因为使用了高相对分子质量的 PCS 聚合物,即在不需要固化的情况下,它也不会在热解过程中熔化。Sacks 等人使用掺杂剂生产低含氧量、近化学计量的小直径(10~15 μm)SiC 纤维。他们报告这些纤维的平均抗拉强度约为 2.8 GPa。纤维中含有丰富的 C 元素、接近化学计量的碳化硅,含氧量低。他们从具有 Si-Si 骨架的 PDMS 开始,通过加压热解得到 PCS,PCS 具有 Si-C 骨架。这一过程的关键是使 PCS 的相对分子质量在 5 000~20 000 之间。相比其他工艺过程,该工艺能得到高相对分子质量纤维。通过添加合适的纺丝助剂和溶剂,得到纺丝原液。该原液经干法纺成绿色纤维,并在受控条件下加热生成碳化硅纤维。纺丝助剂用于稳定聚合物溶液,前驱体纤维从 140 μm 孔板挤出机挤出到 Ar 气氛中。前驱体纤维在 1 800 ℃的 Ar 气氛中进行热解反应。加入烧结助剂硼,有助于得到致密的产物。

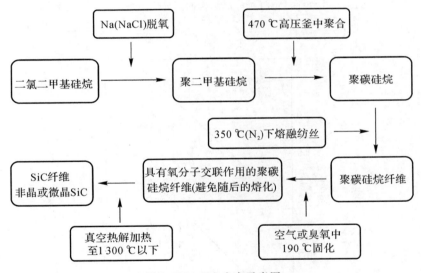

图 1-39 SiC 生产示意图

(3)碳化硅纤维的结构和性能

图 1-40 显示了实验室生产的 Nicalon 纤维的高分辨率透射电子显微图,表明了 Yajima 工艺生产的 SiC 的非晶性质。除碳化硅外,纤维还含有二氧化硅和游离碳,纤维的密度是 2.6 g/cm³,比纯 β-SiC 低,这是因为 Nicalon 纤维是由 SiC、SiO_2 和 C 组成的混合物。

CVD-SiC 和日本碳素 SiC 纤维蠕变应变的比较如图 1-41 所示。

1.4.6 晶须

晶须是单晶,具有极高的强度。这种高强度是由于其晶体缺陷很少。晶须的直径为几微米,长度为几毫米。因此,它们的长宽比(长度/直径)可以从 50 到 10 000 不等。晶须没有统一的尺寸或性能。这也许是其最大的缺点,即性能上的差异很大。

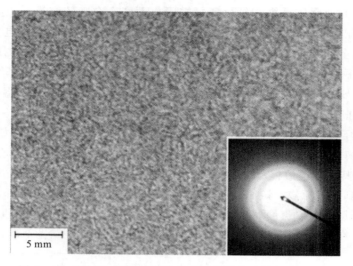

图 1-40 Nicalon 纤维非晶结构的高分辨率透射电子显微图

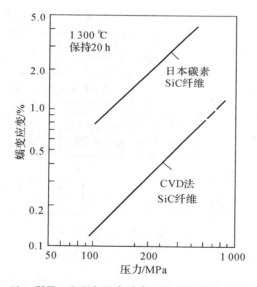

图 1-41 CVD-SiC 和日本碳素 SiC 纤维蠕变应变的比较

晶须通常是通过气相生长获得的。早在 20 世纪 70 年代,一种以稻壳为原料生产 SiC 颗粒和晶须的新工艺被开发出来。该工艺制备的碳化硅颗粒具有良好的粒度。稻壳是碾米的副产品。每碾磨 100 kg 米,大约生产 20 kg 稻壳。稻壳含有纤维素、二氧化硅以及其他有机和无机材料。土壤中的硅被溶解并以单硅酸的形式运输到植物中。这是通过液体蒸发沉积在纤维素结构中的。事实证明,大部分硅最终进入了稻壳。稻壳是硅与纤维素的亲密混合物,为碳化硅的生产提供了接近理想比例的硅和碳。将生稻壳在无氧的情况下加热到约 700 ℃,将挥发性化合物驱出,这个过程叫作焦化。焦化稻壳含有等量的二氧化硅和游离碳,在惰性或还原性气氛(流动的 N_2 或 NH_3 气体)中加热,温度在 1 500~1 600 ℃ 之间。C 反应约 1 h 形成碳化硅,图 1-42 显示了该过程,获得的 SiC 晶须如图 1-43 所示。反应结束后,残渣被加热到 800 ℃ 析出游离碳。通常,颗粒和晶须都会随着一些多余的游离碳一起产生。湿法工艺是用来分离颗粒和晶须的。通常,成品晶须的平均长径比为 75。用所谓的气-液-固生长(VLS 代表蒸气原料气体、液体催化剂和固体晶须)方法培育出了很坚硬的碳化硅晶须,如图 1-44 所示。在此过程中,催化剂与生长的结晶相形成液相溶液界面,元素从气相通过液/气界面进入。晶须的生长是由过饱和的液体在固/液界面的沉淀产生的。对于碳化硅晶须,过渡金属和铁合金满足这一要求。使用钢颗粒作为催化剂,其在 1 400 ℃ 熔化形成液体催化剂球。液体催化剂从 SiC、H_2 和 CH_4 的气相原料中萃取出 C、Si 原子,形成过饱和溶液。液体催化剂中 C 和 Si 的过饱和溶液在基体上析出固态 SiC 晶须。随着降温的继续,晶须生长。通常,这个过程会产生一系列的晶须形态。

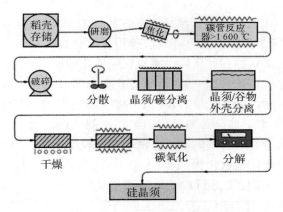

图 1-42 从稻壳开始的 SiC 晶须生产过程示意图

图 1-43 从稻壳获得的 SiC 晶须的扫描电子显微镜图

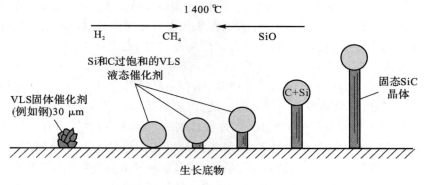

图 1-44 SiC 晶须生长的 VLS 过程

1.4.7 其他非氧化物增强材料

除碳化硅基陶瓷纤维外，还有其他有前景的陶瓷纤维，如氮化硅、碳化硼、氮化硼等。采用化学气相沉积法制备氮化硅（Si_3N_4）纤维，反应物一般是在碳或钨基板上的 $SiCl_4$ 和 NH_3。同样，其他 CVD 工艺合成的纤维具有良好的性能，但其直径非常大，而且价格高昂。在聚合物路线中，硅和氮上的甲基有机硅氮烷被用作氮化硅的前驱体。这种含碳的硅氮前驱体在热解过程中产生碳化硅和氮化硅。颗粒状的碳化硅很便宜，而且大量用于磨料、耐火材料和化学领域。在这一传统过程中，以沙子形式存在的二氧化硅和以焦炭形式存在的碳在 2 400 ℃的电炉中反应。以大颗粒形式产生的碳化硅随后被粉碎成所需的尺寸。碳化钨是由钨金属渗碳制成的，钨金属又是由氧化钨氢还原制成的。通过球磨得到钨粉和炭黑在合适粒度和分布下的混合物。炭黑的加入有助于控制粒度大小和粒度分布。其目的是生产具有稍过量游离碳的化学计量碳化钨，以防止极不希望的 η 相的形成。渗碳是在氢的存在下，于 1 400～2 650 ℃的温度下进行的。氢与炭黑反应生成气态烃，气态烃与钨反应生成碳化钨。碳化后，WC 颗粒通常用球磨的方法去团聚。最终的颗粒大小为 0.5～30 μm 不等，并且这些粒子通常都是有棱角的。

1.5 复合材料的基体

将纤维黏合为一体并使纤维固定作为连续相的一类材料统称为基体材料。常见的基体材料有高分子基材料、金属基材料、无机非金属基材料等。基体材料使纤维之间传递载荷，免于纤维直接受力，决定材料成型工艺方法及参数。

1.5.1 高分子基体

常见的高分子基体有热固性树脂和热塑性树脂两种。热固性树脂有不饱和树脂、环氧树脂、酚醛树脂、聚氨酯、聚丙烯树脂等。热塑性树脂有聚丙烯、聚酰胺、聚碳酸酯、聚醚酮等。

（1）热固性树脂基体

常见的热固性树脂的物理性能见表 1-4。

表 1-4 部分热固性树脂的物理性能

性　能	聚酯树脂	环氧树脂	酚醛树脂
密度/(g·cm^{-3})	1.10~1.40	1.2~1.3	1.30~1.32
拉伸强度/MPa	34~105	44~130	42~64
弹性模量/GPa	2.0~4.4	2.75~4.10	约 3.2
热变形温度/℃	60~100	100~200	78~82

不饱和聚酯由于其耐水、耐稀酸和稀碱性好,力学性能、介电性能好,耐热性能差,固化体积收缩率大,价格低,固化后很硬,呈褐色半透明状,易燃,不耐氧化和腐蚀,主要用来制造玻璃钢材料。环氧树脂是指含有两个或两个以上环氧基团的聚合物,可分为缩水甘油醚类、缩水甘油类、缩水甘油酯类、线性脂肪类、脂环族类。环氧树脂具有很强的的适应性,工艺性能好,黏附力强,力学性能优良,尺寸稳定,绝缘性好。酚醛树脂是酚类化合物与醛类化合物缩聚而成的树脂,具有一定的耐热性、耐燃性、耐水性,绝缘性优良,耐酸性较好,耐碱性差,机械和电气性能良好,易于切割。

(2)热塑性树脂

热塑性树脂一般是线型高分子化合物,可溶于某些溶剂,受热可融化,冷却后可恢复原来的状态,具有断裂韧性好、加工工艺简单、耐冲击、价格低等特点。其中聚烯烃和聚酰胺最常见。聚烯烃主要包括聚乙烯、聚丙烯、聚苯乙烯和聚丁烯。聚酰胺俗称尼龙,是由二元酸与二元胺缩聚而得的,内部结构中存在氢键,具有良好的力学性能。

1.5.2　陶瓷基体

陶瓷基材料中的化学键以共价键和离子键为主,还有介于离子键和共价键之间的混合键,离子键和共价键赋予了陶瓷材料高强度、高硬度的特点,同时使其脆性比其他材料要高。部分陶瓷的离子性和共价性的比例见表 1-5,材料性能见表 1-6。

表 1-5 部分陶瓷的离子性和共价性的比例

材　料	CaO	MgO	Al$_2$O$_3$	SiC
电负性差	2.5	2.3	2.0	0.7
离子性比例	0.79	0.73	0.63	0.12
共价性比例	0.21	0.27	0.37	0.88

表 1-6 部分陶瓷材料性能

材　料	Al$_2$O$_3$	SiC	Si$_3$N$_4$	B$_4$C
密度/(g·cm^{-3})	3.99	3.2	3.2	2.5
熔点/℃	2 054	2 500	1 900	2 450

续表

材　　料	Al_2O_3	SiC	Si_3N_4	B_4C
弹性模量/MPa	390	440	300	440
泊松比	0.23	0.15	0.22	0.18
热导率/[W·(m·K)$^{-1}$]	6.0	40	15	5
热膨胀系数/(10^{-6}K^{-1})	8.9	4.5	3	5.5

陶瓷基复合材料分为氧化物陶瓷基复合材料、非氧化物陶瓷基复合材料、微晶玻璃基复合材料、碳/碳复合材料。氧化物陶瓷主要有 Al_2O_3、SiO_2、MgO、$3Al_2O_3·2SiO_2$ 等，氧化物陶瓷中的化学键以离子键为主，共价键为辅。这类材料主要用于高温耐火结构材料。非氧化物陶瓷包括金属碳化物、氮化物、硼化物和硅化物，如 SiC、B_4C、Si_3N_4、ZrC 等。这类陶瓷材料中的化学键以共价键为主，含有少量的金属键，具有高耐火度、高硬、耐磨的特点，但在氧化条件下容易缩短材料的使用寿命。微晶玻璃是将晶核剂加入玻璃中，经过热处理等手段生长出大量的微晶。控制微晶的种类、数量、尺寸可以得到不同功能的玻璃材料。碳/碳复合材料以热解碳或石墨为基体，以碳纤维为增强体，可以在极端高温下工作，有较高的烧蚀热和低的烧蚀率。

1.5.3　金属基体

金属基体主要包括铝基、钛基、镁基、铜基、镍基、铁基等，在航空航天、汽车、电子零件领域有着广泛的应用。铝基复合材料以铝及其合金作为基体材料，是应用较广泛的一种材料，由于铝是面心立方结构，因此具有良好的塑性和韧性，同时也具有可加工性好、价格低等特点。钛基复合材料有着刚度高、耐腐蚀性好的特点，在现代战斗机上有着大量应用，随着战斗机飞行速度越来越快，对材料的稳定性提出了更高的要求，发展钛基复合材料成为研究的重点。

参 考 文 献

[1] FRIEDRICH K, LU Z, HAGER A. Recent advances in polymer composites' tribology[J]. Wear, 1995, 190(2):139-144.

[2] DAS M, CHAKRABORTY D. Effects of alkalization and fiber loading on the mechanical properties and morphology of bamboo fiber composites: Ⅱ: resol matrix [J]. Journal of Applied Polymer Science, 2009, 112(1):447-453.

[3] XIAO X, YIN Y, BAO J, et al. Review on the friction and wear of brake materials [J]. Advances in Mechanical Engineering, 2016, 8(5):1-10.

[4] KIM S J, JANG H. Friction and wear of friction materials containing two different phenolic resins reinforced with aramid pulp[J]. Tribology International, 2000, 33 (7):477-484.

[5] KRYACHEK V M. Friction composites:traditions and new solutions (review):Ⅱ: composite materials[J]. Powder Metallurgy and Metal Ceramics, 2005, 44(1/2):5 - 16.

[6] FRIEDRICH K. Polymer composites for tribological applications[J]. Advanced Industrial and Engineering Polymer Research, 2018, 1(1):3 - 39.

[7] ZHAO H, MORINA A, NEVILLE A, et al. Tribochemistry on clutch friction material lubricated by automatic transmission fluids and the link to frictional performance[J]. Journal of Tribology, 2013, 135(4):1 - 11.

[8] CHAND N, DWIVEDI U. Sliding wear and friction characteristics of sisal fibre reinforced polyester composites:effect of silane coupling agent and applied load[J]. Polymer Composites, 2008, 29(3):280 - 284.

[9] KUMAR V V, KUMARAN S S. Friction material composite:types of brake friction material formulations and effects of various ingredients on brake performancej: a review[J]. Materials Research Express, 2019, 6:1 - 14.

[10] LI W, HUANG J, FEI J, et al. Effect of aramid pulp on improving mechanical and wet tribological properties of carbon fabric/phenolic composites[J]. Tribology International, 2016, 104:237 - 246.

[11] BIJWE J. Composites as friction materials: recent developments in non-asbestos fiber reinforced friction materials: a review[J]. Polymer Composites, 1997, 18(3):378 - 396.

[12] SAMPATH V. Studies on mechanical, friction, and wear characteristics ofkevlar and glass fiber-reinforced friction materials[J]. Materials and Mmanufacturing Processes, 2006, 21(1):47 - 57.

[13] CHAND S. Review carbon fibers for composites[J]. Journal of Materials Science, 2000, 35(6):1303 - 1313.

[14] FEI J, LUO W, HUANG J F, et al. Effect of carbon fiber content on the friction and wear performance of paper-based friction materials [J]. Tribology International, 2015, 87:91 - 97.

[15] FEI J, WANG H K, HUANG J F, et al. Effects of carbon fiber length on the tribological properties of paper-based friction materials [J]. Tribology International, 2014, 72:179 - 186.

[16] SATHISHKUMAR T, SATHEESHKUMAR S, NAVEEN J. Glass fiber: reinforced polymer composites: a review[J]. Journal of Reinforced Plastics and Composites, 2014, 33(13):1258 - 1275.

[17] SINGH J, KUMAR M, KUMAR S, et al. Properties of glass-fiber hybrid composites:a review[J]. Polymer-Plastics Technology and Engineering, 2017, 56(5):455 - 469.

[18] ZHANG X, LI K Z, LI H J, et al. Tribological and mechanical properties of glass

fiber reinforced paper-based composite friction material [J]. Tribology International, 2014, 69:156-167.

[19] PRASHANTH S, SUBBAYA K, NITHIN K, et al. Fiber reinforced composites: a review[J]. Journal of Material Sciences & Engineering, 2017, 6(3):1-6.

[20] ARANGANATHAN N, MAHALE V, BIJWE J. Effects of aramid fiber concentration on the friction and wear characteristics of non-asbestos organic friction composites using standardized braking tests[J]. Wear, 2016, 354:69-77.

[21] SANJAY M, ARPITHA G, YOGESHA B. Study on mechanical properties of natural-glass fibre reinforced polymer hybrid composites: a review[J]. Materials Today: Proceedings, 2015, 2(4/5):2959-2967.

[22] HARLE S M. Review on the performance of glass fiber reinforced concrete[J]. International Journal of Civil Engineering Research, 2014, 5(3):281-284.

[23] WINISTOERFER A U. Development of non-laminated advanced composite straps for civil engineering applications[D]. Warwick: University of Warwick, 1999.

[24] HU A, HAO J, HE T, et al. Synthesis and characterization of high-temperature fluorine-containing PMR polyimides [J]. Macromolecules, 1999, 32 (24): 8046-8051.

[25] JIN F L, LI X, PARK S J. Synthesis and application of epoxy resins: a review[J]. Journal of Industrial and Engineering Chemistry, 2015, 29:1-11.

[26] HA S, RYU S, PARK S, et al. Effect of clay surface modification and concentration on the tensile performance of clay/epoxy nanocomposites [J]. Materials Science and Engineering: A, 2007, 448(1/2):264-268.

[27] HIRANO K, ASAMI M. Phenolic resins: 100 years of progress and their future [J]. Reactive and Functional Polymers, 2013, 73(2):256-269.

[28] GURUNATH P, BIJWE J. Potential exploration of novel green resins as binders for NAO friction composites in severe operating conditions[J]. Wear, 2009, 267 (5/6/7/8):789-796.

[29] WANG M, WEI L, ZHAO T. Cure study of addition-cure-type and condensation-addition-type phenolic resins [J]. European Polymer Journal, 2005, 41 (5): 903-912.

[30] CECH V, PALESCH E, LUKES J. The glass fiber-polymer matrix interface/interphase characterized by nanoscale imaging techniques[J]. Composites Science and Technology, 2013, 83:22-26.

[31] DRZAL L T, RICH M J, LLOYD P F. Adhesion of graphite fibers to epoxy matrices:I. the role of fiber surface treatment[J]. The Journal of Adhesion, 1983, 16(1):1-30.

[32] BOURGEOIS P, DAVIDSON T. Plasma modifications to the interface in carbon fiber reinforced thermoplastic matrices[J]. The Journal of Adhesion, 1994, 45(1/

2/3/4):73-88.

[33] DILSIZ N. Plasma surface modification of carbon fibers: a review[J]. Journal of Adhesion Science and Technology, 2000, 14(7):975-987.

[34] ZHANG R, GAO B, DU W, et al. Enhanced mechanical properties of multiscale carbon fiber/epoxy composites by fiber surface treatment with graphene oxide/polyhedral oligomeric silsesquioxane[J]. Composites Part A: Applied Science and Manufacturing, 2016, 84:455-463.

[35] ZHANG G, SUN S, YANG D, et al. The surface analytical characterization of carbon fibers functionalized by H_2SO_4/HNO_3 treatment[J]. Carbon, 2008, 46(2):196-205.

[36] LUO S, VAN OOIJ W J. Surface modification of textile fibers for improvement of adhesion to polymeric matrices: a review[J]. Journal of Adhesion Science and Technology, 2002, 16(13):1715-1735.

[37] TIWARI S, BIJWE J. Surface treatment of carbon fibers: a review[J]. Procedia Technology, 2014, 14:505-512.

[38] SHIM J W, PARK S J, RYU S K. Effect of modification with HNO_3 and NaOH on metal adsorption by pitch-based activated carbon fibers[J]. Carbon, 2001, 39(11):1635-1642.

[39] YUAN H, WANG C, ZHANG S, et al. Effect of surface modification on carbon fiber and its reinforced phenolic matrix composite[J]. Applied Surface Science, 2012, 259:288-293.

[40] XU B, WANG X, LU Y. Surface modification of polyacrylonitrile-based carbon fiber and its interaction with imide[J]. Applied Surface Science, 2006, 253(5):2695-2701.

[41] WU G, HUNG C, YOU J, et al. Surface modification of reinforcement fibers for composites by acid treatments[J]. Journal of Polymer Research, 2004, 11(1):31-36.

[42] BISMARCK A, KUMRU M E, SPRINGER J. Influence of oxygen plasma treatment of PAN-based carbon fibers on their electrokinetic and wetting properties[J]. Journal of Colloid and Interface Science, 1999, 210(1):60-72.

[43] MORÁN M M, ALONSO A M, TASCÓN J, et al. Effects of plasma oxidation on the surface and interfacial properties of ultra-high modulus carbon fibres[J]. Composites Part A: Applied Science and Manufacturing, 2001, 32(3/4):361-371.

[44] WU G. Oxygen plasma treatment of high performance fibers for composites[J]. Materials Chemistry and Physics, 2004, 85(1):81-87.

[45] JIA C, CHEN P, LIU W, et al. Surface treatment of aramid fiber by air dielectric barrier discharge plasma at atmospheric pressure[J]. Applied Surface Science, 2011, 257(9):4165-4170.

[46] XIE J, XIN D, CAO H, et al. Improving carbon fiber adhesion to polyimide with atmospheric pressure plasma treatment[J]. Surface and Coatings Technology, 2011, 206(2/3):191-201.

[47] KUSANO Y, ANDERSEN T L, MICHELSEN P. Atmospheric pressure plasma surface modification of carbon fibres[J]. Journal of Physics: Conference Series, 2008, 100:12002.

[48] VAN DER BIEST O O, VANDEPERRE L J. Electrophoretic deposition of materials[J]. Annual Review of Materials Science, 1999, 29(1):327-352.

[49] BESRA L, LIU M. A review on fundamentals and applications of electrophoretic deposition (EPD)[J]. Progress in Materials Science, 2007, 52(1):1-61.

[50] LEE J U, PARK B, KIM B S, et al. Electrophoretic deposition of aramid nanofibers on carbon fibers for highly enhanced interfacial adhesion at low content[J]. Composites Part A: Applied Science and Manufacturing, 2016, 84:482-489.

[51] YAO X, GAO X, JIANG J, et al. Comparison of carbon nanotubes and graphene oxide coated carbon fiber for improving the interfacial properties of carbon fiber/epoxy composites[J]. Composites Part B: Engineering, 2018, 132:170-177.

[52] DENG C, JIANG J, LIU F, et al. Influence of graphene oxide coatings on carbon fiber by ultrasonically assisted electrophoretic deposition on its composite interfacial property[J]. Surface and Coatings Technology, 2015, 272:176-181.

[53] TIWARI S, BIJWE J, PANIER S. Enhancing the adhesive wear performance of polyetherimide composites through nano-particle treatment of the carbon fabric[J]. Journal of Materials Science, 2012, 47(6):2891-2898.

[54] QIAN H, GREENHALGH E S, SHAFFER M S, et al. Carbon nanotube-based hierarchical composites: a review[J]. Journal of Materials Chemistry, 2010, 20(23):4751-4762.

[55] SHARMA M, GAO S, MÄDER E, et al. Carbon fiber surfaces and composite interphases[J]. Composites Science and Technology, 2014, 102:35-50.

[56] ZHANG X, FAN X, YAN C, et al. Interfacial microstructure and properties of carbon fiber composites modified with graphene oxide[J]. ACS Applied materials & Interfaces, 2012, 4(3):1543-1552.

[57] ZHANG R, GAO B, MA Q, et al. Directly grafting graphene oxide onto carbon fiber and the effect on the mechanical properties of carbon fiber composites[J]. Materials & Design, 2016, 93:364-369.

[58] SHARMA S, LAKKAD S. Effect of CNTs growth on carbon fibers on the tensile strength of CNTs grown carbon fiber-reinforced polymer matrix composites[J]. Composites Part A: Applied Science and Manufacturing, 2011, 42(1):8-15.

[59] HE R, CHANG Q, HUANG X, et al. Improved mechanical properties of carbon fiber reinforced PTFE composites by growing graphene oxide on carbon fiber

[60] 陆赵情,王贝贝,陈杰. 树脂浸渍对纸基摩擦材料摩擦磨损性能的影响[J]. 纸和造纸,2015,34(7):33-36.

[61] 薛斌,张兴林. 酚醛树脂的现代应用及发展趋势[J]. 热固性树脂,2007,22(4):47-50.

[62] CAI P,WANG Y,WANG T,et al. Effect of resins on thermal, mechanical and tribological properties of friction materials[J]. Tribology International,2015,87:1-10.

[63] VERMA A,VISHWANATH B,RAO C K. Effect of resin modification on friction and wear of glass phenolic composites[J]. Wear,1996,193(2):193-198.

[64] GURUNATH P,BIJWE J. Friction and wear studies on brake-pad materials based on newly developed resin[J]. Wear,2007,263:1212-1219.

[65] ARENDS C B. Polymer Toughening[M]. Boca Raton:CRC Press,1996.

[66] SARKAR S,ADHIKARI B. Jute felt composite from lignin modified phenolic resin[J]. Polymer Composites,2001,22(4):518-527.

[67] SARKAR S, ADHIKARI B. Lignin-modified phenolic resin: synthesis optimization, adhesive strength, and thermal stability[J]. Journal of Adhesion Science and Technology,2000,14(9):1179-1193.

第 2 章 复合材料的界面

2.1 复合材料界面简介

界面为增强体和基体之间的边界面,其边界处存在一些不连续参数。界面的不连续性可以是急剧变化的或者是平缓的。界面是一个有限厚度的区域,是与材料参数(例如元素浓度、晶体结构、原子种类、弹性模量、密度、热膨胀系数等)有关的区域,其变化是从界面一侧到另一侧的。特定的界面可能与上述一个或多个因素有关。

复合材料的行为是三个因素(纤维或增强元素、基体、纤维/基体界面)共同作用的结果。复合材料中的界面所占的内表面积相当大。在纤维体积分数合理的复合材料中,它可以轻松达到 3 000 cm²/cm³。对于基体中的圆柱形纤维,纤维表面积基本上与界面面积相同。忽略纤维末端,可以将纤维的表面积与体积比(S/V)记为

$$\frac{S}{V} = \frac{2\pi l}{\pi r^2 l} = \frac{2}{r}$$

这里 r 和 l 分别是纤维的半径和长度。因此,纤维的表面积或单位体积的界面面积随着 r 的减小而增大。纤维不能因为不良的界面反应而被缺陷削弱。同样,所施加的载荷应通过界面有效地从基体传递到纤维。因此,了解在给定条件下任何复合系统的界面区域的性质极为重要。对于纤维增强复合材料,界面或更确切地说是界面区域,由纤维和基体的靠近表面层以及存在于这些表面之间的任何材料层组成。纤维的润湿性的主要影响因素是基体和两组分之间的结合类型。另外,应该确定界面的特性以及温度、扩散、残余应力等如何影响界面的特性。

2.2 界面的润湿性

润湿性即液体在固体表面扩散的能力。我们可以通过考虑系统中力的平衡来测量给定固体在液体中的润湿性,该系统由在适当的空气中停留在平面固体表面上的一滴液体组成(见图 2-1)。仅当系统的自由能净减少时,液滴才会扩散并润湿表面。固/气界面的一部分被固/液界面代替。液体在固体表面纤维上的接触角 θ 是表征润湿性的简捷而重要的参数。通常,接触角是通过将一滴液体放在固体基质的平坦表面上来测量的。接触角由沿固/液、液/气和固/气三个界面的切线得到。接触角 θ 可以直接通过测角仪测量,也可以使用

涉及液滴尺寸的简单三角关系来计算。从理论上讲，可以通过水平求解力获得以下表达式（称为杨氏方程），即

$$\gamma_{SV} = \gamma_{LS} + \gamma_{LV} \cos\theta$$

这里 γ 是比表面能，下标 SV、LS 和 LV 分别表示固／气、液／固和液／气界面。如果这种固／气界面的置换过程涉及系统自由能的增加，则不会导致完全自发润湿。在这种情况下，液体将扩散直至达到作用在表面上的力平衡为止，也就是部分润湿。θ 角小表示润湿良好。极端情况是 $\theta=0°$（对应于完全润湿）和 $\theta=180°$（对应于无润湿）。实际上，几乎不可能获得 θ 的唯一平衡值。而且，在最大或前进接触角之间存在一定范围的接触角 θ_a，在最小或后退接触角之间存在一定范围的接触角 θ_r。通常可在聚合物系统中观察到这种被称为"接触角滞后"的现象。这种滞后的原因包括化学侵蚀、溶解、固体表面化学成分的不均匀、表面粗糙和局部吸附。要认识到润湿性和黏合性不是同义词。润湿性描述了液体与固体之间紧密接触的程度。它并不一定意味着界面牢固的结合。可以存在具有优异的润湿性和弱范德瓦耳斯力低能键。低接触角（意味着良好的润湿性）是牢固结合的必要条件，但不是充分条件。再次考虑位于固体表面的液滴，在这种情况下，杨氏方程通常用于表示水平方向上表面张力之间的平衡。

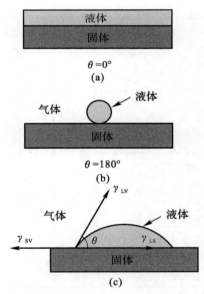

图 2-1　三种不同的润湿条件
(a)完全润湿；(b)不润湿；(c)部分润湿

在聚合物基复合材料的制备中，润湿性非常重要，因为液体基质必须渗透并润湿纤维束。在通常用作基体材料的聚合物树脂中，热固性树脂的黏度在 $1\sim10$ Pa·s 范围内。热塑性塑料的熔体黏度比热固性塑料的熔体黏度高 $2\sim3$ 个数量级，相对而言，它们的纤维润湿特性较差。接触角是润湿性的衡量标准，其大小取决于接触时间和温度、界面反应、化学计量、表面粗糙度和几何形状、成型温度和电子构型。

通常，纤维与基体之间的界面相当粗糙，而不是理想的平面界面，如图 2-2 所示。大多

数纤维或增强材料都显示出一定的表面粗糙度。通过原子力显微镜获得的纤维表面的表面粗糙度轮廓可以提供有关纤维表面形态和表面粗糙度的详细、定量信息。图2-3显示了通过原子力显微镜(AFM)对多晶氧化铝纤维的表面粗糙度进行表征的示例。

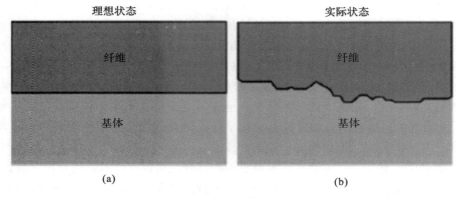

图2-2 纤维和基体之间的界面
(a)理想平面界面；(b)锯齿状界面

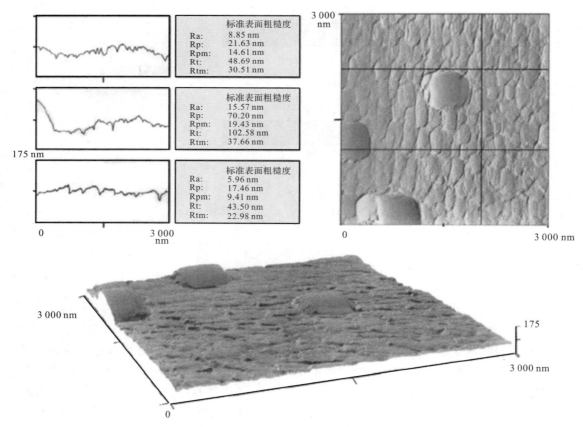

图2-3 原子力显微镜表征多晶氧化铝纤维的表面粗糙度

通常,纤维/基体界面的表面粗糙度与纤维的表面粗糙度相同。在聚合物基体复合材料中,纤维与基体之间在分子水平上的紧密接触使分子间力发挥作用,而无论其是否导致组分之间的化学键合。为了使纤维和基体紧密接触,液态基体必须润湿纤维。偶联剂通常用于改善组分之间的润湿性。

就原子排布的类型而言,可以有一个共格、半共格或非共格的界面。共格界面是界面处的原子构成两个晶格的一部分的界面,也就是说,界面两侧的晶格面之间存在一一对应的关系。因此,由于两相中晶格面的应变,共格界面具有一些与之相关的相干应变,从而在界面上为界面两侧的原子位点提供了连续性。通常,在不受约束的晶体之间不会出现完美的原子排布。相反,界面处的相干性总是涉及晶体的弹性变形。然而,共格界面比非共格界面具有更低的能量。相干界面的经典示例是 Guinier-Preston(G-P)区域与铝基体之间的界面。这些 G-P 区是铝基体中沉淀物的前驱体。随着晶体尺寸的增大,弹性应变能变得大于界面能,从而通过在界面处引入位错而降低系统的自由能。这种包含位错以适应较大界面应变并因此仅具有部分原子配位体的界面称为半共格界面。因此,半共格界面是在相之间不具有非常大的晶格失配的界面,并且通过在界面处引入位错来适应小的失配。在晶体学上,在纤维、晶须或颗粒增强复合材料中遇到的大多数界面都是不连续的。

由于不同金属间化合物的形成和相互扩散等原因,一个初始的平面界面可能会变成一个具有多个界面的界面区。在这种情况下,除了组分参数外,还需要其他参数来表征界面区域,例如几何形状和尺寸、微观结构和形态,以及界面区域中不同相的机械、物理、化学和热学特性。通常会发生这样的情况,最初是根据两种情况下机械和物理特性选择复合系统的组分。但是,重要的是,当把两种组分放在一起构成一种复合物材料时,该复合物将很少是处于热力学平衡状态的系统。通常,在两个组件之间会存在某种界面反应的驱动力,从而导致复合系统达到热力学平衡状态。当然,热力学信息可以帮助我们预测复合材料的最终平衡状态。例如,有关反应动力学的数据,一种成分在另一种成分中的扩散性等数据可以提供有关系统趋于达到平衡状态的速率的信息。在没有热力学和动力学数据的情况下,必须进行实验研究以确定各组分的相容性。通常,复合材料的制造过程可能涉及界面相互作用,这可能导致组成特性或界面结构发生变化。例如,如果制造过程涉及由高温冷却到环境温度,则两个组件的膨胀系数之差会引起一定程度的热应力,以致较软的组分(通常是基体)将发生塑性变形。Chawla 和 Metzger 在钨纤维/单晶铜基体中发现,液态铜在大约 1 100 ℃时浸入钨纤维,然后冷却至室温,导致铜基体中的位错密度非常高,而且在界面处比在界面附近更高。界面附近基体中的高位错密度是由界面附近高热应力引起的基体塑性变形而产生的。许多研究人员观察到,由于增强体与金属基体之间的热失配,在增强体/基体界面附近产生了位错。在粉末加工技术中,粉末表面的性质会影响界面相互作用。组分的形貌特征也可能影响组分之间的原子接触程度。这会在界面处导致几何不规则(例如凹凸和空隙),其可能成为应力集中的来源。固体和液体中的表面有特殊的性质,这是因为表面代表相的终止。考虑一个无限固体内部的原子或分子,它会在各个方向成键,这种平衡的成键会导致系统势能的降低。在自由表面上,原子或分子不是四面都被其他原子或分子包围的,它们只有一边有化学键或邻键。因此,存在一种表面力的不平衡(在任何界面上都是如此),会导致表面原子或分子的重新排列。将一个表面存在的额外能量称为表面能。表面能是单位面积上与表面有关的多余能量,这是因为表面上的原子不是全以键相连的。表面能的单位是 J/m^2,即把它定义为形成单位表面积所需的能量。表面能取决于晶体取向。如果把一个单晶放在高温下,它的形状将会是由最低表面能的低能晶体表面所包围的。表面张力是通过最小化表面积来最小化总表面能的趋势。各向同性材料的表面能和表面张力在数值上是相等的。

2.3 界面的结合类型

能够控制基体与增强材料之间的黏结程度非常重要。为此,有必要了解所有可能的结合类型,其中一种或多种类型可能在任何给定的瞬间起作用。界面的重要类型包括机械结合、物理结合、化学结合等。

2.3.1 机械结合

两个表面之间的简单机械力或连锁效应可能导致一定程度的黏结。在纤维增强复合材料中,基体在中心纤维上的任何收缩都会导致纤维被基体压缩。例如,假设一种情况,其中复合材料中的基体在从高温冷却时的收缩比纤维径向收缩更多。即使在没有任何化学键合的情况下,这也将导致纤维被基体压缩(见图 2-4)。基体通过液体或黏性流动或高温扩散而渗透到纤维表面的缝隙中,也可能导致某些机械黏合。图 2-4 显示了径向应力 σ_r,它与界面剪应力 τ_i 有关,即

$$\tau_i = \mu \sigma_r$$

这里 μ 是摩擦因数,通常在 0.1~0.6 之间。

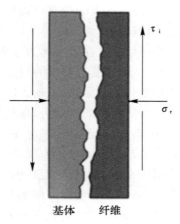

图 2-4 当在高温下冷却时复合材料中基体的径向收缩所产生的机械应力大于纤维所产生的应力

相对于化学键,机械键是低能量键,即机械键的强度低于化学键的强度。在金属基体中的金属结构网络上进行的研究表明,在存在界面压缩力的情况下,金相结合并不是必要的,因为基体对纤维的机械夹持足以引起有效的增强,当拉伸复合材料时在纤维中出现多个颈缩。Hill 等人证实了钨丝/铝基复合材料的机械黏合效果。Chawla 和 Metzger 研究了铝基

材与阳极氧化铝膜之间的结合,发现在粗糙的界面下,从铝基体到氧化铝的负载转移更有效。Al_2O_3 和 Al 之间只有机械结合,但在大多数情况下,仅靠机械结合是不够的。在存在反应键合的情况下,机械键合可以增加整体键合。而且,当施加的力平行于界面时,机械键合在载荷传递中很有效。在进行机械结合的情况下,基体必须填充纤维表面上的突起和凹陷。仅当液态基体可以润湿增强材料表面时,提高其韧性或表面粗糙度才有助于提高结合强度。另一方面,如果液态聚合物或熔融金属作为基体无法穿透纤维表面的粗糙物,那么基体将凝固并留下界面空隙,如图 2-5 所示。有助于提高界面强度的表面包括:

(1)碳纤维的表面处理,例如碳纤维的硝酸氧化,增加比表面积,并使聚合物基复合材料具有良好的润湿性,因此提高了复合材料的层间剪切强度(ILSS)。

(2)对于大多数金属基复合材料,在陶瓷增强材料和金属基体之间会产生一些由表面粗糙度引起的机械结合。

(3)大多数碳基复合材料系统还显示出纤维与基体之间的机械夹持。

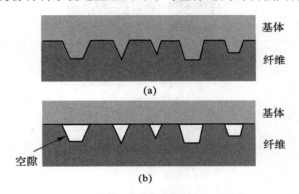

图 2-5　润湿性不同导致的界面结合状态
(a)良好的机械结合; (b)缺乏润湿性会使液态聚合物或金属无法渗透纤维表面的凹凸不平,从而导致界面空隙

在纤维增强的陶瓷基复合材料中,界面粗糙度引起的径向应力将影响界面剥离、剥离纤维的拔出过程中纤维与基体之间的滑动摩擦以及纤维的拔出长度。

2.3.2　物理结合

任何涉及范德瓦耳斯力、偶极相互作用和氢键的键合都可以归为物理键合。这种物理键合的键合能量非常低,为 8~16 kJ/mol。

2.3.3　化学结合

通过扩散过程的原子或分子运输参与化学键合即为化学结合。固溶体和化合物的形成可能在界面处发生,成为具有一定厚度的增强体/基体界面反应区。这包括所有类型的共价键、离子键和金属键。化学键合涉及强力,键合能量为 40~400 kJ/mol。

化学键主要有两种类型。其一是溶解结合,在这种情况下,组分之间的相互作用以电子形式发生。由于这些相互作用的范围很小,所以在原子尺度上,组分之间的密切接触是很重要的。这意味着应该对表面进行适当处理以去除任何杂质。纤维表面的任何污染,或界面处残留的空气或气泡,都将妨碍组分之间所需的紧密接触。其二是反应结合,在这种情况下,分子、原子或离子从一种或两种组分传输到反应位点,即界面。该原子传输受扩散过程控制。这种结合可以存在于多种界面处,例如玻璃/聚合物、金属/金属、金属/陶瓷或陶瓷/陶瓷。

由于基体分子扩散到纤维的分子网络,两个聚合物表面可能会形成键,从而在界面处形成缠结的分子键。偶联剂用于树脂基体中的玻璃纤维,对用于聚合物材料的碳纤维进行了表面处理(氧化性或非氧化性)。在金属系统中,界面处会发生固溶和金属间化合物的形成。纤维和基体之间扩散现象的示意图如图 2-6 所示,形成固溶体以及一层金属间化合物 M_xF_y。界面区域的平台区域是两个金属间化合物形成的区域,该平台区域在两个原子种类中具有恒定的比例。

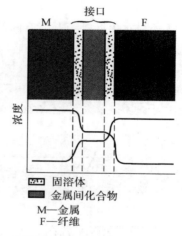

图 2-6　金属基复合材料中的界面区域显示固溶和金属间化合物的形成

2.4　界面结合强度

获得最佳界面结合强度的两种通用方法包括纤维或增强体表面的处理或基体成分的改性。应该强调的是,获得最大结合强度不是最终目的。在脆性基体复合材料中,太紧密的结合会导致脆化。可以通过研究以下三种情况来说明这种情况。其一是非常弱的界面或纤维束(无基体),当没有基体而复合材料仅由纤维束组成时,这种极端情况将普遍存在。这种复合材料的黏结强度仅归因于纤维间的摩擦。对纤维束强度的统计处理显示,纤维束强度为平均单纤维强度的 70%~80%。其二是非常强的界面,界面强度的另一个极端是界面强度与复合材料的高强度组分(通常是增强材料)一样高或更高。在这种情况下,增强体、基体和界面这三个组分中,界面的应变失效率最低。当沿脆性界面的薄弱点发生任何开裂时,复合材料将失效。通常,在这种情况下,将发生不可挽回的情况,并且将获得韧性非常低的复合材料。其三是最佳界面结合强度,具有最佳界面结合强度的界面将使复合材料具有增强的韧性,但不会对强度参数造成严重影响。这样的复合材料将具有多个破坏点,最有可能扩散到界面区域,这将导致损坏的分散或整体破坏,而不是局部损坏。

2.5 界面强度测试

2.5.1 弯曲测试

弯曲或弯曲测试非常容易进行,可用于获得复合材料纤维/基质界面强度的半定性概念。对于弯曲中弹性受力的简单梁,有两个基本控制方程式:

$$\frac{M}{I} = \frac{E}{R}$$

$$\frac{M}{I} = \frac{\sigma}{y}$$

式中:M 是施加的弯矩;I 是梁截面围绕中性面的二次弯矩;E 是材料的弹性模量;R 是弯曲梁的曲率半径;σ 是在距中性平面的平面 y 上的拉伸应力或压缩应力。对于均匀的圆形截面梁,有

$$I = \frac{\pi d^4}{64}$$

式中:d 是圆形截面梁的直径。对于均匀的矩形截面梁,有

$$I = \frac{bh^3}{12}$$

式中:b 是纤维宽度,h 是纤维长度。弯曲发生在深度方向上,即 h 和 y 是在同一方向上测量的。同样,对于相对于中性面具有对称截面的纤维,用厚度 y 代替。当弹性梁弯曲时,应力和应变随截面的厚度 y 线性变化,中性面表示零厚度。弯曲梁中性平面外侧或上方的材料受拉,而中性平面内侧或下方的材料受压。在弹性状态下,应力和应变的关系为

$$\sigma = E\varepsilon$$

可以获得在弹性状态下有效的以下简单关系:

$$\varepsilon = y/R$$

因此,弯曲到曲率半径 R 的梁中的应变 σ 随着梁厚度从中性平面到距离 y 线性变化。三点弯曲时的弯曲力矩为

$$M = \frac{P}{2} \times \frac{S}{2} = \frac{PS}{4}$$

式中:P 是载荷;S 是跨度。三点弯曲测试中的弯矩从梁的两个末端增加到中点的最大值,即沿梁中心的一条线达到最大应力。取 $y = h/2$,对于矩形梁在三点弯曲时的最大应力,得到以下表达式:

$$\sigma = \frac{6PS}{4bh^2} = \frac{3PS}{2bh^2}$$

式中:b 和 h 分别是纤维的宽度和高度。可以使纤维平行或垂直于样品长度,当纤维垂直于样品长度延伸时,可获得纤维/基体界面的横向强度的量度。

三点弯曲试验中的剪切应力是恒定的。最大剪切应力 τ_{max} 将对应于最大载荷 P_{max},即

$$\tau_{max} = \frac{3P_{max}}{4bh}$$

四点弯曲也称为纯弯曲,这是因为在两个内部加载点之间的梁的横截面上没有横向剪切应力。对于四点弯曲的弹性梁,弯曲力矩从两个末端的零增加到整个内部跨度长度上的恒定值。四点弯矩由下式给出:

$$M = \frac{P}{2} \times \frac{S}{4} = \frac{PS}{8}$$

式中:S 是外跨度,应力可以表示为

$$\sigma = \frac{6PS}{8bh^2} = \frac{3PS}{4bh^2}$$

2.5.2 短梁剪切试验(层间剪切应力试验)

该测试是一种特殊的纵向三点弯曲测试,其纤维平行于弯曲杆的长度,且弯曲杆的长度非常小。这也称为层间剪切强度(ILSS)测试。最大剪切应力 τ 出现在中间平面处,最大拉应力出现在最外表面,有

$$\frac{\tau}{\sigma} = \frac{h}{2S}$$

如果使载荷跨度 S 非常小,则可以使剪切应力 τ 最大化,从而使试样在剪切力作用下失效,裂纹沿中间面延伸。

如果纤维在剪切引起的破坏发生之前没有通过拉伸而失效,则该测试无效。如果同时发生剪切和拉伸破坏,则该测试也无效。建议在测试后检查断裂表面,以确保裂纹沿界面而不是穿过基体。此测试的优点包括测试简单、跨度($S=5h$)短、样品制备简单、有利于界面涂层的定性评估。该测试的主要缺点是难以获得有关纤维/基质界面强度的有意义的定量结果,难以确保沿界面的纯剪切破坏。

2.5.3 伊索佩斯库剪切测试

这是设计用于测量界面剪切强度的特殊测试。在该测试中,一个双刃缺口试样承受两个相反的力偶。这是一种特殊的四点弯曲测试,其中的辊偏移(见图2-7),以增强剪切变形。通过选择合适的切口角度(90°)和切口深度(全宽度的22%),可以在切口之间的整个截面上获得几乎完全恒定的剪切应力状态。这种配置下的平均剪切应力为

$$\tau = \frac{P}{bh}$$

该测试的主要优点是,与其他测试相比,获得了大范围的均匀剪切力。但是,在正交异性材料(如各向同性材料,例如纤维增强复合材料)的缺口尖端附近可能存在相当大的应力集中。应力集中与纤维取向和纤维体积分数成正比。

2.5.4 单纤拔出测试

单纤维拉出和推出测试用来测量界面特性。它们经常导致与纤维/基体脱黏相对应的峰值载荷,以及与从基体拉出的纤维相对应的摩擦载荷。该测试的机制和原理相当复杂,对

基本假设的了解对于从此类测试中获得有用的信息很重要。

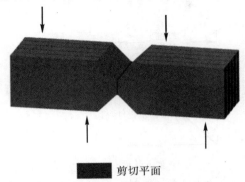

图2-7 伊索佩斯库剪切测试[其中辊(箭头指示的位置)偏移以加重剪切变形]

该测试可以提供有关模型复合系统中界面强度的有用信息。单纤维拉拔测试的机制相当复杂。单纤维拉出测试样品的制造通常是最困难的部分,它需要将单根光纤的一部分嵌入基质中。这种简单方法的一种改进形式是将单根纤维的两端嵌入基质材料中,而使纤维的中心区域不被覆盖。 在拉伸试验机中将纤维拉出基体,获得载荷与位移的记录。峰值载荷对应于界面的初始剥离。随后,在界面处发生摩擦滑动。在此期间,观察到载荷随位移增大而稳定下降。载荷的稳定下降归因于纤维被拔出时界面面积的减小。因此,该测试模拟了实际复合物中可能发生的纤维拔出,更重要的是,提供了黏结强度和摩擦应力值。纤维和基体的不同泊松收缩效应会在界面处产生径向拉伸应力。径向拉伸应力无疑将有助于纤维与基体的剥离过程。泊松收缩的影响,加上沿界面施加的剪切应力不是恒定的事实,使纤维拉拔测试的分析变得复杂。但是,该测试可以提供有关模型复合系统中界面强度的有用定量信息。测试中要尽量避免任何纤维未对准和引入弯矩。图2-8显示了这种测试的实验设置。如图所示,长度为l的一部分纤维嵌入基体中,并施加拉力。如果测量将光纤从基体中拉出所需的应力,那么该应力是包埋的纤维长度的函数。

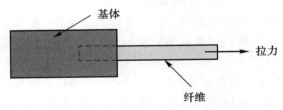

图2-8 单纤拉拔试验的实验装置(长度为l的一部分纤维嵌入基体中并施加拉力)

在不破坏光纤的情况下将光纤拉出所需的应力随光纤长度的增加而线性增加,直至达到临界长度l_c。当嵌入的光纤长度大于或等于l_c时,光纤将在拉伸应力σ的作用下断裂,如图2-9所示。作用在纤维上的拉应力σ在纤维/基体界面处产生剪应力τ。沿纤维长度的简单力平衡:

$$\sigma \pi r^2 = \tau 2\pi r l$$

当$l < l_c$时,纤维将拉出,界面剪切强度为

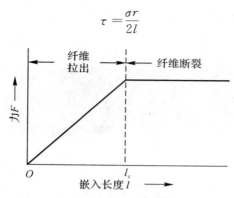

图 2-9 将纤维拉出基体所需的应力与包埋的纤维长度的关系

当 $l > l_c$ 时,发生纤维断裂而不是拔出。有一种方法是根据嵌入的纤维长度来测量拔出所需的负载:

$$P = 2\pi r l \tau$$

界面抗剪强度 τ 可以从 P 与 l 相关性曲线的斜率计算得出。在此分析中有一个隐含的假设,即沿纤维/基体界面作用的剪切应力是一个常数。在单纤维嵌入式测试中,人们获得了整个界面表面积的平均载荷值,从而获得了界面剥离强度和/或摩擦强度。理论分析和有限元分析表明,剪切应力在靠近表面端处是最大的,并迅速落入几个纤维直径的距离内。因此,期望界面剥离在表面附近开始并沿着嵌入长度逐渐传播。界面剪切强度是摩擦因数 μ 和界面处的任何法向压缩应力 σ_r 的函数。径向压缩应力的来源是从加工温度冷却时基体的收缩。

2.5.5 弯曲颈部样本测试

该技术是为 PMC 设计的,使用特殊的模具来制备复合材料的弯曲颈部样品,该样品沿其中心轴包含单根纤维。压缩样品,目测观察到纤维/基体的剥离。样品的弯曲颈部形状增强了纤维/基体界面的横向拉伸应力。导致界面剥离的横向拉伸应力是基体和纤维具有不同的泊松比这一事实造成的。如果基体泊松比 ν_m 大于纤维的泊松比 ν_f,那么当压缩时,将在颈部中心并垂直于界面的方向上产生横向拉伸应力。需要一种特殊的模具来制备样品,并且必须沿着中心轴非常精确地对准纤维。最后,需要目视检查以确定界面剥离点。这将要求该技术采用透明基体材料,或者可以使用声发射检测技术来避免肉眼检查。

2.5.6 压痕测试

人们已经开发出许多仪器化的压痕测试方法,以测量极小的力和位移。压痕仪已经在硬度测量中使用了很长时间,但是高分辨率的深度感测仪在20世纪80年代才问世。这样的仪器允许研究很小体积的材料,并且可以通过机械手段对微观结构变化进行非常局部的表征。这种仪器记录压头到样品中的总渗透率。压头位置由电容位移计确定。尖头、圆锥形压头或圆形压头可用于移动垂直于复合材料表面的纤维。图 2-10 显示了三种不同类型的压头:带平头的圆柱头、带平头的圆锥头和尖头。图 2-11 中的四张照片显示了一个纤维推入的例子。通过测量所施加的力和位移，可以获得界面应力。

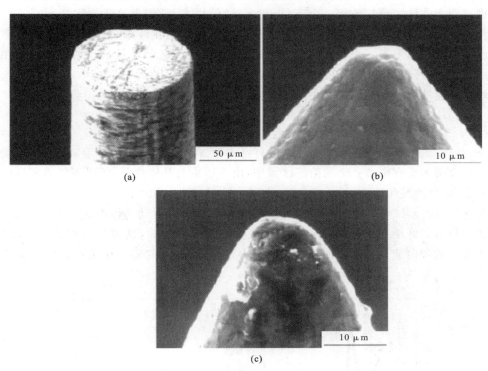

图 2-10　三种不同类型的压头
(a)带有平头的圆柱头；　(b)带有平头的圆锥形；　(c)尖头

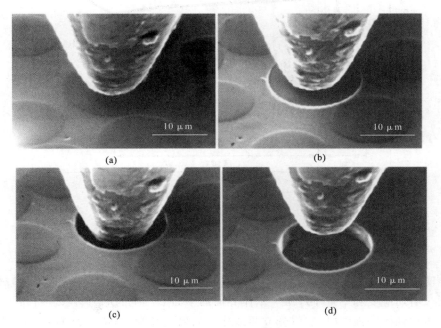

图 2-11　纤维推进的示例
(a)压头靠近纤维；　(b)压头接触纤维；　(c)纤维压入；　(d)抬起压痕

为了测量纤维增强复合材料中的界面结合强度,已经设计出许多方法,包括将压头压在纤维横截面上。推出测试使用一个薄(1~3 mm)的样本,纤维垂直于观察表面对齐。压头用于将一系列纤维推出。这种纤维推出试验可以给出作用在纤维/基体界面上的摩擦剪切应力。图 2-12 显示了一个有效的推出测试的示例,其中显示了三个区域的曲线。在第一区域中,压头与纤维接触并且纤维滑动长度小于样本厚度。在第二区域中,纤维滑动长度大于或等于样品厚度。在第三区域中,压头与基体接触。在第二区域,界面剪切应力为

$$\tau_i = \frac{P}{2\pi rt}$$

式中:P 是施加的载荷;r 是纤维半径;t 是样品厚度。为了使这种关系有效,样品厚度应比纤维直径大得多。在图 2-12 的第三区域中,由于压头与基体接触,所以不能确定界面剪切应力的值,即该测试不再有效。

在这种压痕测试中,在界面剥离之后,纤维将沿着界面滑动一段距离,该距离取决于压头施加的负载。纤维在整个剥离长度上被压头负载弹性压缩,这被认为取决于界面摩擦。假定压头上的轴向载荷通过界面处的摩擦应力来平衡,并且忽略了压头过程中径向膨胀的影响。

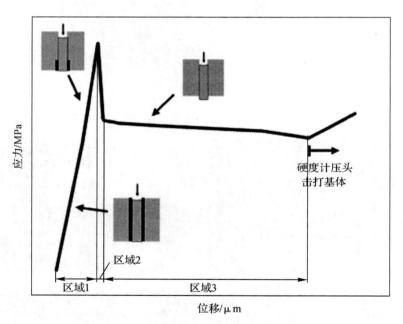

图 2-12 纤维推出试验中应力与位移的关系

2.5.7 碎片测试

在该测试中,单根纤维嵌入狗骨型拉伸基体样品中。当对这样的样品施加拉伸载荷时,载荷会通过剪切应变和平行于纤维/基体界面的平面上产生的应力转移到纤维上。当纤维中的拉应力达到极限强度时,它将分成两部分。如果继续加载,则纤维破碎的过程将继续,即单根纤维继续破碎成更小的碎片,直到纤维碎片的长度变得太小而无法加载,如图 2-13

所示。该纤维长度称为临界长度 l_c。考虑到在纤维的一个元素 dx 上的力平衡,可以写成

$$\pi r^2 d\sigma = 2\pi r dx \tau$$

$$\frac{d\sigma}{dx} = \frac{2\tau}{r}$$

式中:σ 是拉伸应力;τ 是剪切应力;r 是纤维半径。

认为基体是完全可塑性的,即忽略了任何应变硬化效应,并且基体在剪切应力 τ_y 下产生剪切屈服。还假设沿着纤维/基体界面的剪切应力在纤维碎片的长度 l_c 上是恒定的。对上式积分,得到

$$\int_0^{\sigma_{max}} d\sigma = \int_0^{l_c/2} 2\tau dx/r$$

$$\sigma_{max} = \tau l_c / r$$

$$\tau = \frac{\sigma_{max} r}{l_c} = \sigma_{max} d/2l_c$$

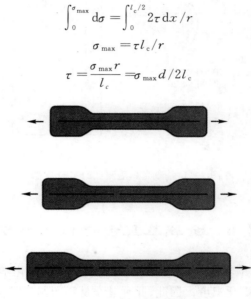

图 2-13 单纤维破碎测试

纤维破碎技术是一种简单的技术,可以定量地测量纤维/基体的界面强度。显然,只有在纤维破坏应变小于基体破坏应变的情况下,该技术才有效。其主要的缺点或存疑的假设是,界面剪切应力在纤维长度上是恒定的。此外,真正的材料很少具有完美的塑性。

2.5.8 激光剥落技术

Gupta 等人设计了一种激光剥落技术,以确定涂层(厚度大于 0.5 μm)和基材之间的平面界面的抗拉强度。图 2-14 为实验装置。准直的激光脉冲入射到夹在基板和限制板之间的薄膜上。该板由熔融石英制成,铝膜用作激光吸收介质。约束铝膜中激光能量的吸收会导致铝膜膨胀,从而在基底中产生压缩冲击波,该冲击波向涂层/基底界面移动。当压缩脉冲撞击界面时,部分压缩脉冲会传输到涂层中。该压缩脉冲在涂层的自由表面处反射为拉伸脉冲。如果该拉伸脉冲具有足够的幅度,它将从基材上除去涂层。利用激光多普勒位移干涉仪记录了压缩脉冲反射时涂层表面位移的时间变化率通过精密的数字化设备,记录位移条纹的时间分辨率约为 0.5 ns。此信息与界面上的应力脉冲历史记录相关。应力脉冲的直接记录使该技术可用于涉及韧性组件的接口系统。

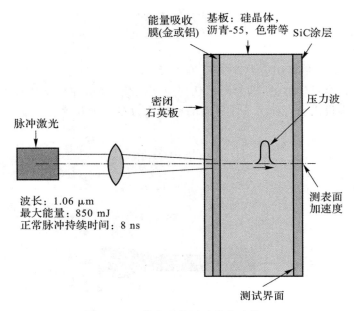

图 2-14 激光剥落测试的实验装置

2.6 金属基复合材料的界面

金属基复合材料的基体一般是金属合金,合金既含有不同化学性质的组成元素和不同的相,同时又具有较高的熔化温度。因此,此种复合材料的制备需在接近或超过金属基体熔点的高温下进行。金属基体与增强体在高温复合时易发生不同程度的界面反应,金属基体在冷却、凝固热处理过程中还会发生元素偏聚、扩散、固溶、相变等,这些均使金属基复合材料界面区的结构十分复杂。界面区的组成结构明显不同于基体和增强体,受到金属基体成分、增强体类型、复合工艺参数等多种因素的影响。

在金属基复合材料界面区出现材料物理性质(如弹性模量热膨胀系数、热导率热力学参数)和化学性质等的不连续性,使增强体与基体金属形成了热力学不平衡的体系。因此,界面的结构和性能对金属基复合材料中应力和应变的分布,导热、导电及热膨胀性能,载荷传递,断裂过程都起着决定性作用。针对不同类型的金属基复合材料,深入研究界面精细结构、界面反应规律、界面微结构及性能对复合材料各种性能的影响,界面结构和性能的优化控制途径,以及界面结构性能的稳定性等,是金属基复合材料发展中的重要内容。

金属基复合材料界面是指金属基体与增强体之间的化学成分和物理、化学性质明显不同,构成彼此结合并能起传递载荷作用的微小区域。界面微区的厚度可以从一个原子层到几个微米。由于金属基体与增强体的类型、组分、晶体结构、化学物理性质有很大差别,以及在高温制备过程中有元素的扩散、偏聚、相互反应等,从而形成复杂的界面结构。界面区包括基体与增强体的接触连接面、基体与增强体相互作用生成的反应产物及其接触连接面、基体与增强体相互作用生成的反应产物和析出相、增强体的表面涂层作用区、元素的扩散和偏聚区、近界面的高密度位错区等。

金属基复合材料中的典型结构主要有以下几种。

(1) 有界面反应产物的界面微结构

多数金属基复合材料在制备过程中发生不同程度的界面反应。轻微的界面反应能有效改善金属基体与增强体的浸润和结合,是有利的;剧烈界面反应将造成增强体的损伤和形成脆性界面相等,十分有害。界面反应通常是在局部区域中发生的,形成粒状、棒状、片状的反应产物,而不是同时在增强体和基体相接触的界面上生成层状物。只有剧烈的界面反应才可能形成界面反应层。碳(石墨)/铝、碳(石墨)/镁、氧化铝/镁、硼/铝、碳化硅/铝、碳化硅/钛、硼酸铝/铝等一些主要类型的金属基复合材料,都存在界面反应的问题。它们的界面结构中一般都有界面反应产物。

(2) 有元素偏聚和析出相的界面微结构

金属基复合材料的基体通常选用金属合金,很少选用纯金属。基体合金中含有各种合金元素,用以强化基体合金。有些合金元素能与基体金属生成金属化合物析出相,如铝合金中加入铜、镁、锌等元素会生成细小的 Al_2Cu、Al_2CuMg 等时效强化相。由于增强体表面的吸附作用,基体金属中合金元素在增强体的表面富集,为在界面区生成析出相创造了有利条件。在碳纤维增强铝或镁复合材料中均可发现界面上有化合物析出相的存在。

(3) 增强体与基体直接进行原子结合的界面结构

基于金属基复合材料组成体系和制备方法的特点,多数金属基复合材料的界面结构比较复杂,存在不同类型的界面结构,即界面不同区域存在增强体与基体直接进行原子结合的清洁、平直界面结构,有界面反应产物的界面结构,也有析出物的界面结构等。只有少数金属基复合材料(主要是自生增强体金属基复合材料)才有完全无反应产物或析出相的界面结构、增强体和基体直接原子结合的界面结构,如自生复合材料。在大多数金属基复合材料中既存在大量的直接原子结合的界面结构,又存在反应产物等其他类型的界面结构。

(4) 其他类型的界面结构

金属基复合材料基体合金中不同合金元素在高温制备过程中会发生元素的扩散、吸附和偏聚,在界面微区形成合金元素浓度梯度层。元素浓度梯度层的厚度和元素浓度梯度层的大小与元素的性质、加热过程中的温度和时间有密切关系。如用电子能量损耗谱测定经加热处理的碳化钛颗粒增强钛合金复合材料中氧化钛颗粒表面,会发现存在明显的碳浓度梯度。碳浓度梯度层的厚度与加热温度有关。在 800 ℃下加热 1 h,碳化钛颗粒中碳浓度由 50% 降低到 38%,其梯度层的厚度约为 1 000 nm;而在 1 000 ℃下加热 1 h,其梯度层厚度为 1 500 nm。

2.7　聚合物基复合材料的界面

聚合物基复合材料的力学性能主要取决于增强体与基体之间的界面结构,由于聚合物基复合材料本身不具有导电性,且其内部结构具有非晶特性,所以多采用原子力显微镜和拉曼光谱进行研究。

2.7.1 聚合物基复合材料界面的形成

第一阶段:基体浸润纤维,纤维对液态基体的吸附能力不同,会优先吸附能使其表面能降低的物质。

第二阶段:固化过程,聚合物经过物理或化学变化后形成固定界面,对材料的力学性能有着至关重要的影响。

2.7.2 聚合物基界面破坏机理

(1)纤维表面晶体大小及比表面积

纤维的比表面积越大,黏结强度越高,如果碳纤维的比表面积减小,那么会导致表面不光滑,与树脂的黏结将变得更加容易。

(2)浸润性

界面的黏结强度随着浸润性的增加而提高,并且纤维表面的杂质越少,在浸润时产生的空隙就越少。

(3)界面反应

界面的黏结强度受基体和纤维之间的界面反应的影响,反应程度越大,黏结效果越好。例如,偶联剂改性纤维表面可以使复合材料性能得到改善。

(4)残余应力对黏结强度的影响

由于树脂和纤维的热膨胀系数各不相同,固化会产生热应力,从而降低界面的黏结强度。

纤维和基体之间不可避免地存在微裂纹、孔隙,这些位置在外力作用下逐渐在基体中扩展,直至纤维表面。其中伴有能量消耗的裂纹扩展会随着能量的降低而减小,使界面逐步破坏,属于韧性破坏。没有能量消耗的裂纹扩展,应力集中在裂纹尖端,会穿透纤维导致材料破坏,属于脆性破坏。

2.7.3 水对聚合物基复合材料的影响

水分子极性大且玻璃纤维对水的吸附能力强,水浸入玻璃纤维复合材料的表面后会发生化学反应,导致界面黏结破坏。水通过宏观裂缝、基体内的裂纹等方式渗入,会腐蚀纤维表面产生更多缺陷。对基体来说,水分子会破坏聚合物内的氢键从而导致机械性能下降,而且,水分子会破坏酯键、醚键,导致界面黏结破坏。

2.8 陶瓷基复合材料的界面

陶瓷材料整体表现出脆性,界面的结合强度对其韧性有较大影响。界面的结合方式有多种,陶瓷基复合材料界面主要是机械黏结和化学黏结。由于制造陶瓷基复合材料是在高温条件下进行的,且工作环境温度也高,所以增强体和基体界面往往会形成化学黏结。在高温下,基体为液态,渗入纤维表面的缺陷处,冷却后形成机械结合。

界面结合强度影响着陶瓷基复合材料的断裂行为。界面结合强度太高,强度升高但增韧效果不佳;界面结合强度太低,纤维不能有效传递载荷,既没有增强也没有增韧,导致界面脱黏。只有界面结合强度适当,界面才能有效传递载荷,起到增韧作用。

为了得到最好的界面结合强度,要避免界面化学反应,在实际应用中,除了使基体和纤维在加工和使用时形成稳定的热力学界面,最常用的的方法是在纤维表面形成一层涂层。涂层厚度通常为 0.1~1 μm,涂层的选择取决于纤维、基体、工艺和适用范围。涂层除了可以保护纤维,避免机械加工对其的损害,还可以改变界面结合强度。

参 考 文 献

[1] FU Q G, ZHANG P, ZHUANG L, et al. Micro/nano multiscale reinforcing strategies toward extreme high-temperature applications: take carbon/carbon composites and their coatings as the examples[J]. Journal of Materials Science & Technology, 2022, 96:31-68.

[2] ZHAO R D, HU C L, WANG Y H, et al. Construction of sandwich-structured C/C-SiC and C/C-SiC-ZrC composites with good mechanical and anti-ablation properties[J]. Journal of the European Ceramic Society, 2022, 42(4):1219-1226.

[3] ZHANG S N, LI Y C Y, LUO M, et al. Modelling of nonlinear and dual-modulus characteristics and macro-orthogonal cutting simulation of unidirectional carbon/carbon composites[J]. Composite Structures, 2022, 280:114928.

[4] TIAN X F, LI H J, SHI X H, et al. Morphologies evolution and mechanical behaviors of SiC nanowires reinforced C/(PyC-SiC)$_n$ multilayered matrix composites[J]. Journal of Materials Science & Technology, 2022, 96:190-198.

[5] ZHANG Y C, ZHOU R M, YIN M H, et al. Experimental investigation on friction and wear performance of C/C composite finger seal[J]. Journal of Tribology, 2022, 144(2):1-21.

[6] WANG P P, ZHANG M L, SUN W C, et al. Oxidation protection of B_4C modified HfB_2-SiC coating for C/C composites at 1073-1473 K[J]. Ceramics International, 2022, 48(3):3206-3215.

[7] FENG G H, YU Y L, YAO X Y, et al. Ablation behavior of single and alternate multilayered ZrC-SiC coatings under oxyacetylene torch[J]. Journal of the European Ceramic Society, 2022, 42(3):830-840.

[8] 解齐颖,张祎,朱阳,等. 超高温陶瓷改性碳/碳复合材料[J]. 材料工程, 2021, 49(7):46-55.

[9] 茅振国,罗瑞盈. C/C 复合材料抗氧化涂层材料体系的研究进展[J]. 合成材料老化与应用, 2017, 46(1):75-84.

[10] WANG P P, LI H J, KONG J A, et al. A WSi_2-HfB_2-SiC coating for ultralong-time anti-oxidation at 1973 K[J]. Corrosion Science, 2019, 159:108119.

[11] 杨鑫,黄启忠,苏哲安,等. C/C 复合材料的高温抗氧化防护研究进展[J]. 宇航材

料工艺，2014，44(1):1-15.

[12] LI H J, YAO X Y, ZHANG Y L, et al. Anti-oxidation properties of ZrB_2 modified silicon-based multilayer coating for carbon/carbon composites at high temperatures [J]. Transactions of Nonferrous Metals Society of China, 2013, 23(7):2094-2099.

[13] REN X R, WANG W H, CHEN P, et al. Investigations of TaB_2 on oxidation-inhibition property and mechanism of Si-based coatings in aerobic environment with broad temperature region for carbon materials[J]. Journal of the European Ceramic Society, 2019, 39(15):4554-4564.

[14] LI T, ZHANG Y L, FU Y Q, et al. Antioxidation enhancement and siliconization mitigation for SiC coated C/C composites via a nano-structural SiC porous layer[J]. Corrosion Science, 2022, 194:109954.

[15] XU M, GUO L J, WANG H H. Crack evolution and oxidation failure mechanism of a SiC-ceramic coating reactively sintered on carbon/carbon composites[J]. Materials, 2021, 14(24):7780.

[16] LIU F, LI H J, ZHANG W, et al. Impact of introducing SiC and Si on microstructure and oxidation resistance of $MoSi_2$/SiC coated C/C composites prepared by SAPS[J]. Vacuum, 2020, 179:109477.

[17] WANG C C, LI K Z, HUO C X, et al. Evolution of microstructural feature and oxidation behavior of LaB_6-modified $MoSi_2$-SiC coating[J]. Journal of Alloys and Compounds, 2018, 753:703-716.

[18] LI B, MAO B X, WANG X B, et al. Fabrication and frictional wear property of bamboo-like SiC nanowires reinforced SiC coating[J]. Surface & Coatings Technology, 2020, 389:125647.

[19] WILLIAMS S D, CURRY D M, CHAO D C, et al. Ablation analysis of the Shuttle Orbiter oxidation protected reinforced carbon-carbon[J]. Journal of Thermophysics and Heat Transfer, 1995, 9(3):478-485.

[20] HANDSCHUH R F. High-temperature erosion of plasma-sprayed, yttria-stabilized zirconia in a simulated turbine environment[C]. California: 21st Joint Propulsion Conference, 1985:1219.

[21] ALLER M L, FRANTA T, HELLDORFF-GARN H V. AMTech CAPE turbine materials standards road map: an industry-led road map supporting the next generation of power and propulsion manufacturing, maintenance and repair[C]// Florida: AIAA Aerospace Sciences Meeting, 2018:1711.

[22] LEE J H, LEE C M, KIM D H. Repair of damaged parts using wire arc additive manufacturing in machine tools[J]. Journal of Materials Research and Technology, 2022, 16:13-24.

[23] RABE D, BOHNKE P R C, KRUPPKE I, et al. Novel repair procedure for CFRP

components instead of EOL[J]. Materials, 2021, 14(11):2711.

[24] TANG H X, LI P T, LI Z, et al. Braking behaviours of C/C-SiC mated with iron/copper-based PM in dry, wet and salt fog conditions[J]. Ceramics International, 2022, 48(3):3261-3273.

[25] LIU F H, YI M Z, RAN L P, et al. Effects of h-BN/SiC ratios on oxidation mechanism and kinetics of C/C-BN-SiC composites[J]. Journal of the European Ceramic Society, 2022, 42(1):52-70.

[26] FLAUDER S, BOMBARDA I, D'AMBROSIO R, et al. Size effect of carbon fiber-reinforced silicon carbide composites (C/C-SiC):Part 2:tensile testing with alignment device[J]. Journal of the European Ceramic Society, 2022, 42(4):1227-1237.

[27] CHARLES C, DESCAMPS C, VIGNOLES G L. Low pressure gas transfer in fibrous media with progressive infiltration:correlation between different transfer modes[J]. International Journal of Heat and Mass Transfer, 2022, 182:121954.

[28] MACIAS J D, BANTE-GUERRA J, CERVANTES-ALVAREZ F, et al. Thermal characterization of carbon fiber-reinforced carbon composites [J]. Applied Composite Materials, 2019, 26(1):321-337.

[29] 王佩佩. C/C复合材料HfB_2-SiC基陶瓷涂层的制备及抗氧化性能研究[D]. 西安:西北工业大学, 2021.

[30] 王昌聪. C/C复合材料稀土氧化物改性$MoSi_2$基涂层防氧化性能研究[D]. 西安:西北工业大学, 2020.

[31] 付前刚,李贺军,史小红,等. 沉积位置对化学气相沉积SiC涂层微观组织的影响[J]. 西安交通大学学报, 2005, 39(1):49-52.

[32] 李贺军,史小红,沈庆凉,等. 国内C/C复合材料研究进展[J]. 中国有色金属学报, 2019, 29(9):2142-2154.

[33] 杨海峰,王惠,冉新权. C/C复合材料的高温抗氧化研究进展[J]. 炭素技术, 2000(6):22-28.

[34] 陈波,温卫东,崔海涛,等. 三维四向C/C复合材料高温氧化环境力学试验[J]. 航空动力学报, 2018, 33(8):1916-1922.

[35] 曾志安,崔红,李瑞珍. C/C复合材料高温抗氧化研究进展[J]. 炭素, 2006(1):12-16.

[36] KUMAR C V, KANDASUBRAMANIAN B. Advances in ablative composites of carbon based materials:A review[J]. Industrial & Engineering Chemistry Research, 2019, 58(51):22663-22701.

[37] JIN X C, FAN X L, LU C S, et al. Advances in oxidation and ablation resistance of high and ultra-high temperature ceramics modified or coated carbon/carbon composites[J]. Journal of the European Ceramic Society, 2018, 38(1):1-28.

[38] 梅宗书,石成英,吴婉娥. C/C复合材料抗氧化性能研究进展[J]. 固体火箭技术,

2017,40(6):758-764.

[39] 简科,胡海峰,陈朝辉. 碳/碳复合材料高温抗氧化涂层研究进展[J]. 材料保护,2003,36(1):22-24.

[40] 高冉冉,王成国,陈旸. C/C复合材料的抗氧化研究[J]. 材料导报,2013,27(21):378-381.

[41] XIE A L,YANG F,ZHANG B,et al. Isothermal and cyclic oxidation behavior of a sandwiched coating for C/C composites[J]. Ceramics International,2021,47(23):32505-32513.

[42] SHUAI K,ZHANG Y L,FU Y Q,et al. $MoSi_2$-HfC/TaC-HfC multi-phase coatings synthesized by supersonic atmospheric plasma spraying for C/C composites against ablation[J]. Corrosion Science,2021,193:109884.

[43] QUAN H F,LUO R Y,WANG L Y,et al. Study on the antioxidation properties and mechanisms of SiC/Si-ZrB_2-$CrSi_2$/SiC multilayer coating related to strain compatibility and stress distribution via XRD and Raman spectra[J]. Composites Part B:Engineering,2022,228:109452.

[44] ZHOU L,FU Q G,HU D,et al. Oxidation protective SiC-Si coating for carbon/carbon composites by gaseous silicon infiltration and pack cementation:A comparative investigation[J]. Journal of the European Ceramic Society,2021,41(1):194-203.

[45] ZHU X F,ZHANG Y L,ZHANG J,et al. A compound glass coating with micro-pores to protect SiC-coated C/C composites against oxidation at 1773 K and 1973 K[J]. Corrosion Science,2022,195:109983.

[46] FU Q G,CAO C W,LI H J,et al. A Si-SiC oxidation-resistant coating for carbon/carbon composites by hot-pressing reaction technique[J]. International Journal of Applied Ceramic Technology,2014,11(2):342-349.

[47] NI D W,CHENG Y,ZHANG J P,et al. Advances in ultra-high temperature ceramics,composites,and coatings[J]. Journal of Advanced Ceramics,2022,11(1):1-56.

[48] CHEN S,QIU X C,ZHANG B W,et al. Advances in antioxidation coating materials for carbon/carbon composites[J]. Journal of Alloys and Compounds,2021,886:161143.

[49] 付前刚,石慧伦. C/C复合材料表面耐高温抗氧化硅基陶瓷涂层研究进展[J]. 航空材料学报,2021,41(3):1-10.

[50] XIE W,FU Q G,CHENG C Y,et al. Effect of Lu_2O_3 addition on the oxidation behavior of SiC-ZrB_2 composite coating at 1500 ℃:Experimental and theoretical study[J]. Corrosion Science,2021,192:109803.

[51] ZHANG J,ZHANG Y L,FU Y Q,et al. Preparation and ablation behavior of HfC-SiC co-deposited coatings with different proportions[J]. Corrosion Science,

2021，192：109853.

[52]　XU M, GUO L J, FU Y Q. Effect of pyrocarbon texture on the mechanical and oxidative erosion property of SiC coating for protecting carbon/carbon composites [J]. Ceramics International，2021，47(23)：32657-32665.

[53]　LI T, ZHANG Y L, FU Y Q, et al. High strength retention and improved oxidation resistance of C/C composites by utilizing a layered SiC ceramic coating [J]. Ceramics International，2021，47(10)：13500-13509.

[54]　LI L, LI H J, LIN H J, et al. Comparison of the oxidation behaviors of SiC coatings on C/C composites prepared by pack cementation and chemical vapor deposition[J]. Surface & Coatings Technology，2016，302：56-64.

[55]　SHAN Y C, FU Q G, LI H J, et al. Improvement of the bonding strength and the oxidation resistance of SiC coating on C/C composites by pre-oxidation treatment [J]. Surface & Coatings Technology，2014，253：234-240.

[56]　LI H J, XUE H, WANG Y J, et al. A $MoSi_2$-SiC-Si oxidation protective coating for carbon/carbon composites[J]. Surface & Coatings Technology，2007，201(24)：9444-9447.

[57]　HESLEHURST R B. Engineered Repairs of Composite Structures[M]. New York：Taylor & Francis Group，2019.

[58]　RIVERS H K, GLASS D E. Advances in hot structure development[C]. Netherlands：5th European Workshop on Thermal Protection Systems and Hot Structures，2006：631.

[59]　倪嘉，史昆，薛松海，等. 航空发动机用热障涂层陶瓷材料的发展现状及展望[J]. 材料导报，2021，35(增刊)：163-168.

[60]　KRISHAN K. Composite Materials：Science and Engineering[M]. 2nd. New York：Springer-Verlag New York Inc.，1988.

[61]　黄传辉. 人工髋关节的磨损行为及磨粒形态研究[D]. 徐州：中国矿业大学，2004.

[62]　杨国华. 碳素材料[M]. 北京：中国物资出版社，1999.

第 3 章　碳基复合材料概述

3.1　碳基复合材料简介

碳基复合材料是以碳为基体的复合材料,其代表是碳/碳复合材料,碳/碳复合材料(Carbon/Carbon Composites),是指以碳纤维及其织物为增强材料,以碳(或石墨)为基体,通过致密化和石墨化处理制成的全碳质复合材料。其融合了碳纤维优异的力学性能和碳材料固有的耐高温性能,最终使碳/碳复合材料具有优异的综合性能,包括高强度、高模量、低密度(理论密度仅为 2.2 g/cm^3,实际密度低于 2.0 g/cm^3)、低热膨胀系数、耐摩擦、低蠕变、抗热震、耐烧蚀、高温性能稳定,并具有良好的生物相容性等特点。

碳/碳复合材料是目前可应用于 2 000 ℃以上的高温环境中最有前途的一种耐高温结构复合材料,且在航空、航天领域的应用越来越广泛,例如可作为固体火箭发动机的喉衬、喷管和扩张段的理想材料,具有抗氧化涂层的碳/碳复合材料可用于高速飞行器的头锥、航天飞机的机翼前缘、机头锥帽、机身襟翼等高温部位。碳/碳复合材料优异的耐疲劳性能和高温摩擦磨损性能使其可以用于制作汽车发动机活塞以及各种飞机、一级方程式赛车和高速列车的制动刹车盘等,例如从英国 Dunlop 公司在 1974 年首次将碳/碳刹车盘应用在协和号飞机上开始,经过数十年的发展,欧美公司生产的民航飞机(空客的 A320、A330 和波音公司的 B747、B757 等)以及部分军用飞机(英国的"鹞"式战机、法国的幻影 2000 和幻影 F1 等)也采用碳/碳复合材料作为主要的刹车装置。碳/碳复合材料在航空发动机的热端部件也有广泛应用,与常用的镍基高温合金叶片相比,它具有更小的密度、更高的使用温度,可更加有效地提高航空发动机的推重比。碳/碳复合材料优良的导电性能、较高的断裂强度和高导热系数,使其可以被用作真空炉中的发热体、导热板、螺栓、坩埚和核反应堆的导气管等。此外,由于碳/碳复合材料具有高强度、高模量和优异的疲劳特性的同时,还兼具优异的化学、生理性质稳定性以及良好的生物相容性,可用于骨修复,被认为是一种极具潜力的生物材料,已成为生物医学材料领域研究的热点。世界上的航天大国,如美国、俄罗斯、法国等都一直不遗余力地投入人力、物力进行碳/碳复合材料的制备工艺优化,沉积过程热力学及动力学分析,组织结构的控制,性能的提升等基础理论研究,以降低碳/碳复合材料的制备成本,实现其应用广泛化。

3.2 碳基复合材料的发展历程

碳/碳复合材料最早发现于1958年,科研人员在测定碳纤维增强酚醛树脂基复合材料中碳纤维的含量时,实验过程中的失误导致酚醛树脂基体没有被氧化,反而被热解,意外得到了碳基体。该实验室通过对碳化后的材料进行分析,发现得到了一种新型的碳纤维增强碳基体复合材料,并且该材料具有一系列优异的物理和高温性能,是一种新型结构的复合材料。从此,碳/碳复合材料进入了复合材料的大家庭,该材料一经发现,立即引起了材料科学与工程研究人员的普遍重视,并且随着航空航天工业的旺盛需求得到了迅猛的发展。

碳/碳复合材料的发展历程可以归结为如下阶段。

第一阶段:从碳/碳复合材料被发现到20世纪60年代末期为其开发阶段。在这段时期,碳/碳复合材料的制备及其基础研究得到初步的发展,人们发现,要制备出更好性能的碳/碳复合材料,首先必须要制备出高性能的碳纤维。因此,有关碳纤维的研制在这个阶段的后期变得很活跃。经过一段时期的发展,高强度、高模量、低成本碳纤维的研制成功促进了这个时期碳/碳复合材料的进一步发展。同时,学者们对碳/碳复合材料的制备工艺、表征方法及各种性能的测试手段也进行了大量的研究。

第二阶段:经过第一阶段的发展,碳/碳复合材料的制备技术在20世纪70年代得到了极大的提升,也进入了应用开发阶段。更高强度和模量的碳纤维的研发成功推动了碳/碳复合材料的进一步发展。同时,得益于当时纺织工业技术的高速发展,用于制备碳/碳复合材料的碳纤维预制体编织技术也得到了空前的发展。

第三阶段:进入20世纪80年代后,碳/碳复合材料进入广泛应用的阶段,并且制备碳/碳复合材料所需的碳纤维预制体的编织技术和结构设计工艺趋于成熟,可以通过适当的选取和设计碳纤维的编织方式来满足复杂结构件的形状需求以及力学性能要求。在此期间,研究者们对碳/碳复合材料的力学性能、热物理性能、抗氧化性能及制备工艺等方面均进行了大量且细致的研究工作,逐步建立起了丰富的碳/碳复合材料数据库。在工程应用领域,碳/碳复合材料已经被尝试用于多元喷管以及高推比涡轮发动机,并且碳/碳复合材料在飞机刹车盘方面的应用也得到了进一步的推进,可用于数十种军用及民用飞机,并且首次将碳/碳复合材料从军用领域扩展到了民用领域。此外,由于碳材料具有良好的生物相容性,国内外研究者还开展了碳/碳复合材料在生物应用领域(例如人造心脏瓣膜、人造骨关节等)的研究。

第四阶段:20世纪90年代初期至20世纪末,碳/碳复合材料得到全面的推广应用,在民用领域有了更多的应用场合。在前三个阶段中,碳/碳复合材料的研究与应用等各方面都取得了广泛的理论与实践基础,为此时期的深入开发应用以及向广度和深度的发展奠定了扎实的基础。由于碳/碳复合材料在高温环境(>500 ℃)中易于氧化,所以这一时期的另一个主要目标是提高碳/碳复合材料的抗氧化、抗烧蚀性能以及其应用可靠性。

第五阶段:进入21世纪后,由于新一代航天器的发展以及对碳/碳复合材料更高性能的需求,人们又开始对其致密化技术、碳纤维、多尺度增强、基体的微观结构等展开更深入的研究,也采用了超高温陶瓷基体改性以及在致密化过程中采用共沉积的方法制备热解碳与陶瓷形成的复合基体。与此同时,为了可以胜任在更高温度的氧化气氛环境中服役,学者们在碳/碳复合材料表面进行了多种超高温陶瓷涂层的制备,并对其抗氧化行为进行了深入的研究,以期望能够获得长时间保护碳/碳复合材料的高性能抗氧化涂层。

3.3 碳基复合材料制备技术

3.3.1 碳纤维及预制体结构

碳/碳复合材料的力学性能主要是由其预制体(即碳纤维增强体)结构决定的。碳纤维(Carbon Fiber,CF)是一种含碳量大于90%的无机高分子纤维,具有比强度高、比模量大、耐腐蚀、耐高温、耐疲劳、密度小等一系列优点,属于高性能纤维。根据先驱体材料的种类,常用于制备碳/碳复合材料的纤维主要有聚丙烯腈(PAN)基碳纤维、黏胶(Rayon)基碳纤维和沥青(Pitch)碳纤维基。按照碳纤维的强度和拉伸模量,又可以分为高模量碳纤维(弹性模量大于320 GPa)、高强度碳纤维(拉伸强度大于3 GPa)和中模量碳纤维(弹性模量略小于320 GPa,拉伸强度略小于3 GPa)。Rayon基碳纤维是用纤维素前驱体制得的,包括各向同性和各向异性两种碳纤维。Rayon基碳纤维在20世纪70年代初期就已广泛应用于制备碳/碳复合材料,曾被用于航天飞机的机翼前缘和鼻锥,但由于其强度(1.0 Pa)和模量(41.0 GPa)远低于PAN基碳纤维和Pitch基碳纤维,使得Rayon基碳纤维在工业应用领域竞争力不强。Pitch基碳纤维是沥青前驱碳化所得,分为各向同性和中间相Pitch基碳纤维。与各向同性Pitch基碳纤维相比,中间相Pitch基碳纤维的结晶较好,强度和模量也较高。Pitch基碳纤维具有优异的导热性能,在制备高导热碳/碳复合材料方面具有优势,但其价格偏高,难以大规模商用。PAN基碳纤维是用聚丙烯腈前驱体制备的,由二维乱层石墨微晶组成,微晶沿纤维轴向择优取向,具有"皮芯"结构。PAN基碳纤维目前技术最成熟,也是先进复合材料领域应用最广泛的碳纤维。常用于制备碳/碳复合材料的PAN基碳纤维包括T300、T700、M40、M50等碳纤维。

碳纤维具有很强的可编织性,根据不同产品的形状及性能要求,可设计编织出不同的碳纤维预制体。碳纤维预制体的制作方法主要包括缠绕、编织、机织、针刺、缝合、模压、喷射等。其中,针刺工艺是采用一种带倒向钩刺的特殊刺针进行针刺,针刺后的碳布和网胎复合织物属于准三维网状结构,具有孔隙分布均匀、易致密化以及层间强度较高等特点。按照制备预制体碳纤维的类型,可以将其分为非连续纤维增强、连续纤维增强和两者复合增强预制体。连续增强预制体又分为一维(1D)、二维(2D)、三维(3D)和三维多向编织结构预制体。图3-1为典型1D、2D、3D以及三维四向碳纤维预制体结构示意图。不同类型的预制体具有不同的碳纤维体积分数、纤维取向以及孔隙结构和分布,预制体结构和碳纤维性能共同影响着碳/碳复合材料的各项性能。因此,制备碳/碳复合材料应根据性能要求和实际应用情况,选择合适的碳纤维预制体。

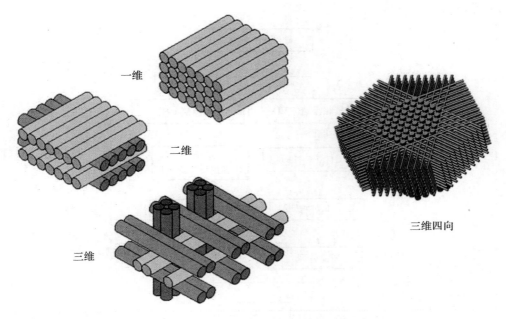

图 3-1 1D、2D、3D 和三维四向碳纤维预制体结构

3.3.2 碳/碳复合材料的制备工艺

碳/碳复合材料的制备(见图 3-2)是将碳基体与碳纤维复合的过程,主要步骤为:预制体成型→致密化处理→高温热处理(石墨化处理)。其中,致密化处理是最关键也是最复杂的步骤,直接影响着复合材料的性能与应用。目前,碳/碳复合材料的致密化工艺根据前驱体的不同,主要分为液相浸渍-碳化(Precursor Infiltration Pyrolysis,PIP)工艺和化学气相渗透(Chemical Vapor Infiltration,CVI)工艺两种。通过这两种工艺可制备出三种不同的碳基体,液相浸渍-碳化工艺制备的碳基体根据前驱体类型分为树脂碳和沥青碳,化学气相渗透工艺制备的碳基体为热解碳(Pyrocarbon,PyC)。

液相浸渍-碳化工艺主要分为浸渍和碳化两个步骤,所使用的浸渍前驱体包括热固性的树脂(酚醛树脂、呋喃树脂、环氧树脂等)和热塑性沥青(煤沥青、石油沥青等)两类。浸渍是在一定条件下将碳纤维预制体浸入液态有机浸渍剂中,让浸渍剂渗透到预制体孔隙内(可反复多次);碳化是指在惰性气体保护下,对浸渍好的碳纤维预制体进行热处理,使有机浸渍剂高温裂解成碳基体。碳化后的石墨化处理可将各向同性树脂碳或沥青碳转化成各向异性碳基体,最终制得碳/碳复合材料。浸渍工艺条件(如浸渍温度、浸渍压力、浸渍时间等)对材料的制备和性能也有不同程度的影响。相比于常压浸渍,高压浸渍更利于提高复合材料的残碳率和致密化程度,进而改善碳/碳复合材料的各项性能。PIP 工艺的优点是工艺周期短、成本低,制得的碳/碳复合材料密度均匀、尺寸稳定;其缺点是为了达到致密化需求,需要反复浸渍,工艺繁杂,碳化时产生大量气体会引起基体及界面处产生裂纹和孔隙,并且在石墨化过程中,树脂碳和沥青碳会发生收缩,导致纤维与碳基体界面受损,从而严重影响复合材料的力学性能。

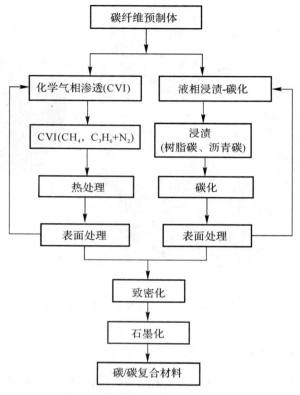

图 3-2 碳/碳复合材料制备工艺流程

化学气相渗透工艺是最早且适用范围最广的一种碳/碳复合材料致密化工艺。CVI 工艺是指在高温条件下裂解碳氢气体,将热解碳沉积在碳纤维预制体内部的碳纤维表面,随着热解碳层厚度的增大,碳纤维预制体内部孔隙被逐步填充,从而实现材料致密化过程。与 PIP 工艺相比,CVI 工艺过程简单且便于精确控制,对设备要求低,避免了 PIP 工艺过程中因体积收缩引起的纤维损伤,所制备的碳/碳复合材料结构均匀、致密性好、石墨化度高且具有优异的性能。虽然 CVI 工艺沉积的热解碳性能好,但是 CVI 工艺制备周期长,易出现表面结壳现象,制备成本较高。在保证热解碳良好的均匀性和致密性的前提下,为了提高沉积效率和缩短制备周期,各国研究人员做了大量工作,开发出了多种 CVI 工艺,主要有等温等压 CVI(ICVI)工艺、热梯度 CVI(TCVI)工艺、等温压力梯度 CVI(PG-ICVI)工艺、强制流动热梯度 CVI(FCVI)工艺、强制脉冲 CVI(PCVI)工艺和化学液相气化渗透(FBCVI)工艺等。

(1) ICVI 工艺

ICVI 工艺是目前工业应用最广泛的工艺。ICVI 工艺致密化时,碳纤维预制体被放置在等温化学气相沉积炉内恒温区域,通入载气和碳氢气态前驱体,前驱体在高温下裂解生成热解碳沉积在预制体内部。ICVI 工艺制备的热解碳基体织构单一,但在沉积过程中会出现表面结壳现象,需要进行机械加工去除表面的结壳,打开气体扩散通道,进行多次反复沉积,才能提高材料致密化度。这也是其气体利用率低和制备周期长的原因。虽然ICVI工艺制备周期长,但ICVI工艺具有如下优点:对设备要求低,工艺参数控制简单,对纤维损伤小,热解碳基体组织均匀,残余热应力小,制品性能可控性好,并且可以实现大批量生产,以此抵消部分因制备周期长产生的高成本。因此,ICVI工艺在工业大规模生产中仍占据主导地位,是生产碳/碳复合材料的首选工艺。目前国际上航空用碳/碳复合材料刹车盘、固体火箭发动机喉衬和喷管等构件仍主要采用该工艺制备。

(2) TCVI工艺

TCVI工艺在工业生产中的应用仅次于ICVI工艺。TCVI工艺借助发热体和沉积炉壁在碳纤维预制体厚度方向上形成温度梯度,气态前驱体由低温表面向高温区扩散。因为沉积速率与温度呈指数关系,所以低温区虽然前驱体浓度高但沉积速度慢,而高温区沉积速度较快。高温区预制体孔隙率减小,导热性增强,使得靠近低温区一侧的温度逐渐升高,沉积速度加快,沉积区域也由高温区逐步向低温区推移,最终完成碳纤维预制体的致密化。正是因为沿预制体厚度方向存在温度梯度,从而可以控制沉积从预制体一侧向另一侧推移,有效避免了表面结壳现象,解决了扩散控制难的问题。因此,TCVI工艺制备周期相对较短,制备的碳/碳复合材料密度较高。但是,由于沉积过程存在较大温度梯度,制备的热解碳基体残余热应力较大,在高温石墨化处理中容易产生开裂和微裂纹。同时,不同部位沉积的热解碳形貌和结构存在一定程度的差异,对性能有一定影响,并且该工艺难以对复杂形状的预制体进行致密化。

(3) PG-ICVI工艺

PG-ICVI工艺是在碳纤维预制体的两侧建立起压力差,使前驱体和载气强制性地以对流方式通过预制体,目的是提高气体的扩散效率,进而加快热解碳的沉积速率。该工艺的关键是通过设计CVI炉内的工装,使得气体从预制体一侧流进,经过预制体内部从另外一侧流出,由于预制体内部微孔对气体的黏滞作用,必须使预制体两侧具有一定压力差才能提供气体强制流过预制体的推动力。由于进气一侧的气体浓度始终高于出气一侧,因此表面也会出现封孔结壳现象,但是在致密化初期沉积速率提升明显,适用于薄壁或筒状碳/碳复合材料的致密化。

(4) PCVI工艺

PCVI工艺是由ICVI工艺改进而来的。该工艺利用脉冲阀对前驱体压力和真空进行控制,使沉积室内被循环地充气和抽真空。在沉积过程中,抽真空时,预制体内部沉积反应后产生的副产品气体能够被及时抽出;充气时,新鲜的前驱体能够快速顺利地渗透至预制体内部深处的孔隙,减小了预制体两侧浓度梯度对沉积反应的限制。PCVI工艺使前驱体在预制体内部的渗透深度增加,传质速率加快,致密化速率提升,有利于沉积密度均匀性好的碳/碳复合材料,特别是致密化后期采用该工艺可获得明显效果。但是该工艺对快速脉冲控制系统要求极高,且反应气体利用率较低,因此在工业化大规模生产中尚未得到很好的应用。

(5) FCVI工艺

FCVI工艺发明于20世纪80年代,该工艺是在TCVI的基础上增加了前驱体的强制定向流动,综合了TCVI和PCVI工艺的优点。在FCVI过程中,预制体两侧存在温度梯度,前驱体在压力梯度下被强制性地从预制体的低温面流向高温面,极大地提高了前驱体在预制体内部的传输速率,显著减少了致密化时间。然而,FCVI工艺对设备要求较高,目前还只用于单件简单形状试样的致密化,单位制品耗能大,还处于实验室研究阶段。

(6)FBCVI工艺

FBCVI工艺是一种新型的碳/碳复合材料快速致密化技术,与其他CVI工艺相比,其显著特点是将碳纤维预制体放置在液相前驱体中,通过电磁感应的方式加热预制体,使前驱体进入预制体内部气化并裂解生成热解碳。在沉积过程中,预制体始终浸泡于液态前驱体中,高温下液态前驱体处于沸腾状态且直接接触预制体,前驱体在预制体内的传输速率大大加快,从而大幅度提高致密化速率,制备周期明显缩短。同时,通过对流换热可以散失大量热量,使预制体内部产生很大的热梯度,有效地抑制了表面结壳现象。但该工艺还存在一些不足,如在沉积大尺寸碳/碳复合材料时需要很大的加热功率,材料内部难免存在一定的密度梯度等。总得来说,FBCVI工艺显示了广阔的应用前景,目前国内一些高校和研究所也对该工艺进行了一系列理论和应用研究,并且已经开始向批量化制备大尺寸碳/碳复合材料的方向进行尝试。

碳/碳复合材料致密化后,通常还需要进行高温热处理(石墨化处理),热处理温度范围在2 200~2 800 ℃。高温热处理是指通过加热的方式把热力学非稳定状态的碳材料转变为稳定的石墨材料的过程,使碳原子由无序和部分二维有序(乱层结构)转变为三维空间的有序排列(石墨结构)。高温热处理的作用如下:①释放材料内应力,降低材料应力损伤;②排出材料中的杂质元素(N、H、O、K、Na和Ca等),提高纯度,提高材料的热稳定性和化学稳定性;③提高材料的导热和导电性能,减小材料的硬度,便于机械加工;④提高材料的润滑性和耐磨性。但高温热处理会改变纤维、基体以及界面处的微观结构,使界面发生脱黏,基体产生微裂纹,进而导致材料整体的力学性能下降。因此,应根据实际情况选择合适的热处理条件,发挥碳/碳复合材料的应用优势。

3.3.3 前驱体类型

CVI工艺中采用的前驱体主要是烃类气体,因为烃类气体分子结构简单,扩散性好,易制备出密度较大的碳/碳复合材料。近几十年来,对热解碳前驱体的研究,特别是对CVI过程中前驱体(烃类气体)的化学热力学研究,一直是学者们关注的焦点。甲烷作为最简单的烃类气体,化学性质稳定且纯度高,是CVI工艺中最早也是最常用的前驱体。随着CVI工艺的进一步优化,前驱体的选择已从最初的甲烷扩展到丙烷、乙烯、乙炔、丙烯和1,3-丁二烯等其他烃类气体,以及煤油、二甲苯等大分子类化合物,还有乙醇、正丙醇、正丁醇和乙醛等有机化合物。西北工业大学采用醇类(乙醇、正丙醇等)前驱体,在较宽松的工艺条件下成功制备了碳/碳复合材料。醇类前驱体的开发和成功应用为热解碳前驱体的选择提供了新的思路,也为后续前驱体的探索奠定了基础。

3.4 碳基复合材料的性能特点

碳/碳复合材料同时具有碳质材料的高温性能和纤维增强复合材料的力学性能,主要具有以下特点。

(1) 密度小

碳/碳复合材料是以碳纤维预制体为增强体,通过渗透、浸渍、渗积等方法加入碳基体得到的,在致密过程中会残留孔隙,导致其密度一般不大于 $2.0\ \mathrm{g\cdot cm^{-3}}$,约为镍基高温合金的 1/4,陶瓷材料的 1/2。

(2) 力学性能

碳/碳复合材料的高强高模特性来自碳纤维,随着温度的升高,碳/碳复合材料的强度不仅不会降低,而且比室温下的强度还要高。一般的碳/碳复合材料的拉伸强度大于 270 MPa,单向高强度碳/碳复合材料可达 700 MPa 以上。碳/碳复合材料的断裂韧性较碳材料有极大的提高,其破坏方式是逐渐破坏,而不是突然破坏,这是因为基体碳的断裂应力和断裂应变低于碳纤维。

(3) 热学性能

C/C 复合材料导热性能好、热膨胀系数小,因而热冲击能力很强,不仅可用于高温环境,而且适合温度急剧变化的场合。其比热容大,这对于飞机刹车等需要吸收大量能量的应用场合非常有利。

(4) 抗烧蚀性能

碳/碳复合材料由碳纤维和碳基体组成,几乎所有元素为碳,碳元素的本质特性使得材料具有高的烧蚀热以及低的烧蚀率,在高温、短时间烧蚀的环境中(如航天工业使用的火箭发动机喷管、喉衬等)烧蚀均匀、烧蚀率低。

(5) 耐摩擦磨损性能

碳/碳复合材料的微观结构为乱层石墨结构,其摩擦系数比纯石墨的要高,另外其具有密度小、导热性好等优点,作为摩擦材料用于飞机制动时,当摩擦面温度达 1 000 ℃以上时,其摩擦性能仍然保持平稳,这是其他摩擦材料所不具有的。

(6) 生物相容性

碳/碳复合材料克服了单一碳材料的脆性,继承了碳材料固有的生物相容性,同时兼有纤维增强复合材料的高韧性、高强度等特点,且力学性能可设计、耐疲劳、摩擦性能好、质量轻,具有一定的假塑性,微孔有利于组织生长,特别是它的弹性模量与人骨相当,能够克服其他生物材料的不足,主要用于人工关节、人工骨、人工齿根等承重部位,是一种综合性能优异、具有潜在力的骨修复和骨替代生物医用材料。

3.5 碳基复合材料的用途

碳/碳复合材料因具有上述一系列特征及优异的性能,已被广泛应用于航天航空领域。作为新材料领域中重点研究和开发的一种新型超高温复合材料,碳/碳复合材料的应用领域也在不断拓宽,在生物医用、机电、核能及太阳能等领域都具有广阔的应用前景。就目前而言,碳/碳复合材料的应用主要集中在以下领域。

(1) 航天领域

碳/碳复合材料在航天领域的应用主要体现在两方面。

一方面,碳/碳复合材料可作为耐烧蚀材料应用在各型固体火箭发动机喷管、喉衬及扩散段,如图 3-3 所示。喉衬喷管是固体火箭发动机的关键部件,由于碳/碳复合材料具有良好的尺寸稳定性和优异的耐烧蚀性,其制成的喷管喉衬内型面烧蚀均匀光滑,无明显的烧蚀台阶或凹坑,有利于提高喷管喉衬的效率,进而提高固体火箭发动机的稳定性。碳/碳复合材料作喷管扩散段不但可以承受发动机高温燃气的强力冲刷和高温腐蚀,还可以大幅度减轻火箭质量,提升喷管的冲质比。在发达国家(美国、法国等)的先进战术导弹、地-地(潜-地)战略导弹及运载火箭大型助推器所用的固体火箭发动机中,三维(3D)、四维(4D)碳/碳复合材料喉衬已被广泛应用,并形成产业化规模。

另一方面,碳/碳复合材料可作为热防护材料应用在高超声速飞行器头锥、机翼前缘及发动机热端部件。飞行器头锥和机翼前缘是表面温度最高的部位,碳/碳复合材料优异的耐高温性能是使其作为飞行器头部前缘和机翼前缘材料的最大优势。采用带有抗氧化涂层的碳/碳头部前缘和机翼前缘构件,不仅能有效抵御高温下 H_2、CO、CO_2 等气体的侵蚀,保持飞行器外形不变,而且构件表面无烧蚀台阶或凹坑,烧蚀均匀、烧蚀率低,可显著提高飞行器的稳定性和可靠性。将抗氧化碳/碳与隔热材料结合使用,还可避免高超声速飞行器局部高温导致内部诸多子系统承受高温的问题,提高飞行器的安全性。

(2)航空领域

碳/碳复合材料在航空领域主要是作为飞机制动盘。自 20 世纪 70 年代以来,碳/碳复合材料制动盘已经广泛应用于全球军用和民用飞机中。碳/碳复合材料制动盘具有密度小、摩擦磨损性能优异、热传导率好、抗热震能力强、尺寸稳定性好、使用寿命长等显著优点,可使飞机质量大大减轻(如 A310 减重 499 kg,A340 减重 998 kg),在使用过程中不易产生热翘曲和龟裂,使用周期大幅度延长(可达约 3 000 个起落),寿命提高 5~6 倍。此外,碳/碳复合材料还用作航空发动机高温热端部件,以提高发动机的推重比。碳/碳复合材料作为高温热端部件可以减轻发动机质量,能在 1 600 ℃高温工作且保持性能不下降,有利于提高航空发动机的效率和推重比。

喷嘴扩展　　　　喉衬

飞机制动盘

图 3-3　碳/碳复合材料在航天航空领域的应用

(3)民用领域

碳/碳复合材料具有良好的生物相容性,在医学材料方面,二维(2D)碳/碳复合材料制造的人工关节应用很成功,还用作人工齿根植入口腔。在机械制造方面,碳/碳复合材料制成的真空炉发热体、冷却炉的内结构材料、坩埚、高温紧固件(螺栓、螺母、螺钉及垫片)等已被广泛使用,同时碳/碳复合材料还用作防腐化工管道机械润滑、耐磨减摩材料等。在光伏行业,碳/碳复合材料常用作多晶硅氢化炉用内外保温桶、U形加热器保温板,多晶硅铸锭炉用盖板、坩埚护板,直拉单晶硅炉用整体式加热器、导流筒、底托等。在文体用品方面,它还可用于赛车、赛艇、高尔夫球杆、钓鱼杆、羽毛球拍等用品中。随着科技的进步与生活水平的提高,碳/碳复合材料将在更多领域得到进一步应用。

参 考 文 献

[1] FITZER E. The future of carbon – carbon composites[J]. Carbon, 1987, 25(2): 163 – 190.

[2] 李贺军. 碳/碳复合材料[J]. 新型炭材料, 2001, 16(2): 79 – 80.

[3] CAO J M, SAKAI M. The crack – face fiber bridging of a 2D – C/C composite[J]. Carbon, 1996, 34(3): 387 – 395.

[4] 李贺军,曾燮榕,李克智. 我国炭/炭复合材料研究进展[J]. 炭素, 2001, (4): 8 – 13.

[5] 李贺军, 碳/碳复合材料研究应用现状及思考[J]. 炭素技术, 2001, 116(5): 24 – 27.

[6] 刘文川,邓景屹, 碳/碳材料市场调查分析报告[J]. 材料导报, 2000, 14(11): 65 – 67.

[7] 李贺军,罗瑞盈,杨峥. 碳/碳复合材料在航空领域的应用研究现状[J]. 材料工程, 1997, (8): 8 – 10.

[8] 姬永兴,田泽祥. 碳刹车盘在我国军用飞机上的应用前景[J]. 飞机设计, 2000, (1): 49 – 51.

[9] 霍肖旭,刘红林,曾晓梅. 碳纤维复合材料在固体火箭上的应用[J]. 高科技纤维与应用, 2000, 25(3): 1 – 7.

[10] 苏君明. 碳/碳喉衬材料的研究与发展[J]. 炭素科技, 2001, 11(1): 6 – 11

[11] 孙乐民,李贺军,张守阳. 沥青基炭/炭复合材料的弯曲断裂特性[J]. 新型炭材料, 2001, 16(3): 28 – 31

[12] 张守阳,李贺军,孙军. 限域变温强制流动CVI工艺制备碳/碳复合材料的组织及力学性能特点研究[J]. 炭素技术, 2001(4): 15 – 18

[13] 黄伯云,熊翔. 高性能炭/炭航空制动材料的制备技术[J]. 长沙:湖南科学技术出版社, 2007.

[14] FITZER E, MANOCHA LM. Carbon Reinforcement and Carbon – Carbon Composites[M]. Berlin :Springer Press, 1998

[15] JIA Y, LI K Z, ZHANG S Y. Microstructure and mechanical properties of multilayer – textured 2D carbon/carbon composites[J]. Journal of Materials Science & Technology, 2014, 30(12): 1202 – 1207.

[16] XUE L Z, LI K Z, JIA Y. Effects of hypervelocity impact on ablation behavior of SiC coated C/C composites[J]. Materials & Design, 2016, 108:151-156.

[17] REZNIK B, HüTTINGER K J. On the terminology for pyrolytic carbon[J]. Carbon, 2002, 40(4):621-624.

[18] REZNIK B, GERTHSEN D, HüTTINGER KJ. Micro- and nanostructure of the carbon matrix of infiltrated carbon fiber felts[J]. Carbon, 2001, 39(2):215-229.

[19] WANG P, ZHANG S Y, LI H J. Variation of thermal expansion of carbon/carbon composites from 850 to 2 500 ℃[J]. Ceramics International, 2014, 40:1273-1276.

[20] LI K Z, DENG H L, CUI H, et al. Floating catalyst chemical vapor infiltration of nanofilamentous carbon reinforced carbon/carbon composites-densification behavior and matrix microstructure[J]. Carbon, 2014, 75:353-365.

[21] DENG H L, LI K Z, LI H J, et al. Densification behavior and microstructure of carbon/carbon composites prepared by chemical vapor infiltration from xylene at temperatures between 900 and 1 250 ℃[J]. Carbon, 2011, 49(7):2561-2570.

[22] 焦更生. 碳/碳复合材料陶瓷涂层的研究现状及其氧化机理分析[J]. 渭南师范学院学报, 2016, 31(12):24-30.

[23] 张磊磊, 付前刚, 李贺军. 超高温材料的研究现状与展望[J]. 中国材料进展, 2015, 34(9):675-683.

[24] 韩杰才, 胡平, 张幸红, 等. 超高温材料的研究进展[J]. 固体火箭技术, 2005, 28(4):289-294.

[25] 付前刚, 李贺军, 沈学涛, 等. 国内碳/碳复合材料基体改性研究进展[J]. 中国材料进展, 2011, 30(11):6-12.

[26] XUE L Z, LI K Z, ZHANG S Y. Monitoring the damage evolution of flexural fatigue in unidirectional carbon/carbon composites by electrical resistance change method[J]. International Journal of Fatigue, 2014, 68:248-252.

[27] CHENG J, LI H J, ZHANG S Y. Internal friction behavior of unidirectional carbon/carbon composites after different fatigue cycles[J]. Materials Science and Engineering:A, 2014, 600:129-134.

[28] LUO W F, FU Y W, ZHANG S Y. Effects of different loading methods on thermal expansion behaviors of 2D cross-ply carbon/carbon composites from 850 ℃ to 2 300 ℃[J]. Ceramics International, 2014, 40(8):12545-12551.

[29] FAN Z Q, TAN R X, HE K J, et al. Preparation and mechanical properties of carbon fibers with isotropic pyrolytic carbon core by chemical vapor deposition[J]. Chemical Engineering Journal, 2015, 272(1):12-16.

[30] ZHANG W G, HU Z J, HÜTTINGER K J. Chemical vapor infiltration of carbon

fiber felt:optimization of densification and carbon microstructure. Carbon,2002,40(14):2529－2545.

[31] CHOWDHURY P,SEHITOGLU H,RATEICK R. Damage tolerance of carbon-carbon composites in aerospace application[J]. Carbon,2018,126:382－393.

[32] 李贺军. 炭/炭复合材料[J]. 新型碳材料,2001,16(2):79.

[33] 熊信柏,李贺军,李克智,等. 电流密度对声电沉积生物活性透钙磷石涂层结构和形貌的影响[J]. 稀有金属材料与工程,2003,32(11):923.

[34] CHRISTEL P,MEUNIER A,LECLERCQ S. Development of a carbon-carbon hip prosthesis[J]. Journal of Biomedical Materials Research,1987,21A:191.

[35] HOWING G I,INGHAM E. Carbon-carbon composite bearing materials in hip arthroplasty:analysis of wear and biological response to wear debris[J]. Journal of Materials Science:Materials in Medical,2004,15:91.

[36] ADAMS D,WILLIMAS DF. THE response of bone to carbon-carbon composites[J]. Biomaterials,1984,5(2):59.

[37] 杨国华. 碳素材料[J]. 北京:中国物资出版社,1999.

[38] 李贺军. 炭/炭复合材料[J]. 新型炭材料,2001,16(2):79－80.

[39] BUCKLEY J D,EDIE D D. Carbon-carbon materials and composites[M]. Park Ridge:Noyes Publications,1993.

[40] GOMES J R,SILVA O M,SILVA C M,et al. The effect of sliding speed and temperature on the tribologicalbehaviour of carbon-carbon composites[J]. Wear. 2001,249(3/4):240－245.

[41] SONG Q,LI K Z,QI L H,et al. The reinforcement and toughening ofpyrocarbon-based carbon/carbon composite by controlling carbon nanotube growth position in carbon felt[J]. Materials Science and Engineering:A. 2013,564:71－75.

[42] 杨爱玉,王者辉. 国外碳/碳飞机刹车片预制件制造技术[J]. 航天工艺,1998(3):42－47.

[43] 李贺军,曾燮榕,李克智,等. 我国炭/炭复合材料研究进展[J]. 炭素技术,2001(4):8－13.

[44] 朱良杰,廖东娟. C/C复合材料在美国导弹上的应用[J]. 宇航材料工艺,1993(4):12－14.

[46] EHRBURGER P,BARANNE P,LAHAYE J. Inhibition of the oxidation of carbon-carbon composite by boron oxide[J]. Carbon,1986,24(4):495－499.

[47] LUO R,YANG C,CHENG J. Effect of preform architecture on the mechanical properties of 2D C/C composites prepared using rapid directional diffused CVI processes[J]. Carbon,2002,40(12):2221－2228.

[48] 张磊磊,付前刚,李贺军. 超高温材料的研究现状与展望[J]. 中国材料进展,2015,

34(9):675-683.

[49] 于澍,刘根山,李溪滨,等. 炭/炭复合材料导热系数影响因素的研究[J]. 稀有金属材料与工程,2003,32(3):213-215.

[50] CHEN B, ZHANG L T, CHENG L F, et al. Erosion resistance of needled carbon/carbon composites exposed to solid rocket motor plumes[J]. Carbon. 2009,47(6):1474-1479.

[51] 李江鸿,熊翔,巩前明,等. 不同基体炭C/C复合材料的摩擦磨损性能[J]. 中国有色金属学报. 2005,15(3):446-451.

[52] 侯向辉,陈强,喻春红,等. 碳/碳复合材料的生物相容性及生物应用[J]. 功能材料,2000,31(5):460-463.

[53] ZHANG L L, LI H J, LU J H, et al. Surface characteristic and cell response of CVDSiC coating for carbon/carbon composites used for hip arthroplasty[J]. Surface & Interface Analysis,2012,44(10):1319-1323.

[54] ZHAO X N, LI H J, CHEN M, et al. Strong-bonding calcium phosphate coatings on carbon/carbon composites by ultrasound-assisted anodic oxidation treatment and electrochemical deposition [J]. Applied Surface Science. 2012, 258 (12):5117-5125.

[55] 梁仁和,文武. 碳碳复合材料在光伏领域的应用与研究[J]. 中国科技投资,2013(20):38-39.

[56] DEVI G R, RAO K R. Carbon carbon composites:an overview[J]. Defence Science Journal,2013,43(4):369-383.

[57] SHEN Q L, SONG Q, LI H J, et al. Fatigue strengthening of carbon/carbon composites modified with carbon nanotubes and silicon carbide nanowires[J]. International Journal of Fatigue. 2019,124:411-421.

[58] 李贺军,付前刚. 碳/碳复合材料[M]. 北京:中国铁道出版社,2017.

[59] 马洪霞. C/C复合材料在火箭发动机上的应用[J]. 飞航导弹,2009(3):61-63.

[60] 刘剑,刘伟强,王琴. C/C复合材料在高超声速飞行器中的应用[J]. 飞航导弹,2013(5):77-79.

[61] YANG Z Y, WANG Y. Development of aircraft C/C composite brake material[J]. Acronautical Science and Techology,2001(1):28-30.

[62] 张颖异,李运刚,田颖. 先进发动机高温材料的研究进展[J]. 飞航导弹,2011(12):73-77.

[63] 钟萍. 医用C/C复合材料的研究进展[J]. 医学综述,2014,20(5):855-857.

[64] 张忠伟,郝刚. 碳/碳复合材料密封环的研磨技术研究[J]. 中国高新技术企业,2013(13):33-35.

[65] 熊甲林. 复合材料螺栓紧固件的设计及制备工艺研究[D]. 哈尔滨:哈尔滨工业大

学，2016.

[66] 刘颖，施敏丰，王建卫，等. 碳/碳复合材料在加热炉中的应用及研究[J]. 中国战略新兴产业，2018(14):147.

[67] 舒卫国. 碳纤维复合材料在民品中的应用[J]. 纤维复合材料，2004，21(3):54-56.

[68] 久保田，喜雄，彭惠民. C/C复合材料应用于新干线车辆的受电弓滑板[J]. 国外机车车辆工艺，2020(5):21-26.

[69] EDIE D D. The effect of processing on the structure and properties of carbon fibers[J]. Carbon. 1998，36(4):345-362.

[70] 齐颖. 碳纤维及其复合材料发展现状[J]. 新材料产业，2017(12):2-6.

第4章 碳基复合材料的制备

碳基复合材料的制备是碳基体与其他组元复合的过程,尤其是碳基体与碳纤维的复合过程具有典型的代表性意义。碳纤维与碳基体的复合形成了碳/碳复合材料,根据所使用前驱体的不同可以将制备工艺分为两大类:液相浸渍-碳化(LPIC)和化学气相渗透(CVI)工艺。其中液相浸渍-碳化工艺所使用的前驱体可以分为两类,一类是热固性的树脂,另一类是热塑性的沥青。CVI工艺所用前驱体为气态碳氢化合物,常用的有 CH_4、C_2H_2、C_2H_6、C_3H_6 等小分子气态烃,另外根据工艺需求还可以加入 N_2、H_2 等气体作为载气。目前常用的CVI工艺包括等温CVI、热梯度CVI、等温压力梯度CVI、脉冲CVI、强制流动热梯度CVI、化学液气相CVI和催化CVI等。

4.1 液相浸渍-碳化工艺

液相浸渍-碳化工艺主要过程可分成浸渍和炭化两个步骤,浸渍是指在一定条件下将液态有机浸渍剂(前驱体)渗透到预制体的空隙中。碳化则是指在惰性气氛中,对浸渍后的试样进行热处理,使试样孔隙内的有机物转变成碳。碳化后通常需要进行一个热解过程(石墨化)来将各向同性的沥青碳(由沥青作浸渍剂得到的碳基体)或树脂碳(由树脂作浸渍剂得到的碳基体)转化为各向异性的碳基体。由于浸渍剂种类繁多,浸渍-碳化工艺中压力、温度、操作周期等参数变化较大,因而采用液相浸渍-碳化法可以制造出满足多种性能要求的碳/碳复合材料。液相浸渍-碳化工艺可以按照前驱体的种类分为树脂浸渍、沥青浸渍和混合浸渍三种工艺,也可以按浸渍压力分为低压、中压、高压和超高压浸渍四种工艺。

树脂浸渍-碳化工艺的典型流程:将预制增强体置于浸渍罐中,在真空状态下使树脂浸没预制体,再充气加压使树脂浸透预制体,然后将浸透树脂的预制体放入固化罐内进行加压固化,随后在碳化炉中保护气氛下进行碳化。沥青浸渍工艺与树脂浸渍工艺类似,不同之处是沥青需要在熔化罐中真空熔化,随后将沥青从熔化罐注入浸渍罐进行浸渍。在浸渍过程中,抽真空可以使浸润性能好的浸渍剂浸透到单通孔中从而达到快速致密化的效果。树脂浸渍过程结束后需要一个升温固化的过程,以使树脂完全固化,从而减少碳化时样品的变形,保证碳化后碳/碳复合材料的致密性。

液相浸渍-碳化工艺的浸渍过程直接影响碳/碳复合材料的致密化效率。对液相浸渍过程进行研究时可以进行如下假设:将纤维预制体中的微孔看作是细直的毛细管状,并认为浸渍时浸渍剂仅从毛细管一端进入。液态前驱体浸入预制体内孔隙的过程可由图4-1来表示,流动方向为从右向左,这时就存在三相状态,即气相 g(孔隙内的气体)、液相 l(流体)和固相 s(碳纤维或基体碳)。当三相处于平衡状态时,有下列关系:

$$\cos\theta = (\sigma_{sg} - \sigma_{sl})/\sigma_{lg} \tag{4-1}$$

式中:σ_{sg}、σ_{sl} 和 σ_{lg} 分别为固-气、固-液和液-气界面表面张力;θ 为流体表面张力和液-固界面张力之间的夹角,即接触角。这里存在三种情形:

1) 如果 $\sigma_{sg} - \sigma_{sl} = \sigma_{lg}$,那么 $\cos\theta = 1$,$\theta = 0°$,为完全润湿;
2) 如果 $\sigma_{lg} > (\sigma_{sg} - \sigma_{sl})$,那么 $0 < \cos\theta < 1$,$\theta < 90°$,流体可以润湿固体;
3) 如果 $\sigma_{sg} < \sigma_{sl}$,那么 $\cos\theta < 0$,$\theta > 90°$,固体不被流体润湿。

由于存在液体的表面张力,在前端的弯曲液面处产生附加压力 p^*,方向向左,其大小为

$$p^* = 2\sigma_{lg}/R \tag{4-2}$$

式中:σ_{lg} 为弯曲液面的表面张力;R 为弯曲液面曲率半径。

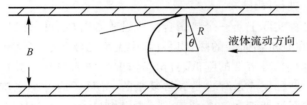

图 4-1　液态前驱体浸入制件孔隙示意图

在恒温恒压条件下,液态前驱体浸入制件孔隙内需满足条件:

$$\gamma(\sigma_{sg} - \sigma_{sl}) = \sigma_{lg}\cos\theta > 0$$

因此

$$\cos\theta' = \gamma\cos\theta \tag{4-3}$$

式中:γ 为固相表面粗糙度,定义为固体的实际表面积与几何表面积之比,它对平衡接触角有一定的影响;θ' 为恒温恒压条件下与固体表面粗糙度相对应的浸润角。

由图 4-1 的几何关系可知

$$\cos\theta' = r/R = B/2R \tag{4-4}$$

式中:B 为孔隙宽度。

由式(4-2)~式(4-4)得出下列关系式:

$$p^* = 4\gamma\cos\theta\frac{\sigma_{lg}}{B} \tag{4-5}$$

式(4-5)即为液态前驱体浸入孔隙时由于其表面张力的存在而产生的阻力,与表面张力成正比,与孔隙的宽度成反比。若孔隙的宽度足够小,则会产生非常高的阻力,这也是制件密度达到一定程度以后很难再提高的原因。

设孔隙内的气体(包括空气、低分子挥发所产生的气体等)所产生的压力为 p_g,则液态前驱体浸入孔隙内的总的阻力为

$$p_r = p_g + p^*$$

注:这里忽略了流动阻力的影响。

因此，要使液态前驱体浸入孔隙内，外部所施加的压力 p_0 需满足 $p_0 > p_r$，即
$$p_0 > p_g + p^*$$

这仅是从力学角度得出的结论。实际的浸渍过程要复杂得多，浸渍剂向孔隙内的浸渍过程不仅有外力的作用，而且还包括吸附过程。浸渍剂中挥发出的低分子会在制件孔隙的内表面发生多分子层的吸附，从而可以改善液态前驱体对孔隙内壁的浸润过程，提高浸渍效果，这种吸附主要是物理吸附。因此，在浸渍过程中，抽真空和较大的压力可以使浸渍剂更好地渗透到预制体的微孔中，从而有利于碳/碳复合材料的快速致密化。

在树脂浸渍过程中，即使吸入树脂前抽真空，还是会有大量空气在等静压浸渍时被压缩在孔隙中。当在常压下从样品里移走过多的浸渍剂时，压缩空气将膨胀，同时会排出尚未固化的树脂，重新形成较大的孔隙。为解决这一问题，浸渍过程和固化过程应在压力下连续进行，为此，使用的浸渍系统要使其从样品中排出多余树脂时仍能保持压力，从而大大提高浸渍效率。因此，为了得到较好的树脂浸渍效果，除了孔隙尺寸外，预制体应在高压下浸渍，随后在未放压的情况下进行固化。

浸渍剂的碳化过程实际上是一个热聚合反应过程，所以也可以把"碳化"称作"有机物向碳的热转化"过程。在有机物向碳的热转化过程中发生的物理、化学变化，包括 C/H 原子比的提高、分子质量的增加、可溶性的降低、自由基浓度的增加和芳香层面的扩大等，都始终与聚合反应密切相关。这种反应过程也是异常复杂的，并且反应产物也难以表征。Hüttinger 等人对煤焦油沥青和石油沥青在 300~600 ℃、氮气压力为 0.2 MPa 条件下的热解过程的研究发现，通过提高碳化时的压力可降低热解过程完成时的温度。Hosomura 等人对沥青碳化的研究发现，提高压力使碳基体的孔隙尺寸和孔隙率减小，从而提高了碳/碳复合材料的密度和强度。沥青的碳化过程大致包括下面几个过程：

1) C—H 和 C—C 键断裂形成具有化学活性的自由基；
2) 分子的重排；
3) 热聚合；
4) 芳香环的稠化；
5) 侧链和氢的脱除。

上述的几个反应过程并不是孤立存在的，在沥青碳化过程中的任意时刻，这些反应往往是同时发生的，比如由 C—H 和 C—C 键断裂形成的自由基结合形成较大的分子，大分子在热聚合和芳构稠化的过程中，又有新的自由基形成并重复同样的聚合过程，直至全部沥青分子都参与这些化学变化，最后在 1 000 ℃ 形成网状的三维结构的基体碳。有研究者认为，当热处理温度达到 1 000 ℃ 时，碳以外的元素大致已消失，这个温度可以认为是获得实质"碳"所必要的温度，化学变化的过程在此结束。当温度超过 1 000 ℃ 直到 3 000 ℃ 时，基体碳处于石墨化阶段，其表现形式是碳网平面尺寸增大，且碳网平面堆积层数增多，这种变化从热力学的本质来说，是一种放热过程，体系的内能下降，当然这也是一种必然的方向，缩合环数越多越稳定，从而使芳族化合物最终朝石墨化的方向转化，碳结构更加稳定。总之，沥青的热解过程是很复杂的，这是因为沥青分子在高温下的热解过程中发生聚合反应时，不但分子与分子之间以平面形式发生连接而使层面逐渐扩大，而且往往层与层之间还会发生交联反应，使整个结构呈交织状态，即碳的乱层结构状态。

液相前驱体在碳化过程中会发生热失重,这种失重来自两部分,一部分为低分子成分的挥发,另一部分是热解反应产生的气体。使用热分析仪对 N_2 保护下的原料沥青进行热失重分析,可以发现在开放空间常压下进行碳化会有占总量将近 60% 的物质都以气体形式挥发出去,且挥发掉的气体中含有大量的碳原子,这从一个方面也说明沥青在开放空间中常压下碳化时的碳化收率比较低。

沥青在压力下的碳化与常压时的情况不同,压力对碳化的影响,宏观上表现为碳化收率的提高和基体孔隙率及孔径的减小,微观上则表现为反应过程及微观组织结构的变化。

压力对沥青浸渍-炭化过程的影响,首先表现为沥青黏度的变化。沥青在压力状态下碳化,本来在常压下将挥发出去的低分子物质(CO、CH_4、C_2H_2 等),在高压下将滞留于整个系统内部,参与分子的聚合反应;此外,沥青热解过程中这些低分子的出现也减小了反应体系的黏度,有利于大分子的移动、结合及中间相物质的形成。

压力对沥青碳化的影响还表现在改变了其反应过程中的转变温度。为了处理问题的方便,假定沥青的碳化过程为单体间的聚合反应,在平衡转变温度,将会发生由纯单体到均聚物的一般相转变,考虑到其恒温状态,则此反应的反应自由能的变化 $\Delta G = 0$,可以得到

$$\Delta T = (T\Delta V/\Delta H)\Delta p$$

式中:ΔH 是聚合焓变;ΔV 是体积的变化;ΔP 是压力的变化;ΔT 是温度的变化。上式表明,压力的变化会引起转变温度的改变。

压力对碳化的影响还表现在反应产物分子结构的差异上,沥青在常压下碳化,当进行到一定温度时,碳骨架中碳原子的活动变得非常激烈,四面体碳会发生电子重排,键合变成热稳定的三面体石墨结构,比如在 1 800 ℃出现的多相石墨化结构。对沥青经压力浸渍-碳化试验中的焦碳试样的 X 射线衍射进行分析,比较常压碳化时所测得的衍射图谱与高压碳化时得到的衍射图谱,可以得出沥青在高压下碳化时,900 ℃下就出现了这种多相石墨化结构,而在同样的温度下,常压碳化中没有多相石墨化结构的出现。这说明压力对沥青的碳化过程具有明显的影响,沥青在压力下碳化时,促进了沥青分子的平面排列,有利于基体碳向石墨结构的转变。

树脂通过固化过程聚合形成高度交联,其碳化过程是在固体状态下发生的,C—C 键断裂并重组形成连续的芳香碳平面的过程难以进行,因此树脂浸渍-碳化工艺通常会形成各向同性碳。树脂在碳化过程中,会释放出水蒸气、甲烷、CO 等气体,并产生较大的体积收缩,同时产生裂缝和孔隙,并且加压不能提高其碳产量。

浸渍剂的种类会影响碳/碳复合材料的致密化效果和机械与物理性能。浸渍剂需要有较高的残碳率、较小的黏度,易于进入碳纤维束之间的孔隙内浸润纤维表面。液相浸渍的碳源可分为树脂和沥青两大类,其中沥青类主要包括天然沥青和煤沥青,而树脂分类较多、较广,从受热变化角度可将树脂分为热固性树脂和热塑性树脂,常用的热固性树脂包括酚醛、呋喃、糠醛、糠醇等,热塑性树脂包括聚醚醚酮、聚芳基乙炔、基苯并咪唑等。根据需要也可采用沥青-树脂的混合浸渍剂,以减小黏度、提高残碳率。

树脂前驱体应具有残碳率高、黏度适中、流变性好等特点,还需要热解后产生的树脂碳能够与碳纤维之间有较好的结合强度,热解过程中形成开孔以便下一步的浸渍,并且树脂碳本身也要具有满足基本要求的结构与性能。与沥青相比,树脂前驱体有很多优点:用于浸渍

树脂碳的前驱体较为丰富,品种繁杂,成本较低,选材范围广;在低温和低压下合成树脂的黏度远低于石油或煤油沥青;合成树脂的纯度比天然产物高,化学结构更单一,也更容易鉴定,而沥青的成分常随产地和提炼方法的差异而不同;比较容易得到含碳量高的树脂碳系,并可能转化为耐高温的碳素材料。在高压高温作用下,在树脂碳界面处可以出现一定的应力石墨化,而加入催化剂也可以具有催化石墨化。由于在碳化过程中非碳元素(N、S、H等)分解,会在碳化后的预制体中形成很多空洞,因此,需要多次重复浸渍—固化—碳化步骤。甚至在重复这些工艺步骤之间要进行热处理,以获得较大的开孔孔隙率,最终达到致密化的要求。

与树脂相比,沥青易于石墨化。沥青前驱体具有软化点低、黏度低和残碳率高等特点,最常用的是石油沥青。在常压下沥青的残碳率为50%,而碳化压力的升高会提高其残碳率,在100 MPa氮气压力下残碳率可以高达90%。据此,将传统的液相浸渍工艺与热等静压工艺结合起来,发展出了热等静压浸渍-碳化工艺。该技术可以明显提高残碳率,减小孔隙尺寸,有效防止浸渍剂被热解时产生的气体挤出孔隙,从而大大提高了致密化效率,并且材料密度增大,力学性能提高。

液相浸渍-碳化工艺的优点是采用常见的模压及加压黏结技术,通过浸渍-碳化工艺容易制得致密、密度较均匀、尺寸稳定的碳/碳复合材料制品。与CVI法相比,液相浸渍所需的工艺周期要短,成本相对较低。但液相浸渍时需要反复浸渍,使其工艺繁杂,而且在碳化时,浸渍剂分解产生的大量气体会使基体和基体与纤维界面处产生裂纹和孔隙,试样容易出现封孔,难以得到较大的密度。此外,在碳化和石墨化处理中,树脂和沥青会发生收缩,这会导致纤维表面和纤维与基体界面处的损伤,严重影响制品力学性能。

4.2 化学气相渗透工艺

化学气相渗透制备碳/碳复合材料是指在高温条件下裂解碳氢气体,将热解碳沉积于预制体内部碳纤维表面,使热解碳层厚度增大,逐步填充碳纤维预制体内部孔隙的过程。由于化学气相渗透工艺是一个在碳纤维表面逐渐沉积的工艺,因此避免了液相浸渍-碳化工艺过程中的体积收缩引起的纤维损伤,所制备的碳/碳复合材料具有更加优异的性能,因此是制备碳/碳复合材料的一种重要技术。化学气相渗透热解碳制备碳/碳复合材料的基本概念非常简单,即将碳氢气体通入放置有碳纤维预制体的气相沉积炉中,在高温条件下裂解碳氢气体,沉积热解碳。然而热解碳的实际沉积过程却极其复杂,是复杂的物理化学过程综合作用的结果。以下从热解碳的沉积机理、动力学过程和孔隙扩散来描述热解碳的沉积。

4.2.1 沉积机理

对于热解碳沉积的研究至今已有超过百年的历史,期间提出过许多沉积理论,其中具代表性的有缩聚机理、单原子沉积机理、分子沉积机理、液滴机理、表面分解机理、固相颗粒机理、黏滞小滴机理和形核生长机理,以下进行简要概述。

缩聚机理:碳氢气体分子在高温下会通过自由基及各种中间产物的缩聚反应,经气相成核形成聚集体,这些聚集体与基材表面相接触,可经脱氢与碳化反应,形成热解碳。基材的表面结构、聚集体的黏度与形状对热解碳的取向有重要影响。

单原子沉积机理：该理论认为高温下气态的碳氢化合物在气相或基材表面直接析出碳，这种碳可以是单个原子，也可以是小的原子簇团或碳环。但该机理无法解释气相热解过程中产生较大的碳氢化合物分子这一现象。

分子沉积机理：该理论包含 C_3 分子理论与乙炔理论，基于实验中发现这两类分子是热解碳生成前发现的最后稳定的分子而提出，它的核心是碳氢化合物在形成热解碳前，总是要先形成 C_3 分子或乙炔分子，然后再通过这些分子的进一步反应生成热解碳。

液滴机理：Bokros 等人提出碳氢化合物在气相中先聚合成液核（液滴），液滴再碳化形成热解碳。其中，若液滴的碳化发生于气相中，将形成各向同性碳或碳黑；若液滴的碳化发生于基材表面，则会得到层状热解碳。

表面分解机理：Tesner 认为当基材表面存在较多活性位时，表面直接缩聚沉积是碳氢化合物热解时的主要反应，反应的结果是在基材表面直接形成了热解碳。而当表面活性位很低时，倾向于气相形核生成碳黑。Hoffman 等人进一步指出，小分子碳氢化合物在不同基材上热解时的活化能都相同，而碳素表面由于缺陷、杂质原子及边缘未饱和碳原子区域等存在着活性区，该活性区对加速烃在基材上的热解和成碳具有催化作用。

固体颗粒机理：由 Kaae 经过研究层状和近各向同性热解碳结构提出，他认为在中温条件下，气相中会生成很多球状的固态粒子，固体粒子是中心发散的球状结构。固体粒子沉积于基材表面后，粒子间通过低分子碳氢化合物的碳化作用粘连在一起，得到近各向同性热解碳结构；而层状碳是通过层状分子平行于基材表面沉积生成的。

黏滞小滴机理：石荣等人在液滴机理与固态粒子机理的基础上提出了热解碳的黏滞小滴沉积模式，认为热解碳的形成经历了一种具有一定黏度的球状聚集体，根据液滴的黏度不同可以表现为固态粒子或液滴特征。

形核生长机理：德国卡尔斯鲁厄大学 Hüttinger 教授深入研究了前驱气体的热解和热解碳的形成过程，认为非均相反应（表面沉积反应）与均相反应相竞争决定了热解碳的沉积属于生长机理还是形核机理，其中非均相反应起决定作用。胡子君在对蜂窝状的堇青石衬底的 ICVI 沉积时发现，随着前驱体分压的增大，表面相对沉积率先缓慢增加，在 30 kPa 左右，沉积率突然增大。这证明热解碳的形成机理由生长机理过渡为形核机理。

从以上机理可以看出，各机理都是研究者根据各自实验结果得出的，缺乏统一性，这也从一个侧面反映出了沉积过程的复杂性。各种沉积机理只局限针对某种沉积现象或者对某种沉积方式进行强调，试图用一种沉积方式解释整个的沉积过程。而在真实沉积过程中的反应途径有很多种，受到很多因素影响，经常可以发现，即使在同一沉积条件下所沉积热解碳的速率和结构也不尽相同。

4.2.2 沉积动力学

迄今为止有许多科研工作者研究了从甲烷以及其他碳氢气体热解沉积热解碳的化学动力学。Grisdale、Pfister 和 Van Roosbroeck 研究了 975~1 300 ℃ 范围内在陶瓷棒表面沉积热解碳的动力学，发现甲烷的分解为一级反应，活化能为 107 kcal/mol。Murphy、Palmer 和 Kinney 也研究了陶瓷棒表面沉积热解碳的动力学，他们发现热解碳的沉积速率受 C—H

键的断裂能控制,热解碳的沉积活化能为 108 kcal/mol,这非常接近于 C—H 键的键能。

Hirt 和 Palmer 认为以下几种因素可能影响热解碳的沉积动力学:
1)沉积气体的气相分解反应;
2)气相形核;
3)固相核的生长;
4)液滴的形成;
5)液滴的碳化;
6)向沉积表面的传输;
7)气动作用;
8)沉积表面的分解;
9)沉积表面的形核作用;
10)基底对薄膜生长的影响;
11)温度场分布的影响。

Palmer 给出了热解碳的沉积速率表达式

$$K_1 = 10^{14.58} \exp(-10^3 \text{kcal}/RT)$$

其中,指前因子和活化能与以下甲烷初始热解反应步相一致。

$$CH_4 \rightarrow CH_2 + H_2$$
$$CH_4 \rightarrow CH_3 + H$$

Eisenberg 和 Bliss 研究发现当温度高于 1 200 ℃时,甲烷在流动反应器内的热解反应为一级反应,而在 1 100~1 200 ℃范围内的反应不是一级反应,因为在反应过程中存在自催化作用。其他一些对甲烷热解动力学的研究表明,在气相中,C_2H_6、C_2H_4 和 C_2H_2 是最稳定的中间反应产物,并认为热解碳的沉积符合下面的连续一级反应步骤:

$$CH_4 \xrightarrow{K_1} C_2H_6 \xrightarrow{K_2} C_2H_4 \xrightarrow{K_3} C_2H_2 \xrightarrow{K_4} C + H_2$$

在 1 527 ℃内,反应速率 K_1 为沉碳反应控制步;高于此温度,K_4 为反应控制步。

4.2.3 热解碳在孔隙内的沉积

在碳纤维多孔预制体内沉积热解碳基体制备碳/碳复合材料不同于在平面基底表面沉积热解碳,碳氢前驱体需扩散进入预制体内部进行热解碳沉积,这个过程有些类似于块体石墨的氧化过程,可以使用西勒模数(Thiele modulus)进行分析。

对于一端封闭的 Ⅲ 孔(见图 4-2),在稳定沉积状态下,从 x 到 $x+dx$ 区间的质量平衡方程为

$$\pi r^2 \left(-D_{\text{eff}} \cdot \frac{dc}{dx}\right)_x = \pi r^2 \left(-D_{\text{eff}} \cdot \frac{dc}{dx}\right)_{x+\Delta x} + (2\pi r \cdot \Delta x) \cdot (k_s c)$$

当 $\Delta x \rightarrow 0$ 时,上式可变为

$$D_{\text{eff}} \frac{d^2 c}{dx^2} = \frac{2k_s \cdot c}{r}$$

式中:D_{eff} 为扩散系数;k_s 为热解碳沉积速率常数;c 为气体浓度。

对于一端开口、一端封闭的直孔,其边界条件为

$$\begin{cases} c = c_0 & (x=0) \\ \dfrac{dc}{dx} = 0 & (x=L) \end{cases}$$

采用归一化长度,则有

$$\frac{d^2 c}{d(x/L)^2} = \frac{2L^2 \cdot k_s}{D_{eff} \cdot r} \cdot c$$

定义西勒模数(φ)为

$$\varphi = \sqrt{\frac{2L^2 \cdot k_s}{D_{eff} \cdot r}} = 2L \cdot \sqrt{\frac{k_s}{D \cdot D_{eff}}}$$

则微分方程的解为

$$c = \frac{c_0 \cdot \cosh[\varphi(1-x/L)]}{\cosh\varphi}$$

上式为气体在直孔内部的浓度分布。因为在稳态条件下,直孔内的沉积速率和气体扩散进入孔内的速率相等,因此计算的沉积速率为

$$r_p = -D_{eff} \cdot \left(\frac{dc}{dx}\right)_{x=0} \cdot \pi r^2 \left(\frac{dc}{dx}\right)_{x=0} = \left(-\frac{\varphi}{L} \cdot \tanh\varphi\right) \cdot c_0$$

则有

$$r_p = -D_{eff} \cdot \pi r^2 \cdot \left(-\frac{\varphi}{L} \cdot \tanh\varphi\right) \cdot c_0$$

假设没有内扩散,即孔隙内部和外部没有浓度梯度,则孔隙内的沉积速率为

$$r_s = 2\pi r L \cdot k_s \cdot c_0$$

定义沉积有效系数为

$$\eta = \frac{r_p}{r_s} = \frac{\tanh\varphi}{\varphi}$$

从上式可以看出,随着西勒模数的增大,有效系数逐渐减小。

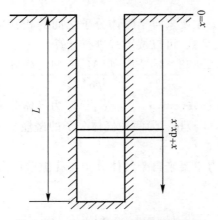

图 4-2 化学气相沉积细直孔模型

在碳/碳复合材料致密化过程中,前驱气体在多孔预制体内部一边传输一边在纤维表

面沉积,传输速率和沉积速率的比值决定了最终制备的碳/碳复合材料的密度均匀性。对于等温化学气相沉积工艺,前驱气体(以甲烷为例)在预制体内部的传输主要是扩散作用,可以用一个无量纲的量 Weisz 模数(Φ^*)来表征前驱气体在多孔预制体内部的扩散性能,其表达式为

$$\Phi^* = L_c^2 \cdot \frac{n+1}{2} \cdot \frac{r_{\text{eff}}}{D_{\text{eff}} \cdot P_{\text{CH}_4}} \cdot RT \qquad (4-6)$$

式中:L_c 为孔隙特征深度(m);n 为甲烷反应级数;r_{eff} 为沉积速率(mol·m^{-3} s^{-1});D_{eff} 为甲烷气体有效扩散系数(m^{-2}·s^{-1});p_{CH_4} 为甲烷分压(Pa);T 为沉积温度(K);R 为气体常数(8.314 J·mol^{-1}·K^{-1})。

Weisz 模数综合反应了孔隙的特征、表面沉积反应、扩散系数和沉积温度对前驱气体在多孔体内部可扩散性能的影响。该数值越小,越有利于气体扩散至多孔预制体的内部,越有利于实现碳/碳复合材料的均匀致密化。

如果忽略甲烷在纤维表面沉积的二级反应,其有效沉积速率 r_{eff} 可以采用 Langmuir-Hinshelwood 表面吸附动力学公式来表示:

$$r_{\text{eff}} = \frac{c \cdot k_1 \cdot p_{\text{CH}_4}}{1 + k_2 \cdot p_{\text{CH}_4}} \qquad (4-7)$$

式中:c 为沉积表面总的活性位浓度;k_1、k_2 为沉积速率常数。

将式(4-7)代入式(4-6)可得:

$$\Phi^* = L_c^2 \cdot \frac{n+1}{2} \cdot \frac{c \cdot k_1}{1 + k_2 \cdot P_{\text{CH}_4}} \cdot \frac{RT}{D_{\text{eff}}} \qquad (4-8)$$

气体在多孔介质中的扩散方式取决于气体分子热运动的平均自由程和孔隙直径之间的关系。当孔隙直径远大于气体分子的平均自由程时,气体在多孔介质中的扩散为菲克扩散(Fick Diffusion);而当孔隙直径远小于气体分子的平均自由程时,气体在孔隙中的扩散为努森扩散(Knudsen Diffusion);当气体分子的自由程和孔隙直径相当时,气体在孔隙中的扩散为过渡性扩散。

对于菲克扩散,扩散阻力主要来自于气体分子之间的相互碰撞,与孔隙直径没有关系,对于二组分混合气体的扩散系数,可以按下式进行计算:

$$D_{\text{F,ab}} = \frac{1.858 \times 10^{-3} T^{3/2} [(M_a + M_b)/(M_a M_b)]^{0.5}}{p \sigma_{\text{ab}}^2 \Omega} \qquad (4-9)$$

式中:$D_{\text{F,ab}}$ 为双组分互扩散系数(cm^2·s^{-1});M_a、M_b 为气体分子摩尔质量(g·mol^{-1});p 为总压强(atm,1atm=101 325 Pa);σ_{ab} 为两种气体分子的碰撞直径(Å);Ω 为两种气体分子的碰撞积分;T 为沉积温度(K)。

对于努森扩散,扩散阻力主要来自于气体分子与孔隙壁面之间的碰撞,与气体的压强没有关系,其扩散系数为

$$D_K = 4.85 \times 10^3 d \sqrt{\frac{T}{M}} \qquad (4-10)$$

式中:D_K 为扩散系数(cm^2·s^{-1});d 为孔隙直径(cm);T、M 与式(4-9)中的意义相同。

过渡性扩散可能出现在以下两种情形,一种是孔隙直径介于菲克扩散和努森扩散孔隙

直径之间,另外一种是孔隙直径分布较宽,既包含菲克扩散的大孔又包含努森扩散的小孔。在这两种情况下,气体分子的扩散阻力既和分子之间的碰撞相关,又和气体分子和孔壁的碰撞相关,其扩散系数为

$$\frac{1}{D_{eff}} = \frac{1}{D_{F,ab}} + \frac{1}{D_K} \quad (4-11)$$

当实验温度恒定,压力为常压(p_0)时,由式(4-9)可知,双组分气体的菲克扩散系数为定值($D_{F,0}$),该扩散系数不随甲烷分压的改变而发生变化。在致密化初期,预制体内部的孔隙较大时,气体在预制体内部的传输以菲克扩散为主,此时,$D_{eff} \approx D_{F,0}$,将 $D_{F,0}$ 代入式(4-8)得到:

$$\Phi^* = L_c^2 \cdot \frac{n+1}{2} \cdot \frac{c \cdot k_1}{1 + k_2 \cdot P_{CH_4}} \cdot \frac{RT}{D_{F,0}} \quad (4-12)$$

从式(4-12)可以看出,随着甲烷分压的增加,Φ^* 减小,有利于预制体孔隙的均匀致密化。随着致密化的进行,当到达致密化后期时,预制体内部的孔隙尺寸处于努森扩散的范围,此时 $D_{eff} \approx D_K$,将 D_K 代入式(4-8)得到:

$$\Phi^* = L_c^2 \cdot \frac{n+1}{2} \cdot \frac{c \cdot k_1}{1 + k_2 \cdot P_{CH_4}} \cdot \frac{RT}{D_K} \quad (4-13)$$

可以看出,当气体处于努森扩散时,随着甲烷分压的增加 Φ^* 依然减小。另外,在沉积中期,当气体传输为过渡型扩散时,由式(4-11)可以得到 D_{eff} 仍然与甲烷分压无关,Φ^* 随着甲烷分压的增大而减小,因此提高甲烷分压有利于碳/碳复合材料的均匀致密化。然而过度提高前驱气体分压,将会导致表面反应向二级甚至更高级的反应发展,使 Φ^* 增大,从而降低材料的密度均匀性。

当降低反应室内压力,通入反应室内气体仅有甲烷时,由式(4-10)可知,气体的菲克扩散系数将随着总压力的降低而线性升高,其值可由下式计算:

$$D_F = D_{F,0} \cdot \frac{p_0}{p_{CH_4}} \quad (4-14)$$

在预制体 ICVI 初期,孔隙尺寸较大,前驱气体在预制体孔隙内的扩散主要依靠菲克扩散机制,此时,$D_{eff} \approx D_F$,将式(4-14)代入式(4-8)可得:

$$\Phi^* = L_c^2 \cdot \frac{n+1}{2} \cdot \frac{c \cdot k_1 \cdot p_{CH_4}}{1 + k_2 \cdot p_{CH_4}} \cdot \frac{RT}{D_{F,0} \cdot P_0} \quad (4-15)$$

从式(4-15)可以看出,减小甲烷的压力可以有效减小 Φ^*,有利于预制体初期的均匀致密化;但是在致密化后期或者预制体内孔隙尺寸分布较宽时,努森扩散将对沉积有重要影响,这种情况下甲烷压力对气体传输特性的影响可由式(4-13)得出。可以看出,当努森扩散控制气体传输时,随着甲烷压力的增加 Φ^* 减小,这与菲克扩散控制阶段的趋势刚好相反,由此可见,过高或过低的压力均不利于碳/碳复合材料的均匀致密化,只有在合适的压力下才能实现最佳沉积效果。

4.2.4 等温化学气相渗透工艺

等温化学气相渗透工艺(ICVI)是最传统也是目前工业广泛应用的工艺。该工艺在 20

世纪 60 年代用于致密化石墨中的孔隙,从而降低气体在石墨中的渗透率。随后该工艺被用于致密化多孔碳毡制备碳/碳复合材料,如今仍然是生产碳/碳复合材料的首选工艺,世界上所生产的航空用碳/碳复合材料刹车盘、固体火箭发动机喉衬和喷管,仍然主要采用该工艺制备。ICVI 致密化时,多孔碳纤维预制体被置入等温化学气相沉积炉内恒温区域,通入碳氢气态前驱体和载气,气体通过扩散进入多孔预制体内部发生热解沉积。传统的 ICVI 工艺需要对气体扩散进行控制,为了沉积密度均匀的碳/碳复合材料,经常采取低压低温工艺,即使如此,在预制体表面也往往由于沉积速率过快出现"结壳"现象,为了得到所需密度的碳/碳复合材料,需要进行中间石墨化处理以及机械加工,去除表面的"结壳",打开气体扩散通道,最终达到所需要的密度,但是同时也造成制备周期较长,气体的利用率较低。

虽然制备周期偏长,但与其他 CVI 工艺相比,ICVI 具有如下优势:工艺参数控制简单,对设备要求低;基体热解碳中残余热应力小,对纤维损伤小;可以得到单一组织的热解碳,制品的性能可控性好。另外,可以采用大容量的 CVI 炉进行大批量的沉积,以有效抵消因制备周期长而产生的高成本。因此,迄今为止 ICVI 工艺在工业规模生产中仍然占据主导地位,仍然是目前研究的热点。

热解碳的化学气相沉积是气相化学反应和表面化学反应共同作用的结果。气相组分对热解碳的沉积速率有重要影响。图 4-3 为以甲烷为前驱气体沉积热解碳简化的基元反应示意图。

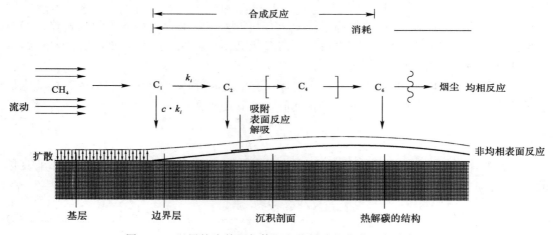

图 4-3 以甲烷为前驱气体沉积热解碳的化学反应示意图

气相反应向高碳原子含量碳氢气体以及气体自由基方向进行,热解碳的沉积速率也随着碳氢气体碳原子含量的增大而增加,而碳原子含量过高的气体(稠环芳香烃)由于发生均相气相反应生成碳黑而降低了热解碳的沉积速率。研究表明,化学气相沉积过程中的气相组分不仅与反应室的温度、前驱气体种类和沉积压力相关,气体的流场同样对气相组成和化学反应有重要影响。烃类气体的反混在化学气相渗透过程中经常发生,纤维预制外面气体的反混程度影响致密化的速率。甲烷在 1 100 ℃的热解过程中,采用多级串联全混反应釜和 Roseco-Thomson 化学反应模型,研究表明:当反应产物发生反混时,甲烷的分解率从 5% 上升到 60%。复杂气-固反应器中气体流动状况的模拟,都是基于 Fick 扩散的反混模型来实现的。计算各种气体组分的流速分布对控制热解碳的沉积速率和微观结构均有帮助,但是因为热解碳的化学气相沉积过程非常复杂,因此实验研究仍必不可少。

图 4-4 给出 C_2H_4、C_2H_2、C_3H_6 三种气体在 950 ℃ 热解时,热解碳化学气相沉积的速率随气体浓度(分压 P_i)的变化关系。当气体浓度较小时,热解碳沉积速率与 C_2H_2 和 C_3H_6 的浓度仍然成二次方关系,与 C_2H_4 的浓度成三次方关系;随着浓度的升高,热解碳的沉积速率服从饱和吸附生长模式。因此,在低浓度条件下,化学气相沉积实际上均为活性位吸附-饱和吸附生长过程;当气体浓度继续升高时,热解碳的沉积速率呈线性增加,为稠环芳香烃的凝聚-形核生长。

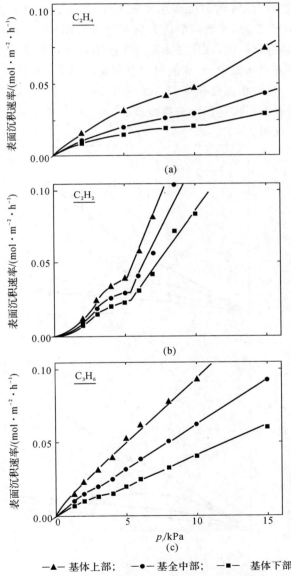

—▲— 基体上部;   —●— 基全中部;   —■— 基体下部

图 4-4 热解碳的沉积速率与 C_2H_4、C_2H_2 和 C_3H_6 浓度的关系

甲烷的热稳定性比其他烃类气体高，在 1 000 ℃温度条件下，化学气相沉积热解碳的速率很小，因为在 1 000 ℃时，甲烷的分解率小于 5%（气体停留时间 1 s，$A/V \approx 3 \text{ mm}^{-1}$，其中 A 为累积孔隙表面面积，V 为螺积孔隙体积面积）。只有当温度高于 1 050 ℃时，甲烷才能够大量分解。以甲烷为原料气体时，热解碳的沉积速率均随着沉积时间的延长非线性增加。与其他烃类气体相同，反应器的 A/V 值对甲烷的热解反应影响不大，但是对热解碳的沉积速率有较大影响。当气体的停留时间较短时，A/V 值对沉积速率影响较小，因为这时气相中组分尚以 C_2、C_6H_6 等小分子为主，延长气体的停留时间，A/V 值对单位面积热解碳沉积速率就有了显著影响。

以甲烷为原料气体时，热解碳的沉积速率随 CH_4 浓度的变化规律与其他烃类气体类似。当沉积温度为 1 050 ℃时，热解碳的沉积为活性位吸附-饱和吸附控制过程，沉积速率服从 L-H 模型。升高沉积温度，沉积速率在低浓度条件下仍能服从 L-H 模型；当气体浓度较高时，沉积过程转入表面凝聚-形核机制。沉积温度越高，从表面生长转入形核过程的气体临界分压就越低。当沉积温度很高（1 125 ℃），同时 A/V 值又较小时，气相中生成大量的芳香化合物，导致表面形核过程完全掩盖表面生长过程，热解碳的沉积速率随着气体分压成多次方关系增加（见图 4-5）。

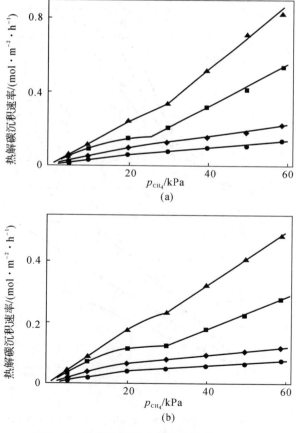

图 4-5 热解碳沉积速率随甲烷分压的变化
(a)基体上部； (b)基体中部；

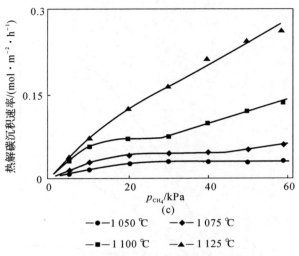

续图 4-5 热解碳沉积速率随甲烷分压的变化
(c)基体下部

热解碳的两阶段生长模式,不但影响沉积速率,而且影响热解碳的微观结构,这为制备特种结构的热解碳材料提供了可能。化学气相渗透一般是在较低气体浓度和很高 A/V 值条件下进行的,热解碳的沉积过程属于表面生长过程,因此能够通过控制工艺参数制备出具有高织构和高致密化度的碳/碳复合材料。

图 4-6 给出了在温度为 1 100 ℃、甲烷分压为 20 kPa、细孔深度为 20 mm、细孔 A/V 值为 4 mm^{-1}、孔外 A/V 值为 1 mm^{-1}、气体到达孔口的停留时间为 0 s 的假定条件下得到的化学气相渗透速率(R_s^i)的数值模拟结果。很明显,热解碳在细孔内部的沉积速率不是随着孔深度的增加(扩散路径)减小的,而是增加的;同时,沉积速率还随着均气相化学反应链的延长而非线性地增加。为了进一步验证气体压强对化学气相渗透速率的影响,在相同沉积条件下进行数值模拟(见图 4-7),热解碳在细孔内部的沉积速率随着气体压强的增加同样是非线性地增加,这说明内扩散并没有抵消链式气相化学反应对化学气相沉积速率的影响。

考虑了复杂气相化学反应之后,西勒模数不再是影响化学气相渗透过程的唯一因素,因此在等温等压条件下进行的内扩散气相沉积,其有效系数可以大于 1。实验以甲烷为原料气体,在直径为 1 mm、长度分别为 17 mm 和 32.5 mm 的细直孔内部进行的化学气相沉积速率均随着扩散深度的增加而增大(1 100 ℃,气体到达孔口的停留时间约为 0.08 s)。对于相同的扩散深度,深孔内的沉积速率远大于浅孔。不但热解碳在直孔内化学气相沉积速率随着气体压强的增大而增加,而且沉积速率的梯度同样随着压强的增加而增大(见图 4-8)。

碳纤维多孔体在致密化过程中,内部的孔隙逐渐被热解碳所填充,孔隙率下降。其中,中孔演化为小孔,而小孔的 A/V 值高,在致密化后期被填充。碳/碳复合材料中最后将形成直径小于几个微米的闭孔和微孔。微孔具有很高的 A/V 值,在有限的沉积时间内难以被致密化,而正是这些闭孔和微孔,使纤维多孔体的可致密化率远小于 1。降低沉积速率,克服表面封孔现象,均有利于内外均匀的沉积,但是并不能消除闭孔和微孔,在致密化后期适当增大气体压强能够提高致密化程度。

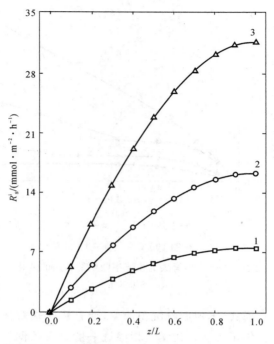

1—甲烷裂解生成 C_2 组分模型； 2—介于1、3模型之间； 3—甲烷裂解生成 C_2 多种组分模型

图 4-6 热解碳在一端封闭的细直孔内的初始沉积速率的数值模拟

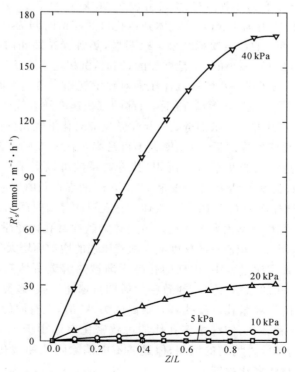

图 4-7 不同压力条件下热解碳在一端封闭的细直孔内的初始沉积速率的数值模拟结果

图 4-8 在一端封闭的细直孔内沉积 150 h 后热解碳的厚度
(沉积温度 1 100 ℃,压力 30 kPa,滞留时间 0.08 s)
(a)孔口； (b)中部； (c)底部

如果内扩散对化学气相渗透过程的影响不显著,那么增大气体压强能够加快致密化速度,同时得到低气孔率的碳/碳复合材料,以甲烷为原料时这种效应最为明显。图 4-9 显示,2D 碳毡经 120 h 致密化后,中心密度可以达到 1.85 g/cm³。在低压条件下(15 kPa,CH_4)致密化后的多孔体的表观密度从外向内逐渐增大,气体停留时间越长,沉碳量越多,同时内外的密度差别也越大;当外推到沉积时间无限长时复合材料各处的密度差异将很小。在这种情况下,因为内扩散没有造成表面封孔现象,为缩短致密化时间,可以继续增大甲烷压强。当甲烷压强为 30 kPa 时,同样经过 120 h 致密化,复合材料的平均密度大于 15 kPa 致密化的情况。当甲烷分压(浓度)为 30 kPa 时,在短的气体停留时间条件下($\tau<0.05$ s),仍然能够避免表面密度大于内部密度,随着时间的延长,可以得到高的致密化度和内外均匀的密度分布;但是当气体停留时间较长($\tau>0.1$ s)时,就难以避免致密化后期表面封孔的现象,最终在内部形成闭气孔。

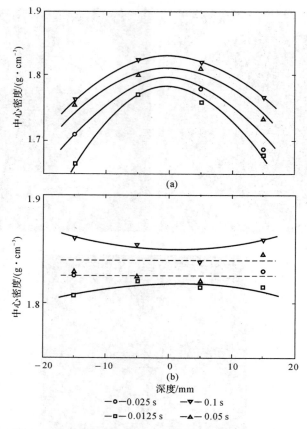

图 4-9 2D 碳毡经过 120 h 致密化后内部的密度分布
(a) 1 095 ℃, p_{CH_4} = 15 kPa; (b) 1 095 ℃, p_{CH_4} = 30 kPa

另外,即使采用 CH_4 作为气源,得到内外均匀致密化碳/碳复合材料的甲烷的压强也是有限制的。在相同温度、气体流动条件下,最大压强主要取决于纤维体的 A/V 值。A/V 值越低的纤维多孔体,能够实现正密度梯度致密化的临界压强也越低。如图 4-10 所示,碳纤维含量为 7% 的纤维毡在 1 095 ℃ 致密化时,只有当甲烷压强低于 11 kPa 才能获得由外向内的正密度梯度;甲烷压强高于 11 kPa 后,内扩散的影响将导致负密度梯度产生,同时使可致密化度降低。增大碳纤维的体积分数(增大 A/V 值)到 22.5% 时,临界压强升高到 27 kPa。升高温度,临界压强减小;降低温度,临界压强增大。因此,通过调整纤维体的 A/V 值、温度和气体压强等,可以获得内外密度均匀、孔隙率低的碳/碳复合材料。

4.2.5 热梯度化学气相渗透工艺

热梯度化学气相渗透工艺(TCVI)的工业应用也很广泛,仅次于 ICVI 工艺。其工作原理:在预制体的一侧或芯部进行加热,在另一侧进行强制冷却,沿预制体的厚度方向形成热梯度,气态前驱体由预制体低温表面向高温区扩散。由于热解碳的沉积速率与温度成指数关系,因此低温区虽然前驱体的浓度较高,但沉积速率较慢,相比而言高温区的沉积速率较大。随着沉积进行,高温区的孔隙率逐渐减小,导热性随之增加,导致靠近低温区一侧的温度逐渐上升,沉积速率加快,于是沉积区域由高温区向低温区逐渐推移,最终完成整个预制体的致密化。

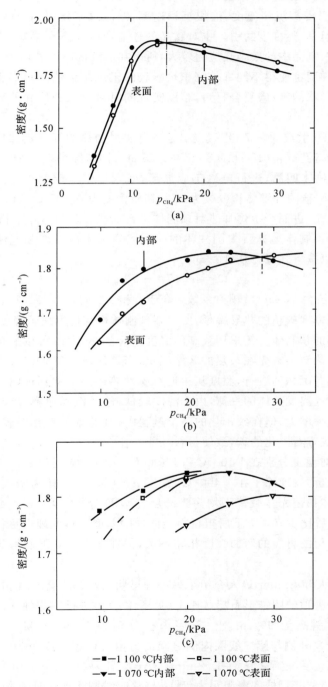

图 4-10　碳纤维预制体经过 120 h 致密化后表面与内部密度随甲烷压强的变化(1 095 ℃,滞留时间 0.1 s)
(a)碳纤维含量为 7% 的碳毡；　(b)碳纤维含量为 22.5% 的 2D 碳毡；　(c)2D 碳毡不同沉积温度时的密度分布

由于在 TCVI 工艺中沿预制体厚度方向引入了大的热梯度,所以可以控制沉积从预制体一侧向另外一侧逐渐推进,有效地抑制了预制体表面的结壳;由于该工艺解决了扩散控制问题,所以可以适当提高沉积温度,加快沉积速率,缩短致密化周期,且能得到密度较大的碳/碳复合材料。但是,热梯度的引入也对制品的性能产生了不利影响,由于沉积过程中存在较大的温度梯度,制品中的残余热应力较大,所以在后续的高温处理中容易产生微裂纹甚至开裂;同时温度梯度也使得不同部位沉积热解碳的组织结构和微观形貌存在一定程度的差异;对具有复杂形状的碳/碳复合材料,难以实现同时对形状和尺寸差异较大的预制体进行致密化。

Kotlensky 在 20 世纪 60—70 年代提出了一种辐射加热的等压热梯度化学气相渗透工艺。他将 4 块板状多孔碳毡(15 cm×8 cm×1.25 cm)用碳绳绑在一个 8.9 cm×8.9 cm×17.8 cm 的石墨发热体四周,进行电磁感应加热,通入甲烷等碳源气,分别在常压和 2.66 kPa 下进行沉积。碳毡的纤维体积分数为 7%,初始密度为 0.095 g·cm^{-3}。石墨发热体通过电磁感应产生电流,进而产生焦耳热对预制体进行加热。预制体互不相接,因而不会与线圈产生交互作用。预制体远离石墨圆柱体的一侧因靠近水冷线圈和气流被带走热量而冷却,其热量损失可以按下式进行估计:

$$Q = \varepsilon \sigma_0 (T^4 - T_{\text{wall}}^4)$$

式中:热量 Q 的单位为 W·m^{-2},辐射系数 ε 介于 0 和 1 之间,$\sigma_0 = 5.67 \times 10^{-8}$ J·K^{-4}·m^{-2}·s^{-1}。由于多孔低密度碳毡的热导率低,所以在预制体内部便形成了温度梯度,这使得可以在接近石墨发热体的预制体一侧采用较高的温度进行加热,同时可以避免远离石墨圆柱体的一侧快速封孔。热解碳首先在最热的区域沉积,当该区域变得致密后,其热导率增大,导致热梯度减小。随着沉积的进行,温度从接近石墨发热体的一侧到远离石墨发热体的一侧逐渐升高。但是在远离发热体的一侧,由于温度较低,故其沉积速率也较小,尽管在靠近发热体的微区沉积速率增大,但在致密化的整个过程中,其速率依然相对较小,且在常压沉积时,高温侧容易生成难石墨化的碳,致使材料性能不佳。

Granoff 等人对温度分别在 1 100 ℃和 1 400 ℃、压强为常压和 2.66 kPa 下制得的材料进行组织和性能分析,发现除了在 1 400 ℃、常压下所得材料基体为暗层、光滑层和粗糙层的混层外,材料基体在偏光显微镜下均为光滑层。XRD 分析显示,在 1 400 ℃下所得材料经 3 000 ℃热处理后比 1 100 ℃下所得材料经同样的温度下热处理后更接近石墨结构。不同温度和压力下制得的材料的弯曲强度相差不大,但在 1 400 ℃下制得的材料的弯曲模量较低。

Lieberman 等人和 Stoller 等人介绍了另一种早期的热梯度化学气相渗透工艺,即将多孔碳毡固定在一个去顶的圆锥形石墨基座上(见图 4-11)进行感应加热。碳毡被做成去顶的空心圆锥体,其斜高为 99 cm,上、下底内径分别为 5 cm 和 28.4 cm,初始密度为 0.14 g·cm^{-3}。碳毡外侧与感应线圈内侧之间的自由气体通道间距为 2.5 cm。在基座温度为 1 325 ℃、常压、甲烷流量为 61 L·min^{-1}、Ar 流量为 205 L·min^{-1} 的条件下进行沉积。刚开始,由于碳毡缝合处的电阻很大,碳毡与感应线圈不产生交互作用,仅仅依靠基座辐射加热;随着沉积的进行,碳毡开始与线圈产生交互作用而变成感应加热。碳毡由与基座相连处沿径向向外逐步致密化。该法相比传统的等温工艺,沉积速率仅仅提高了 1 倍,并且一次仅能沉积一件预制体;而且此法也存在高温高压下产生炭黑的现象。实验还表明,沿试样的径向方向存在密度梯度,靠近基座的一侧密度为 $1.73\sim1.84~\mathrm{g\cdot cm^{-3}}$,远离基座一侧为 $1.87\sim1.89~\mathrm{g\cdot cm^{-3}}$,这表明在沉积后期出现了表面封孔现象。对试样的组织进行偏光显微镜分析发现:在试样径向方向的外侧,粗糙层组织占 70%～100%,其余为光滑层组织;在内侧,粗糙层组织仅占 40%～60%。

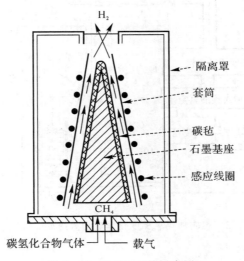

图 4-11 TCVI 系统示意图

Golecki 等人介绍了另一种感应加热的热梯度工艺。多孔的盘状碳毡（$\phi 10.8~\mathrm{cm}\times \phi 4.4~\mathrm{cm}\times 3~\mathrm{cm}$）多层同时沉积,利用感应线圈对碳毡进行电磁感应加热以建立由内到外的热梯度。盘状碳毡被放置在水冷的真空室内,在连续流动的环己烷蒸汽中进行沉积。相比等温工艺,该法的沉积温度可以提高 200 ℃,并且致密化速率和结束时间可以实时调控。该法前驱体的利用率可以达到 20%～30%。在反应过程中仅有极少的焦油产生,没有发现炭黑的产生,所得组织为理想的粗糙层组织。对密度为 $1.79~\mathrm{g\cdot cm^{-3}}$ 的试样进行测试,所得压缩强度为 268 MPa。该热梯度工艺系统如图 4-12 所示。主沉积室为水冷的不锈钢,流动的环己烷蒸汽由沉积室底部通入。碳毡由 PAN 基碳纤维制成,初始密度为 $0.4\sim 0.6~\mathrm{g\cdot cm^{-3}}$。碳毡被固定在钼棒或氧化铝棒上,相邻盘间隔 1 cm,利用导电的碳毡与感应线圈产生的电磁场产生交互作用进行加热。钼棒或氧化铝棒及其上的碳毡被悬挂于沉积室的顶部。为了减少辐射散热,顶部和底部的碳毡均用石墨纸保温。根据实验需要,选择适当的石英管置于感应线圈和碳毡之间作为前驱体的流动通道。利用插入碳毡中不同部位的 Pt-13%-Rh/Pt 热电偶和高温测温仪进行测温。沉积的工艺参数:功率为 $8.8\sim 13.2~\mathrm{kW}$,感应频率为 $4.9\sim 8.6~\mathrm{kHz}$,总压为 $2.66\sim 13.3~\mathrm{kPa}$,环己烷的流量为 $170\sim 540~\mathrm{mL\cdot min^{-1}}$。

沉积过程中致密化速率如图 4-13 所示。整个碳毡的密度从 $0.41~\mathrm{g\cdot cm^{-3}}$ 增至 $1.541~\mathrm{g\cdot cm^{-3}}$ 仅用 26 h。与等温工艺中的指数曲线相比,该热梯度工艺的密度-时间曲线为变化更快的 S 形曲线。通常,料柱的中部密度最大,主要是因为远离中部的碳毡的表面温度因辐射散热较大而低于中部。通过改善两端的保温措施和优化线圈的设计,可以减小不同试样的密度差异。而且,随着柱装碳毡量的增加,柱装两端的影响逐渐减小。在同一个试样内,从中心到外部的密度差为5%～8%。环己烷的利用率为20%～30%。并且,当所用的作为气流通道的石英管越长,前驱体的利用率越高。

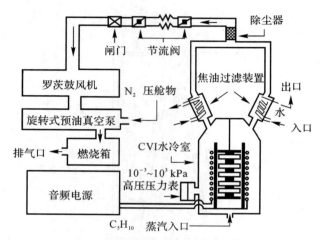

图4-12 感应加热热梯度化学气相渗透反应装置示意图

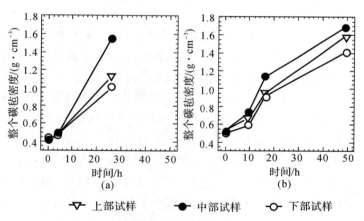

图4-13 TCVI制备碳/碳的密度-沉积时间曲线
(a) 不含石墨纸保温层; (b) 含石墨纸保温层

对$\phi 6.6$ mm×7.9 mm的试样进行压缩测试可得,随着密度的增加,压缩强度显著提高(见图4-14)。当密度为1.79 g·cm^{-3}时,压缩强度可以达到286 MPa。在一次沉积过程中,插入柱装中部的一个碳毡的三个不同的径向位置的热电偶所测得的温度的变化,如图4-15所示。图中显示:在沉积初始,碳毡的内部最热,随着时间的进行,三处温度逐渐升高,而碳毡内外的温度差则逐渐减小;沉积后期,碳毡内部的温度可达1 200 ℃,远高于传统的等温工艺所采用的温度。

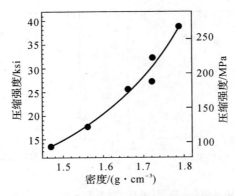

图 4-14 TCVI 制备碳/碳的压缩强度-密度曲线

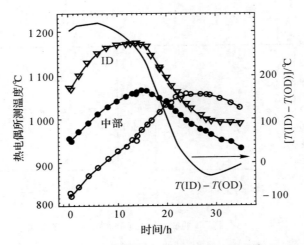

图 4-15 TCVI 过程中碳/碳径向三个位置随时间演变的温度变化

在沉积后期出现了表面封孔现象且有黄色蒸汽出现,而较短时间沉积时则不会出现这些现象。试样密度在径向和轴向的分布示于图 4-16～图 4-18 中。沉积 9 h 后,不论是径向还是轴向,试样的内部密度最大。同样的情况也出现在沉积 16.2 h 后的试样分析中,但是最大密度与最小密度相差仅有 10%。随着时间的推进,密度较小的区域会逐渐变得致密化。

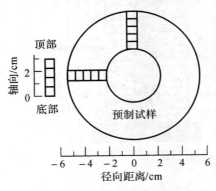

图 4-16 碳/碳密度测试试样选取示意图

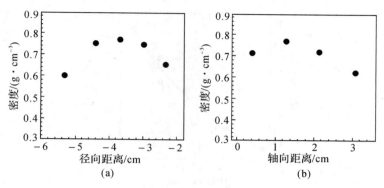

图 4-17　TCVI 的碳/碳密度分布(9 h 渗透)
(a)径向分布；　(b)轴向分布

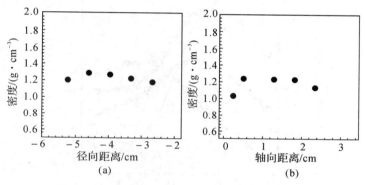

图 4-18　TCVI 的碳/碳密度分布(16.2 h 渗透)
(a)径向分布；　(b)轴向分布

西北工业大学对电阻加热的热梯度工艺进行进一步的研究,所采用的热梯度炉如图 4-19 所示。

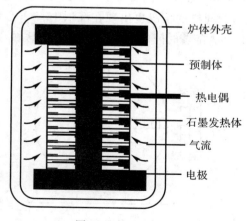

图 4-19　TCVI 炉

该热梯度炉一般采用石墨或金属钼、钨作发热体,发热体装夹在上、下两个石墨电极之间,通过低电压、大电流使发热体产生焦耳热,从而热解前驱体得到热解碳。热梯度炉的炉体外壳由循环水冷却,因此在热梯度炉中从发热体到炉壁之间存在温度梯度。热电偶插在预制体之中,可以沿径向移动。根据热电偶测得的温度值来调节变压器的输出功率,从而改变电极两端的电压,以保证热解沉积区域温度的稳定。在高温沉积区的预制体被热解碳沉积到所需密度后,将热电偶向外移动一个步进,设立下一个沉积层,如此直至整个预制体被全部沉积。随着沉积过程的进行,热解区被致密化后,形成了导热性和导电性良好的碳/碳复合材料,由于预制体碳毡与石墨和碳/碳复合材料相比,可近似看作电绝缘体处理,所以,每一新的沉积层将作为一个电阻元件与原发热体组成新的发热体,作为未致密化的外层碳毡的发热体,因而热梯度沉积炉的发热体的外径随着沉积过程的进行而逐渐增大。由于并联了一个新的电阻,根据并联电路原理,总电阻随着沉积过程的进行而逐渐减小。与此同时,由于具有保温作用的预制体外层碳毡变薄,热传递消耗热量增加以及热解区域的增加而导致热量消耗增加,为维持沉积区域温度的稳定,外加功率也应相应增加,如图4-20所示。

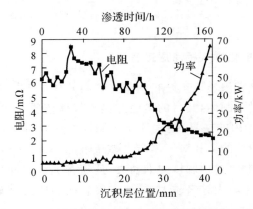

图4-20 沉积过程中电阻和功率随沉积时间的变化

对沉积过程中沿预制体径向沉积的热解碳的微观组织及密度进行研究,结果表明,当热电偶移至预制体(厚为40 mm)的3/4处时即停止沉积过程,取样检测,绘制出沿预制体径向的温度剖面组织及其密度分布图,如图4-21所示。由图可知,沉积炉沿预制体径向可划分为四个区域,即沉积完全的碳/碳复合材料区、高温沉积区、未沉积预制体区和自由流动气体区。图4-21显示,在沉积过程中,在较窄的区域内存在较大的温度梯度和密度梯度,相应地在该区域进行各种复杂的化学反应,复杂的传质和传热过程则在多孔预制体区进行。由于不同位置不同时间所发生的反应及其微观环境的不同,其组织结构也出现了较大的差异。在离石墨发热体最近的位置,所得组织为粗糙层;在离石墨发热体较近的位置,所得组织为光滑层和各向同性组织的复合组织;在较远处,各向同性组织消失,仅得到光滑层组织,再往外延伸是尚未沉积的区域。

就沉积过程的某一时刻而言,由于沿径向的不同位置的温度场的分布差异很大,进而对不同位置的沉积速率有较大的影响,沉积速率的差异必然导致前驱体气体裂解反应中的中间反应的差异。而中间产物又是沉积气体的重要组成部分,显著影响热解碳组织结构的形成。在沉积温度区间较高的温度有利于粗糙层的形成,而在沉积温度区间较低的温度下则比较容易获得光滑层组织。

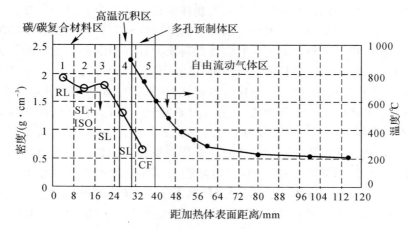

图 4-21 沿预制体径向的温度剖面组织及其密度分布图

4.2.6 等温压力梯度化学气相渗透工艺

等温压力梯度化学气相渗透工艺是在预制体的两侧建立起压差,使前驱气体和载气强制性地以对流的方式通过预制体,其目的是通过提高气体传质效率来提高沉积速率。该技术的关键在于设计 CVI 炉内的夹具,使气体从预制体的一侧流进,通过预制体内部从另外一侧流出。由于预制体内部的微孔对气体产生黏滞阻力,所以必须使预制体两侧具有一定的压差,才能提供气体强制流过预制体的推动力;且随着沉积的进行,预制体内部的孔隙越来越小,对气体产生的黏滞阻力越来越大,导致进气表面的压力逐渐上升,同时伴随着热解碳的沉积速率加快。

Shiushichi Kimura 等人曾用压力梯度 ICVI 法获得了具有不同结构的碳/碳复合材料。刘根山等人探索了采用压力梯度 ICVI 法制备飞机碳/碳复合刹车材料的工艺。为比较传统的等温法和压差法工艺,采用相同的气体流量、炉温和炉压,分别进行了大、小样件的两种 CVI 工艺对比试验,结果见表 4-1。由表可见,传统的 ICVI 工艺中,大、小样件都出现表面碳涂层和碳黑结构,前者造成表里密度不均,后者使最终密度减小而导致机械性能下降。

表 4-1 等温法和压差法 CVI 工艺性能对比

工艺类别		沉积时间/h	ρ(最终)/(g·cm^{-3})	有无涂层	沉积是否均匀	有无碳黑结构	可否再增密
等温法	小样	900	1.6	有	不均匀	有	否
	大样	1 500	1.4	有	极不均匀	有	否
等压法	小样	700	1.7	无	均匀	无	可
	大样	900	1.7	无	均匀	无	可

沉积温度、炉压和气体流量对压力梯度 ICVI 沉积的影响见表 4-2。显然,提高炉压和

流量较提高温度有更好的沉积效果。在同样的沉积温度下,炉压和流量的影响见表4-3。可见,加大沉积气体流量是提高沉积速率的有效途径。最终,经过工艺优化,刘根山等人采用压力梯度ICVI制备出密度为1.7 g·cm^{-3}的碳/碳刹车盘,沉积时间从原来采用传统ICVI的1 500 h缩短到900 h。

表4-2 炉温、炉压和气体流量对压力梯度ICVI沉积的影响表

试样号	炉温/℃	炉压/Pa	流量/(L·h^{-1})	时间/h	沉积碳密度/(g·cm^{-3})
1	<900	8 000	1	700	1.01
2	>900	133	1/2	800	0.80

表4-3 沉积温度不变的条件下炉压和流量对压力梯度ICVI沉积的影响

试样号	炉压/Pa	流量	沉积时间/h	样件密度/(g·cm^{-3})
1	大	小	1 500	1.70
2	小	大	700	1.70

Mark J. Purdy等人发明了一种压力梯度ICVI装置用来大批量制备飞机碳/碳刹车盘。图4-22反映了不同工艺条件制备刹车盘时沉积时间与密度之间的关系。编号516的曲线代表传统的ICVI工艺,编号518、520、522、524的曲线均代表压力梯度ICVI工艺,不同的编号代表使用的垫片不同。容易看出,相比于传统的ICVI工艺,压力梯度ICVI的致密化速率提升了1~5倍。

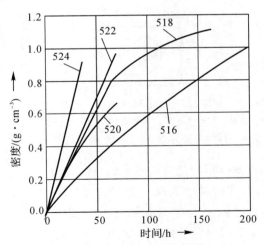

图4-22 不同工艺条件下沉积时间与密度的关系

4.2.7 脉冲化学气相渗透工艺

脉冲化学气相渗透工艺是对ICVI的传质进行了改进的一种工艺。该工艺利用脉冲阀控制,使沉积室内被循环地充气和抽真空。在实际沉积过程中,当抽真空时,预制体内部沉

积反应后生成的副产品气体能够被及时地抽出;当充气时,新鲜的碳氢前驱气体能够快速、顺利地渗透至预制体内部深处的孔隙。与 ICVI 工艺相比,该工艺使得前驱气体在预制体内部的渗透深度更深,传质速度更快,有利于制备密度均匀性好的碳/碳复合材料。尤其在碳/碳复合材料的后期致密化阶段,采用该工艺可以获得更加明显的效果。但是,该工艺对快速脉冲控制系统的要求较高,前驱气体的利用率较低,因此在工业生产中一直未能得到很好的应用。

早期人们用脉冲法对石墨进行致密化,制备不透气石墨,为解决均热法容易堵孔、周期长的不足提供了一种可行的方法。后来将其运用在 CVI 工艺中,增强了渗透,缩短了周期。Dupel 等人研究了温度、压力、滞留时间以及气体前驱体种类等工艺参数对 PCVI 法沉积热解碳的影响。其采用的装置如图 4-23 所示。

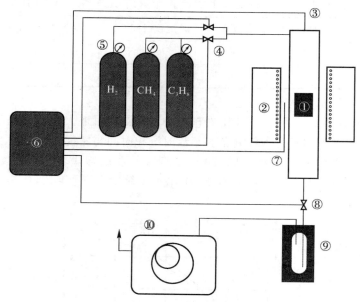

1—基体; 2—炉体; 3—压力感应器; 4—气体喷射阀; 5—气源;
6—自动控制器; 7—热电偶; 8—截止阀; 9—液氮阱; 10—真空泵
图 4-23 用于 PCVI 法沉积热解碳的装置示意图

一定压力的前驱气体(此处指的是丙烷或甲烷)被储存在钢瓶里,一旦气动阀开启,前驱气体大约在 0.1 s 的时间内即可被注入反应室,通过气动阀的周期性开启制造脉冲气流。沉积室通过一个垂直的铬镍铁合金电阻管加热。温度由热电偶监测,等温区直径为 27 mm,高为 50 mm。反应室中的混合气体经由液氮阱被真空泵抽走。自动控制装置能够控制阀门的开启和关闭,以及脉冲循环的次数。图 4-24 是一个典型的循环过程。

以纯丙烷作为前驱体,$p=3$ kPa,$T=950$ ℃和 1 050 ℃时,不同气体产物浓度与滞留时间 t_R 的关系如图 4-25 所示。容易看出,随着 t_R 的延长,C_3H_8 浓度减小,CH_4 和 H_2 浓度增加。随着 t_R 的进一步延长,这些气体浓度变化越来越趋于平稳,当 t_R 超过某一阈值时,可以达到一种稳定状态。当温度为 950 ℃时,阈值大约是 30 s;当温度为 1 050 ℃时,阈值大约是 15 s。此外,还可以探测到少量的 C_6H_6,但和其他气体产物相比,其含量非常少。

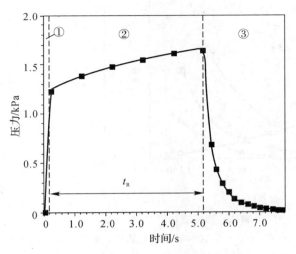

1—引入(0.2 s); 2—沉积(5 s); 3—气体排空(2.5 s)
图 4-24 滞留时间(t_R)为 5 s 时的一个循环过程

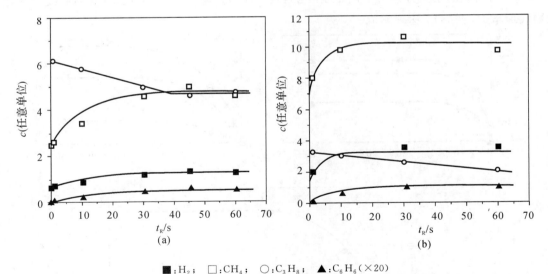

■:H_2; □:CH_4; ○:C_3H_8; ▲:C_6H_6(×20)
图 4-25 压力 $p=3$ kPa 时,不同气体产物浓度与滞留时间的关系
(a)$T=950$ ℃; (b)$T=1\,050$ ℃

温度对不同气体产物浓度的影响如图 4-26 所示(此时 $t_R=10$ s,前驱体为丙烷时 $p=3$ kPa,前驱体为甲烷时 $p=10$ kPa)。当以 C_3H_8 为前驱体时,随着温度的升高,C_3H_8 被越来越多地消耗,导致 CH_4 和 H_2 含量的增加以及 C_6H_6 的减少。当 CH_4 作为前驱体时,其浓度也会降低,但并未探测到其他的气体。

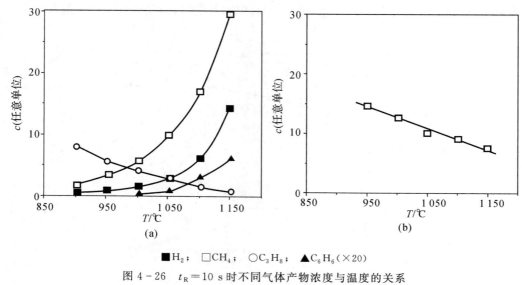

■ H_2; □ CH_4; ○ C_3H_8; ▲ C_6H_6(×20)

图 4-26 t_R = 10 s 时不同气体产物浓度与温度的关系

(a) $p(C_3H_8)$ = 3 kPa; (b) $p(CH_4)$ = 10 kPa

图 4-27 所示为一次脉冲循环沉积的热解碳层厚度与滞留时间的关系(此时的温度为 1 050 ℃,丙烷的压力分别为 1 kPa、3 kPa 和 10 kPa)。随着 t_R 的延长,所有的曲线都呈抛物线形增加,直至 t_R 达到阈值。

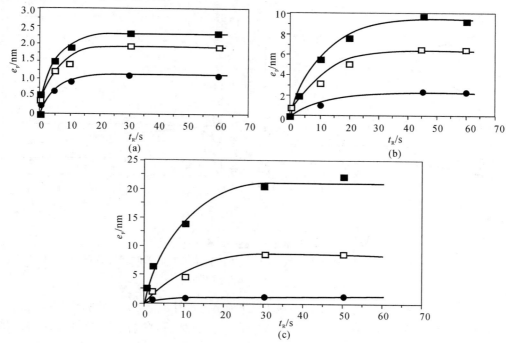

■:外表面; □ 高度为 320 μm 的孔中心; ● 高度为 60 μm 的孔中心

图 4-27 每一个脉冲循环沉积厚度随滞留时间的变化规律

(a) 丙烷压力为 1 kPa; (b) 丙烷压力为 3 kPa; (c) 丙烷压力为 10 kPa

4.2.8 强制流动热梯度化学气相渗透工艺

强制流动热梯度化学气相渗透工艺(FCVI)是美国橡树岭国家实验室在20世纪80年代发明的一种化学气相渗透工艺,最初用于制备陶瓷基复合材料,后来佐治亚理工大学的研究人员将该技术应用于制备碳/碳复合材料。该工艺是在TCVI的基础上增加了前驱气体的强制定向流动,综合了TCVI与等温压力梯度化学气相渗透工艺的优点。沉积碳/碳复合材料时,前驱气体在压力梯度的推动下由预制体的低温面向高温面流动,极大地提高了前驱气体在预制体内部的传输速率,同时提高了沉积效率。佐治亚理工大学的Vaidyaraman等人采用该工艺对碳布叠层预制体进行了致密化,在 $8\sim12$ h 内制备出的碳/碳复合材料密度达到 1.70 g·cm^{-3},且密度比较均匀,充分展示了该工艺的潜力。国内西北工业大学对该工艺进行了跟踪和改进,提出了限域变温压差CVI工艺,取得了较好的致密化效果。然而,该工艺对设备要求较高,目前还只能实现对单件简单形状预制体的致密化,单位制品耗能较大,因此还处于实验室研究阶段。

图 4-28 所示是 Vaidyaraman 等人所使用的 FCVI 装置示意图。FCVI过程中,在预制体上施加大约 $200\sim500$ ℃ 的温度梯度,反应气体被强制从预制体的冷端流向热端。在理想状况下,这种设计可以获得一个均匀沉积的碳/碳复合材料。通过调整气体浓度以及温度,例如,在冷端较高的气体浓度可以弥补低温,而在热端较低的浓度可以补偿较高的温度,从而实现均匀的沉积速率。与等温工艺相比,这种工艺允许预制体在更高的温度下沉积,从而可以显著减少致密化时间。因此,这就使得FCVI工艺在致密化工艺的选择上具有更大的灵活性,它不会像等温工艺一样必须使用低温、低压以及低气体浓度等,而是可以在较宽的范围内选择工艺条件以获得所需微观结构和性能的材料。

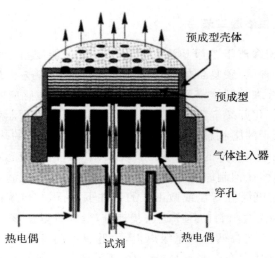

图 4-28 FCVI装置示意图

反应气体的种类(气源)对FCVI工艺制备碳/碳复合材料的影响至关重要。选择气源的标准主要是渗透时间、制备复合材料的孔隙率、致密化的均匀性。最合适的气源应该可以在最短的时间内制备均匀致密的复合材料。由于预制体影响温度分布,所以预制体类型的选择对于不同反应气源的选择至关重要。一般来说,预制体的温度必须足够高,足以热解气源并沉积固体碳,进而可以有效致密化碳/碳复合材料。

图4-29所示为两种不同高度类型装置内预制体底部和顶部温度的关系。从图中可以看出,对于类型3和类型2装置,预制体顶部和底部的温度差异分别为250℃和350℃。可以看到,温度梯度依赖于预制体底部的温度。

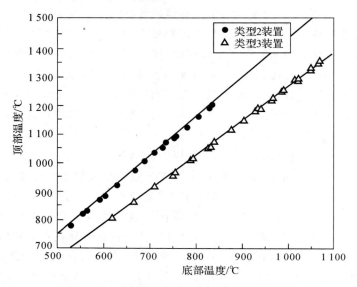

图4-29 两种预制体底部和顶部温度关系图

4.2.9 化学液气相渗透工艺

薄膜沸腾化学气相渗透工艺(FBCVI)是由法国原子能委员会的Houdayer等人于20世纪80年代发明的一种碳/碳复合材料快速致密化技术。该技术不同于其他CVI工艺的一个显著特点是将碳纤维预制体置于液态前驱体中,通过电磁感应的方式加热预制体,使前驱体进入预制体内部气化并裂解沉积热解碳。当沉积时,由于预制体始终浸泡于液态前驱体内,在高温下液体处于沸腾状态,通过对流换热可以散失大量的热,使预制体内部产生很大的热梯度,有效避免了预制体的表面"结壳"现象;另外,由于液态前驱体剧烈沸腾且直接接触预制体,所以前驱体在预制体内的传输路径较短,传输速率高,从而大幅提高了该工艺的致密化速率。该工艺通常在常压或微正压的条件下进行,与传统的低压ICVI工艺相比,FBCVI工艺沉积碳/碳复合材料的速率进一步提升,最终可以使该工艺致密化碳/碳复合材料的速率比传统ICVI工艺高两个数量级以上,为低成本制备碳/碳复合材料提供了一条新途径。尽管该工艺目前还存在一些不足,比如由于沸腾的液态前驱体散失了很大的热能,使得在制备大尺寸碳/碳复合材料时需要较大的功率,多用来沉积单件产品,而且制品内部还存在一定的密度梯度,但是其仍然显示出了应用的潜力。目前国内也对该工艺进行跟踪研究,并且已经开始向批量制备大尺寸碳/碳复合材料的方向进行了尝试。

图4-30为传统FBCVI的装置示意图,其主要由反应容器、加热系统、冷凝排气系统、进料系统、测温及保护系统等组成。该技术是将预制体包裹在发热体表面后浸泡于盛有液态烃前驱体的反应容器,利用感应或电阻加热的方式使前驱体沸腾,沸腾汽化产生的热损失使预制体外表面维持在前驱体沸点温度,靠近发热体的内表面温度较高,从而在预制体内部产生较大的热梯度,热解碳只能在很窄的高温前沿沉积。随着沉积的进行,沉积前沿逐渐向外推移而最终完成预制体的致密化。

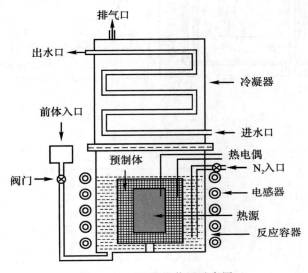

图4-30 FBCVI装置示意图

将FBCVI与ICVI技术(其工艺对比见图4-31)对比,二者的差异主要有:

1)加热方式不同。前者属于"冷壁"结构,预制体内部存在较大的热梯度;后者属于"热壁"结构,热梯度极小甚至无热梯度。

2)前驱体类型不同。前者是含碳量较高的液态烃,如环己烷、煤油或甲苯等;后者是小相对分子质量气态烃,如甲烷、乙炔、丙烯等。

3)热量和质量传输方式不同。前者的热量由内向外传输,前驱体由外向内传输;后者的热量和前驱体均由外向内传输。

4)沉积前沿移动方向不同。前者的沉积前沿由内向外移动,后者的沉积前沿由外向内移动。

近年来,世界多国在分析前驱体热解化学和热解碳沉积动力学的基础上,研究了FBCVI工艺参数(沉积温度、压力、发热体及预制体结构等)对碳/碳复合材料致密化特性的影响。在这些参数中,沉积温度直接决定了前驱体的热解沉碳速率。低沉积温度下前驱体的热解缓慢,热解碳的沉积速率较低,只有当温度超过一定值时,热解碳才能快速沉积;但过高的沉积温度又使预制体内温度分布的不均匀性增加,材料的致密化过程受到影响。在提高沉积温度的同时,增大前驱体的压力,可以显著提高热解碳的沉积速率和材料的致密化均匀性,但是反应容器及实验的安全性不容忽视。温度和压力对碳/碳复合材料致密化速率的影响如图4-32所示。

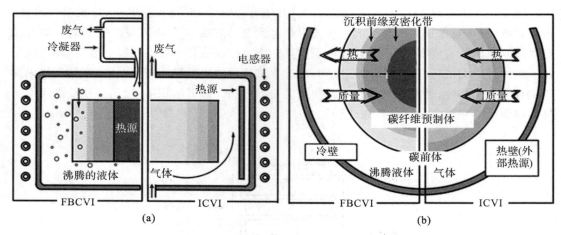

图 4-31 FBCVI 与 ICVI 工艺对比示意图
(a)主视图； (b)俯视图

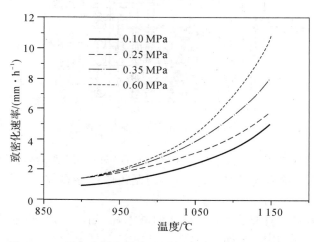

图 4-32 温度和压力对碳/碳复合材料致密化速率的影响

FBCVI 技术虽然能够大幅度提高碳/碳复合材料的致密化速率及前驱体的利用率,但是前驱体沸腾汽化要吸收大量的热能,加上其他各种能量损失,电源输入功率的使用效率只有 10% 左右,从而限制了该材料成本的进一步降低。此外,在前驱体沸腾及汽化吸热影响下,致密化末期预制体外侧的实际温度偏低,热梯度也会引起前驱体浓度分布的不均,严重影响材料密度及基体显微结构的均匀性。沉积前沿前驱体的热解沉碳反应与热量和质量传输之间的平衡直接控制着碳/碳复合材料的致密化进程,解决上述问题的关键在于改善预制体内特别是沉积前沿的热量和质量传输,目前实施的方法主要为调整发热体及预制体的结构。

在发热体结构改进方面,采用双发热体加热的方法[见图 4-33(a)],在预制体内部形成两个热梯度及相向移动的沉积前沿,既能提高材料的致密化速率,又能改善其致密化均匀性。然而,沉积前沿存在着化学反应与热量和质量传输之间的竞争,当两个相向移动的沉积前沿发生交汇时,预制体内的热梯度消失,前驱体的传输难度增大,特别是在沉积温度超过1 100 ℃后,可能造成两个沉积前沿交汇区的致密化受阻。将ICVI及传统FBCVI技术的优势相结合,应用汽化的液态烃前驱体与热梯度耦合的方法,可以解决远离发热体处预制体致密化不充分的问题,在制备大尺寸碳/碳复合材料方面取得了较好的实验效果。

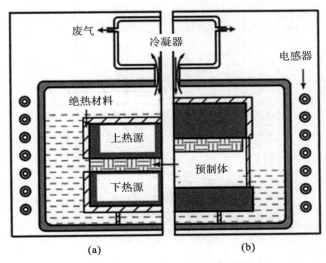

图 4-33 改进的 FBCVI 工艺示意图
(a) 双发热体加热; (b) 预制体结构改进

在预制体结构改进[见图 4-33(b)]方面,最原始的方法是在预制体外缠绕一层多孔隔热材料,以减少致密化过程中的热量损失,保证预制体边缘能够达到热解碳沉积所需的温度,以达到材料充分致密化的目的。但此方法,浪费保温材料,包裹或去除保温材料又增加了工艺时间和成本。在预制体外包裹聚四氟乙烯薄膜,前驱体的传输效率降低,发热体与前驱体的热量交换减少,不仅提高了电源的使用效率,而且能改善材料的致密化均匀性。此外,将石墨、钼、钨等能够感应发热的薄片植入预制体,既能增加发热量,提高升温速率,又可在预制体内形成多个热梯度和沉积前沿以促进热解碳的快速沉积,但致密化的均匀性可能会受到影响,并且植入的发热薄片取出困难。

考虑到一些异构体的存在,前驱体的碳原子数以 6~8 个为好。国外所用的前驱体主要集中在环己烷上,而国内主要采用煤油作为前驱体。近年来随着对前驱体研究的逐渐深入,苯、甲苯、二甲苯或其混合物也已经成为前驱体研究的对象。法国原子能协会的研究人员研究了不同前驱体及温度对致密化速率的影响,在 1 000~1 300 ℃ 温度范围内前驱体对致密化速率的影响依次为 $C_6H_5Cl > C_6H_5CH_3 \geqslant C_6H_6 > C_6H_{12}$(见图 4-34),他们还发现随着芳香族化合物特别是氯素的引入,前驱体中碳的利用率提高,从而促进了热解碳在预制体中的沉积。基于在CVI反应中过渡金属颗粒能够促进碳晶核的形成,显著降低碳氢化合物裂解温度,提高热解碳的沉积速率,Okuno 等人在前驱体环己烷中加入催化剂二茂铁后提高了碳的沉积速率,并发现催化剂的存在改变了碳沉积机制和材料的组织结构。

含有多碳原子的液态烃都具有不同程度的毒性,国内航天四院43所、华东理工大学、湖南大学以及西安交通大学主要采用毒性较小的煤油来制备碳/碳复合材料,其特点是来源丰富、价格便宜以及对人体有害物质少。但是,煤油成分复杂,沸点偏高,与纯组分的液态烃相比,其裂解成碳的过程复杂。通过对煤油裂解后的回收物进行成分分析发现,在950 ℃下裂解的煤油沉积回收物中化合物碳原子数偏大,出现了少量的萘、蒽、菲等晶体,烯烃成分相对集中。

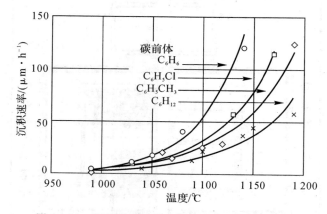

图 4-34 沉积温度和前驱体对致密化速率的影响

复合材料制备过程动力学的研究,也是其工艺发展的一部分。法国 E. Bruneton 等人借助一定的方法研究了致密化过程中温度梯度的变化,如图 4-35 所示。图中显示了 1 000 ℃下致密化厚度为 2 mm 的预制体 80 min 的温度变化过程。为了研究致密化动力学和温度对致密化工艺的影响,测量了不同温度下随致密化时间延长预制体质量的增加,同时将发热体的温度到达指定温度的时间作为 $t=0$ s。由于加热速率很高,所以这种近似是可靠的。通常质量增加为 25 g。记录的数据如图 4-36 所示。在 900~1 200 ℃温度区间,质量随时间延长呈线性增加。依据曲线的斜率,计算不同温度的致密化速率(见表 4-1),由此推知致密化速率随温度升高呈指数变化。通过计算可得活化能为 $E_a=222$ kJ·mol^{-1}。当以环己烷作为气体前驱体制备碳材料时,这个值与 Tesner 和 Echeistova 计算的 E_a($E_a=230$ kJ·mol^{-1})相近。由于活化能高,所以制备碳材料的动力学仅仅依赖于化学反应,即反应物的扩散并不会限制致密化的动力。

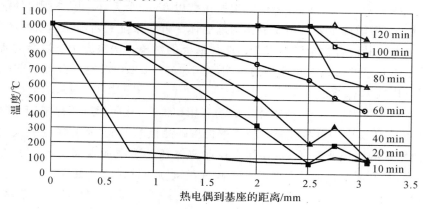

图 4-35 致密化不同时间预制体不同位置的温度变化

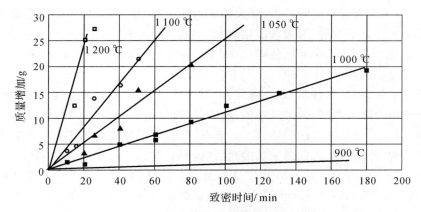

图 4-36 不同温度下试样质量的增加量随致密化时间的变化

表 4-1 不同沉积温度下的致密化速率

温度/℃	900	1 000	1 050	1 100	1 200
致密化速率/(g·min^{-1})	0.02	0.10	0.25	0.45	1.25

西北工业大学以二甲苯作为前驱体,研究了不同温度对致密化过程的影响。如图 4-37 所示,在致密化初始 8 h,复合材料的相对质量增加随着致密化温度的升高而增加。8 h 后质量缓慢增加,逐渐趋于常数,且沉积速率随着沉积温度的升高而减小。这是因为热解碳的沉积是表面均相反应和气相多相反应竞争的结果,升高温度更有益于二甲苯的分解和增大气相中大环芳香烃的比例,增大了热解碳的初始沉积速度,使多孔预制体易于被大量的热解碳填充,后期的沉积速率减小。

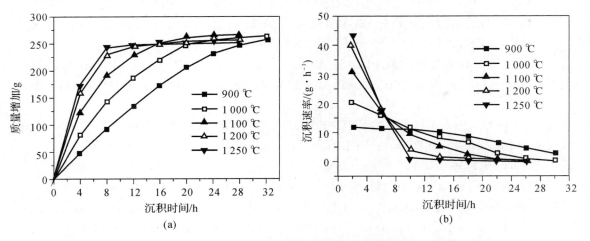

图 4-37 不同沉积温度下碳/碳复合材料致密化效率随沉积时间的变化
(a)材料增重;(b)热解碳沉积速率

综上所述,FBCVI 技术作为制备碳/碳复合材料的一种快速致密化工艺,有着广阔的应用前景,是一项非常具有前途的技术,能大幅度缩短沉积时间和降低成本。尽管人们近些年不断对这种工艺进行了改进(如加入催化剂、施加压力等),但仅限于实验室阶段,距产业化进程还相差很远。美国 Textron 公司已采用这种工艺成功制备出碳/碳刹车盘,密度达 1.85 g/cm^3 以上。

  经过几十年的研究,多种制备碳/碳复合材料的工艺技术被相继开发出来。高压浸渍碳化工艺通常被用于制备高密度、耐烧蚀的碳/碳复合材料,而 CVI 工艺仍然是对力学性能要求较高的碳/碳复合材料的首选制备技术。碳/碳复合材料较高的制备成本是限制该材料广泛应用及推广的主要因素,因此进一步提高碳/碳复合材料的致密化速率,降低制备成本,是工艺发展的一个重要方向。对于等温 CVI 而言,缩短沉积周期和增大装载量是其主要发展方向;对于热梯度 CVI,需要进一步研究如何控制热解碳的微观结构均匀性、制备复杂形状构件和降低热应力对材料性能的影响;其他 CVI 工艺,如压力梯度 CVI、FCVI 和 CLVI 等工艺,则需要从实验室研究过渡到工程应用阶段。催化 CVI 在碳/碳复合材料中引入了纳米增强相,提升了材料的力学性能,成为近几年 CVI 工艺研究的一个热点。对烃类前驱体的高温热解过程、在多孔预制体内的传输过程、热解碳的沉积机理和织构形成机理的研究将仍然是 CVI 研究的重要方向,另外计算机模拟仿真技术也在 CVI 工艺优化过程中显示了越来越重要的作用。

参 考 文 献

[1] HOUDAYER M, SPITZ J, TRAN - VAN D. Process for the Densification of a Porous Structure:US 4472454[P]. 1984 - 09 - 18.

[2] THURSTON G S, SUPLINSKAS R J, CARROLL T J, et al. Apparatus for Densification of Porous Billets:US 5389152[P]. 1995 - 02 - 14.

[3] CARROLL T J, JR D F, SUPLINSKAS R J, et al. Method of Densifying Porous Billets:US 5397595[P]. 1995 - 03 - 14.

[4] THURSTON G S, SUPLINSKAS R J, CARROLL T J, et al. Method and Apparatus for Densification of Porous Billets:European 0592239 A2[P]. 1993 - 10 - 06.

[5] SCARINGELLA D T, CONNORS D E, THURSTON G S. Method for Densifying and Refurbishing Brakes:US 5547717[P]. 1996 - 08 - 20.

[6] THURSTON G S, SUPLINSKAS R J, CARROLL T J, et al. Method for Densification of Porous Billets:US 5733611[P]. 1998 - 03 - 31.

[7] BRUNETON E, NANCY B, OBERLIN A. Carbon/carbon composites prepared by a rapid densification process Ⅰ:synthesis and physico-chemical date[J]. Carbon, 1997, 35 (10/11):1593 - 1598

[8] BRUNETON E, NANCY B, OBERLIN A. Carbon/carbon composites prepared by a rapid densification process Ⅱ:structural and textural characterizations [J]. Carbon, 1997, 35(10/11):1598 - 1611.

[9] DELHAES P. Chemical vapor deposition and infiltration of carbon materials[J]. Carbon, 2002, 40(5):641-657.

[10] ROVILLAIN D, TRINQUECOSTE M, BRUNETON E, et al. Film boiling chemical vapor infiltration: an experimental study on carbon/carbon composite materials[J]. Carbon, 2001, 39(9):1355-1365.

[11] DELHAES, M. TRINQUECOSTE, J F. LINES, et al. Chemical vapor infiltration of C/C composites: fast densification processes and matrix characterizations[J]. Carbon, 2005, 43(4):681-691.

[12] HÜTTINGER K J, ROSENBLATT U. Pressure effects on the yield and on the microstructure formation in the pyrolysis of coal tar and petroleum pitches[J]. Carbon, 1977, 15:69-74.

[13] HOSOMURA T, OKAMOTO H. Effects of pressure carbonization in the C-C composite process[J]. Materials Science & Engineering A, 1991, 143:223-229.

[14] RELLICK G. Densification efficiency of carbon-carbon composites[J]. Carbon, 1990, 28(90):589-594.

[15] GRANDA M, PATRICK J W, WALKER A, et al. Densification of unidirectional C/C composites by melted pitch impregnation[J]. Carbon, 1998, 36:943-952.

[16] 孙乐民,李贺军,张教强,等. 沥青基碳/碳复合材料压力浸渍-碳化机理分析. 西北工业大学学报, 2001, 19(1):88-92.

[17] 张晓虎,霍肖旭,马伯信. 一种快速制备碳/碳材料方法的探索研究[J]. 宇航材料工艺, 2000(1):27-29.

[18] JIANG M, FEDOROW A, LACKEY W J. Liquid reagent CVD of carbon: II: kinetic experiments and heat and mass transport analysis[J]. Carbon, 2004, 42(10):1901-1906.

[19] BEAUGRAND S, DAVID P, BRUNETON E, et al. Elaboration of carbon-carbon composites by rapid densification process under pressure [C]//Abstracts and Programme Oral Presentations, 1st World Conferrence on Carbon, Berlin, 2000, 207-208.

[20] 孙万昌,李贺军,黄勇,等. 化学液相气化渗透沉积过程特征. 稀有金属材料与工程, 2005, 34(S1):504-507

[21] VIGNOLES G L, GOYHÉNÈCHE G M, SÉBASTIAN P, et al. The film boiling densification process for C/C composite fabrication: from local scale to overall optimization[J]. Chemical Engineering Science, 2006, 61(17):5636-5653.

[22] NADEAU N, VIGNOLES G L, BRAUNER C M. Analytical and numerical study of the densification of carbon/carbon composites by a film boiling chemical vapor infiltration process[J]. Chemical Engineering Science, 2006, 61(22):7509-7527.

[23] VIGNOLES G L, DUCLOUS R, GAILLARD S. Analytical stability study of the densification front in carbon- or ceramic-matrix composites processing by TG-CVI

[J]. Chemical Engineering Science,2007,62(22):6081-6089.

[24] WANG J P, QIAN J M, QIAO G J, et al. A rapid fabrication of C/C composites by a thermal gradient chemical vapor infiltration method with vaporized kerosene as a precursor[J]. Materials Chemistry Physics,2007,101(1):7-11.

[25] 王继平,金志浩,乔冠军. 一种快速制备碳碳复合材料的方法:ZL 200510042945.0[P]. 2006-02-22.

[26] WANG J P, QIAN J M, JIN Z H, et al. Microstructure of C/C composites prepared by chemical vapor infiltration method with vaporized kerosene as a Precursor. Materials Science and Engineering A,2006,419(1/2):162-167.

[27] WU X W, LUO R Y, ZHANG J C, et al. Deposition mechanism and microstructure of pyrocarbon prepared by chemical vapor infiltration with kerosene as precursor[J]. Carbon,2009,47(6):1429-1435.

[28] WU X W, LUO R Y, ZHANG J C, et al. Kinetics of thermal gradient chemical vapor infiltration of large-size carbon/carbon composites with vaporized kerosene[J]. Materials Chemistry and Physics,2009,113(2/3):616-621.

[29] DELHAÈS P, TRINQUECOSTE M, DERRÉA, et al. Film boiling chemical vapor infiltration of C/C Composites, influence of mass and thermal transfers[J]. Carbon Science,2003,4(4):1-11.

[30] CONNORS D F. Method for Densifying the Edges and Surfaces of a Preform Using a Liquid Precursor:US 5981002[P]. 1999-09-09.

[31] FISHER R, WILLIAMS K. Densification of Porous Structure:US 6180223[P]. 2001-01-30.

[32] 嵇阿琳,马伯信,霍肖旭,等. CLVD 法制备 2D-碳/碳复合材料[J]. 新型炭材料,2000,15(1):35-39.

[33] OKUNO. H, Trinquecoste M, Monthioux M, et al. Catalytic effects on carbon/carbon composites fabricated by a film boiling chemical vapor infiltration process [J]. J. Mater. Res.,2002,17(8):1904-1913.

[34] 王兰英. 碳/碳复合材料的 CLVI-碳/碳复合材料的制备、组织及性能的研究[D]. 西安:西北工业大学,2005.

[35] HU Z J, KIAUS J. Chemical vapor infictration of carbon-revised:part Ⅱ:experimental results[J]. Carbon,2001,39(7):1023-1032.

[36] HU Z J, KIAUS J. Chemistry and kinetics of chemical vapor depositon of pyrocarbon:Ⅷ:carbon deposition from methane at low pressures[J]. Carbon,2001,39(3):433-441.

[37] DENG H L, LI K Z, LI H J. Densification behavior and microstructure of carbon/carbon composites prepared by chemical vapor infiltration from xylene at temperatures between 900 and 1250 ℃[J]. Carbon,2011,49:2561-2570.

[38] FITZER E, MANOCHA L M. Carbon Reinforcements and Carbon/Carbon

Composites [M]. Berlin:Springer, 1998.

[39] SAVAGE G. Carbon-Carbon Composites [M]. London:Chapman & Hall, 1993.

[40] GOLECKI I, MORRIS RC, NARASIMHAN D, et al. Rapid densification of porous carbon-carbon composites by thermal gradient chemical vapor infiltration [J]. Applied Physics Letters, 1995,66(18):2334-2336.

[41] KOTLENSKY W V. Chemistry and Physics of Carbon [M]. New York:Marcel Dekker, 1973.

[42] GOLECKI I. Rapid vapor-phase densification of refractory composites [J]. Materials Science and Engineering R, 1997,20(2):37-124.

[43] VAIDYARAMAN S, LACKEY W J, AGRAWAL P K, et al. Carbon/carbon processing by forced flow-thermal gradient chemical vapor infiltration using propylene [J]. Carbon, 1996,34(3):347-362.

[44] VAIDYARAMAN S, LACKEY W J, AGRAWAL P K. Carbon/carbon processing by forced flow-thermal gradient chemical vapor infiltration (FCVI) using propane [J]. Carbon, 1996,34(5):609-617.

[45] 张伟刚. 化学气相沉积:从烃类气体到固体碳 [M]. 北京:科学出版社, 2007.

[46] HÜTTINGER K J. CVD in hot wall reactors: the interaction between homogeneous gas-phase and heterogeneous surface reactions [J]. Chemical Vapor Deposition, 1998,4(4):151-158.

[47] ZHANG W G, HÜTTINGER K J. Densification of a 2D carbon fiber preform by isothermal, isobaric CVI:kinetics and carbon microstructure [J]. Carbon, 2003,41(12):2325-2337.

[48] GUELLALI M, OBERACKER R, HOFFMANN M J, et al. Textures of pyrolytic carbon formed in the chemical vapor infiltration of capillaries [J]. Carbon, 2003,41(1):97-104.

[49] SONG Q, LI K Z, LI H J, et al. Grafting straight carbon nanotubes radially onto carbon fibers and their effect on the mechanical properties of carbon/carbon composites [J]. Carbon, 2012,50(10):3949-3952.

[50] KIMURA S, YASUDA E, TAKASE N, et al. Fracture behavior of carbon-fiber/CVD carbon composites [J]. High Temperatures-High Pressures, 1981, 13:193-199.

[51] 刘根山, 曲德全, 樊万贤. 飞机碳/碳复合刹车材料制备工艺[J]. 航空精密制造技术, 1992(6):16.

[52] PURDY M, RUDOLPH J, BOK L. Pressure gradient CVI/CVD apparatus, process and product:EP0792384A1 [P]. 1997-05-06.

[53] RONALD L. BEATTY, DALE V. Kiplinger [J]. Nucl. Technol., 1970, 8:488-495.

[54] DUPEL P, PAILLER R, LANGLAIS F. Pulse chemical vapour deposition and

infiltration of pyrocarbon in model pores with rectangular cross-sections: part Ⅰ: study of the pulsed process of deposition[J]. Journal of Materials Science, 1994, 29:1341-1347.

[55] DUPEL P, PAILLER R, BOURRAT X, et al. Pulse chemical vapour deposition and infiltration of pyrocarbon in model pores with rectangular cross-sections: part Ⅱ: study of the infiltration[J]. Journal of Materials Science, 1994, 29(4): 1056-1066.

[56] 宋强. 原位生长 CNT 掺杂碳/碳复合材料的组织和力学性能[D]. 西安:西北工业大学, 2014.

第 5 章 碳基复合材料的力学性能

碳基复合材料的力学性能对于其应用具有重要的价值。碳/碳复合材料作为高温结构材料,最能体现其力学性能的指标是断裂强度和断裂模量。影响碳/碳复合材料力学性能的因素有很多,主要有碳纤维的种类、预制体的空间结构、碳基体的种类和结构以及碳纤维/碳基体界面结合状态。对于不同的碳/碳复合材料制件,可根据其服役期间所承受的载荷不同进行材料的结构设计,以更好地发挥出复合材料的性能。比如,可以通过选择合适的纤维预制体编排以及合理的制备工艺来控制碳基体的结构,从而达到控制材料力学性能的目的。最终可以将结构设计、材料选择、工艺选取有机地统一起来。

5.1 碳纤维预制体种类及其对力学性能的影响

碳纤维作为碳/碳复合材料的主要增强体,其种类、体积分数以及编织排布方式显著影响着复合材料的力学、热物理、烧蚀、摩擦磨损等性能。碳纤维是一种碳含量在 95% 以上的高强度、高模量的纤维材料,由片状石墨微晶沿纤维轴向方向堆砌而成,一般利用高分子有机纤维前驱体通过碳化和石墨化过程制得,具有轴向强度和模量高、密度小、热膨胀系数较小、耐腐蚀,以及导电、导热、传热、减震和降噪良好等一系列优异的性能。在 2 000 ℃ 以上的高温惰性气氛环境中,碳纤维是唯一强度不降低的纤维材料。碳纤维拥有这些优异性能,是先进复合材料最重要的增强材料,成为航空、航天、国防高技术和新一代武器装备发展的基础。无论是为了减轻武器装备的结构质量而采用的碳纤维增强树脂基复合材料,还是为了满足战略核武器载入而采用的碳/碳复合材料,碳纤维都是不可替代的增强材料。

碳纤维按其前驱体的种类可以分为黏胶(Rayon)基碳纤维、聚丙烯腈(PAN)基碳纤维、沥青(Pitch)基碳纤维、酚醛基碳纤维以及气相生长碳纤维。但到目前为止,能用于工业化规模生产的仅有 Rayon 基碳纤维、PAN 基碳纤维和 Pitch 基碳纤维三种。其中,Rayon 基碳纤维最早被美国广泛用于制备碳/碳复合材料,将其使用在航天飞机的机翼前缘和鼻锥上。然而其较低的强度(1.0 GPa)和模量(41.0 GPa)使其逐渐被性能更好的 PAN 基碳纤维所取代。目前,广泛应用的 PAN 基碳纤维占市场总用量的 90% 以上。PAN 基碳纤维按强度和模量分为三类:通用级碳纤维(强度 1 GPa,模量 100 GP 左右)、中模高强级碳纤维(强度高于 4 GPa,模量 250 GPa 左右)和高模碳纤维(模量高于 450 GPa)。随着航天和航空工业的发展,还出现了高强高伸型碳纤维,其延伸率大于 2%。市场中另外一种常见的纤维是 Pitch 基碳纤维,它又可以分为中间相 Pitch 基碳纤维和各向同性基碳纤维。其中,中间相 Pitch 基碳纤维具有较高的强度和模量,超高模量中间相 Pitch 基碳纤维的拉伸模量超过 700 GPa。

碳纤维预制体是按照一定编织法则将碳纤维编织而成的多孔结构。按照编织维度不同,碳纤维预制体可分为短切短纤维、单向(1D)、双向(2D)、三向(3D)和多向预制体。图 5-1 为纤维预制体结构示意图。预制体的结构直接影响碳/碳复合材料的力学性能。短切短纤维毡的结构暴露出强度低、磨损大及层间剪切强度低等弱点。1D 预制体则由定向碳纤维束经过黏结而成,由于只在一个方向上有纤维,因此在沿纤维轴向方向具有非常高的拉伸强度,但其他方向力学性能如拉伸性能、压缩性能和剪切性能等很差。2D 预制体则包括 2D 碳布叠层(由平纹或斜纹碳纤维布经层压、黏结制成)和 2D 碳毡(由穿刺纤维或一维碳纤维布层和短切纤维网胎层构成)。此类预制体在沿层面方向上含有非常多的连续纤维,因此在此方向上具有很好的弯曲和拉伸性能;但是垂直于层面方向(Z 向)上没有或很少有增强纤维,因此 Z 向的拉伸、压缩和剪切性能依然很差。然而,2D 预制体结构简单、节省原料、价格低廉,制备碳/碳复合材料的工艺成熟稳定,因此应用非常广泛。3D 预制体则是在 2D 结构基础上,在 Z 向引入相当含量的碳纤维(束)而成的,有效改善了相邻纤维层间的连接强度,因此 3D 结构增强的碳/碳复合材料层间性能明显提高。相关文献也证实,3D 碳/碳复合材料在烧蚀时,其烧蚀率更低且烧蚀面更均匀,这对再入飞行器鼻锥、发动机喷管、喉衬、机翼和尾翼前缘来讲是十分重要的。除此之外,Z 方向引入大量纤维,同时也打通了更多的扩散通道,从而利于碳/碳复合材料的快速致密化和高性能产品的制备。然而,穿刺过程不可避免地会对层面内的纤维造成损伤,并且 Z 向纤维一定程度上破坏了层内纤维结构的连续性,造成层内方向上的弯曲强度、拉伸强度等力学性能的降低。在 1D、2D 和 3D 基础上,又开发了 4D~11D 的多纬编织体,提高编织的方向数可以制备出综合性能更加优异的碳/碳复合材料。但是 3D 编织缠绕结构以及多纬编织体工艺复杂、成本高,限制了其广泛应用。

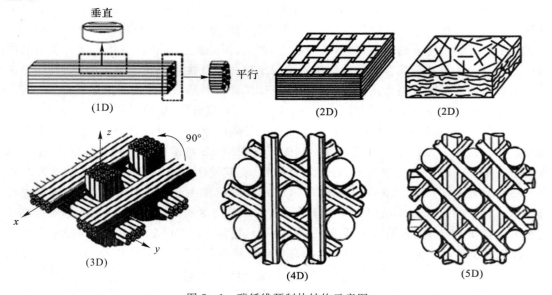

图 5-1 碳纤维预制体结构示意图

5.2 碳基体种类及其对力学性能的影响

碳基体是碳/碳复合材料的主要组成部分，占有很大的比例，其结构特征直接影响材料的力学和热物理等性能。CVI 是制备碳/碳复合材料的主要方法，因此 PyC 基体的形貌和结构是其主要的研究方向。由于沉积设备、沉积工艺、沉积基体等的不同，PyC 呈现出各种各样的微观结构。对 PyC 的微观结构进行明确的定性和描述，可以建立 PyC 微观结构与物理、力学性能之间的对应关系，为设计和制备高性能碳/碳复合材料提供理论支撑。

PyC 是由碳原子以 sp^2 杂化轨道相互成键形成的，具有介于无定形碳和石墨之间的"乱层结构"。Warren 等人在 1941 年首次提出 PyC 的"乱层结构"，使用径向函数法分析炭黑的 X 射线衍射结果时，发现其芳香碳平面内碳原子间距与石墨中的 C—C 共价键键长相等，证实炭黑是由无数类似石墨的微晶组成的，微晶内存在没有缺陷的石墨烯平面。不同于石墨晶体的三维有序结构，其内部的 π 键和 σ 键的个数比为 1∶3，而 PyC 结构仅在二维方向上有序，内部的 π 键和 σ 键的比值则偏离了 1∶3，这被认为是 PyC 中的织构度不同和结构缺陷造成的。与碳纤维、碳黑等其他碳材料一样，PyC 从纳米级结构到微米级结构都呈现出复杂的多样性。多年来，大量学者通过 X 射线衍射分析、拉曼光谱分析、透射电子显微镜观察等手段研究 PyC 的结构特征，使我们对 PyC 结构的认识更加清晰，可以通过乱层结构模型来描述，如图 5-2 所示。图中 L_a 代表石墨晶体沿 a 轴方向的平均高度，L_c 代表石墨晶体沿 c 轴方向的平均宽度，L_1 代表单个晶粒的尺寸，N 代表石墨晶体堆叠的层数，L_2 代表多个晶粒的尺寸，d_{002} 代表相邻两石墨片层的间距。

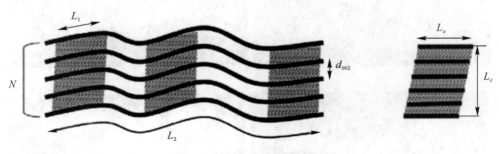

图 5-2 PyC 的乱层结构模型

对 PyC 的形貌和结构表征手段有很多，常见的主要有以下几种：1) 偏光显微镜(PLM)利用可见光照射 PyC 观察反射光的强弱和颜色变化推断入射光与芳香碳平面的相互作用，从而描述 PyC 的宏观结构特征。最早利用这一原理对 PyC 的结构进行定性描述的是 Gray 和 Cathcart，他们采用碳氢化合物分解的方法在 1 300~2 100 ℃下于核燃料颗粒的表面制备出了 PyC 涂层，根据其在偏振光下的形貌，将其划分为三类：各向同性(Isotropic)、层状(Laminar)、颗粒状或柱状(Granular or columnar)结构。随后，美国 Sandia 国家实验室的 Granoff 等人对 Rayon 增强碳/碳复合材料的 PyC 基体组织进行了进一步命名，将其划分为四类：各向同性(Isotropic, ISO)、暗层(Dark Laminar, DL)、光滑层(Smooth Laminar, SL) 和粗糙层(Rough Laminar, RL) PyC。

2) Diefendorf 和 Tokarsky 提出了一种定量定义 PyC 微观结构的方法,他们认为沉积碳层相对基体表面的择优取向与偏振光的消光角(Extinction angle, A_e)有对应关系,根据择优取向和光学反射强度的变化,可将 PyC 的微观结构分为四种:对于 ISO PyC, $A_e<4°$;对于 DL PyC, $4°{\leqslant}A_e<12°$;对于 SL PyC, $12°{\leqslant}A_e<18°$;对于 RL, $A_e{\geqslant}18°$。

3) Reznik 和 Hüttinger 采用透射电子显微镜结合选区电子衍射对 PyC 织构做了研究,他们提出用取向角(Orientation Angle, OA)作为定量表征 PyC 的微观结构的参数,采用新的术语对 PyC 的结构进行了重新命名,并建立了取向角与消光角的对应关系,即 ISO、低织构(Low Texture, LT)、中织构(Medium Texture, MT)、高织构(High Texture, HT)PyC。四种不同织构 PyC 在偏光显微镜下的形貌如图 5-3 所示。ISO PyC 基本没有光学活性,反射率接近零,碳纤维与基体 PyC 已经无法区分;LT PyC 的光学活性低,反射率低,十字消光光滑,视觉灰暗;MT PyC 的光学活性较高,反射率较高,十字消光的不规则条纹较多,视觉光滑;HT PyC 光学活性非常高,具有很强的反射率,在正交偏光显微镜下的十字消光中可见许多不规则的反射条纹,视觉粗糙。

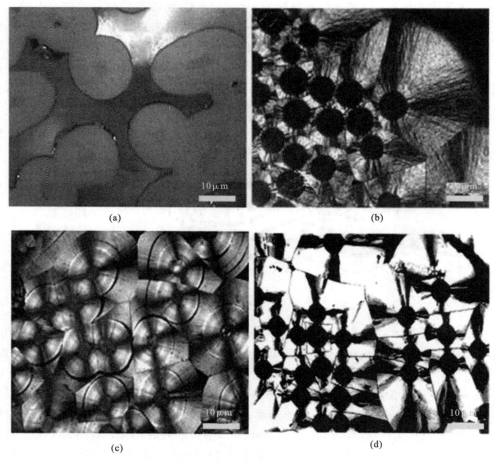

图 5-3 四种不同织构 PyC 的典型偏光照片
(a)ISO; (b)LT; (c)MT; (d)HT

扫描电子显微镜(SEM)利用电子束照射材料表面产生的二次电子成像,从而可以借此观察材料的表面形貌。扫描电子显微镜相比偏光显微镜具有更高的分辨率和更大的景深,因而可以在不经过表面处理的情况下观察到材料表面的微观结构。利用高分辨率的扫描电子显微镜可以通过断口的平滑度和微观组织的取向度来定性地鉴别 PyC 的织构。在扫描电子显微镜下,四种不同织构 PyC 的微观形貌如图 5-4 所示。ISO PyC 的断口呈现颗粒状形貌,微观结构没有取向,存在少而大的孔隙,密度较小,但是具有良好的机械稳定性和密封性,热膨胀系数小,可用于机械工业中的耐高温、耐腐蚀密封圈以及核反应堆的封装材料。LT PyC 断口较为粗糙,片层有一定取向,片层之间存在数量众多的狭长孔隙;MT PyC 的断口则较为平整,片层弯曲,有明显取向,片层之间存在较少的狭长孔隙;HT PyC 具有蚌壳状的平滑断口,片层平直且取向度很高,片层之间可以看到数量极少而细小的裂纹。HT PyC 密度最高,具有较高的力学、导热和导电性能。已有研究证实,由于 HT PyC 片状的排列方式,在受力时相邻片层易发生部分滑移,断裂面呈现出粗糙的 Z 字形,因此对于提高复合材料的断裂韧性有一定贡献。也有文献指出,在含有 HT PyC 和 MT PyC 等双层结构或多层结构的碳/碳复合材料中,由于不同织构 PyC 之间以及高织构 PyC 片层中,碳原子层易发生滑移,使得复合材料呈现出明显的假塑性断裂,并且增加 HT PyC 的含量更有助于提高材料的断裂韧性。若碳/碳复合材料中的碳基体由单一的 MT PyC 或者 LT PyC 构成,则由于碳原子间存在较强的机械锁合,反而使得复合材料表现为脆性断裂。

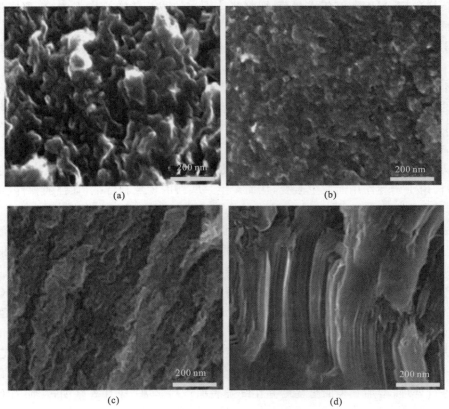

图 5-4　四种不同织构 PyC 的典型 SEM 照片
(a)ISO；(b)LT；(c)MT；(d)HT

除上述测试手段外,还可采用 X 射线衍射法(XRD)粗略测量 PyC 的结构参数,包括芳香碳(002)面面间距 d_{002}、乱层组织结构的尺寸堆垛高度 L_c、石墨化度以及芳香碳平面内的缺陷等;采用拉曼光谱法(Raman)检测碳材料的结晶性、微观结构缺陷及其芳香碳平面的大小 L_a;透射电子显微镜(TEM)以及高分辨率透射电子显微镜(HRTEM)分析 PyC 纳米尺度精细结构,结合选取电子衍射技术(SAED)可以对不同尺度内 PyC 的取向度(OA)进行测量,从而可以评估 PyC 组织结构,该方法在碳/碳复合材料纳米结构研究方面应用较为广泛。

5.3 界面的种类及其对力学性能的影响

从晶体几何学观点上看,界面为三维晶格周期性排列从一种规律转变为另一种规律的几何分界面;而在物理学中,则将界面定义为两个块体之间的过渡区。这个过渡区可以是一个或多个原子层,其厚度因材料各异。在碳/碳复合材料中存在不同层次的界面:纤维与碳基体间的界面、基体中不同微结构之间的界面、纤维束与基体碳间的界面、单向复合材料中存在的层间界面、二维或三维复合材料中交叉纤维间的交叉界面等。其中,纤维/基体界面是最为重要的界面,它是复合材料力学性能的关键影响因素,甚至决定着复合材料的最终力学性能。界面的作用可归纳为以下几种效应。

1) 传递效应:界面能够传递载荷,即将基体承受的载荷传递给增强体,起到增强体与基体间的桥梁作用。

2) 阻断效应:结合强度适中的界面有阻止裂纹扩展、中断材料破坏、缓解应力集中的作用。

3) 不连续效应:界面是由两相的表面层及两相间相互作用深入两相内部一定范围的区域组成的,在界面上产生物理性能的不连续性和界面摩擦的现象。

4) 散射和吸收效应:界面会散射和吸收声波、光波、冲击波、热弹性波等,产生隔声、透光、耐机械冲击、耐热冲击以及隔热等效应。

5) 诱导效应:一种物质(通常是增强体)的表面结构使另一种与之接触物质(通常是基体)的结构由于诱导作用而发生改变,从而产生一些新的现象和特征,如强的弹性、低的膨胀性、耐热冲击性等。

合适的界面强度有助于材料力学强度的提高以及材料断裂韧性的改善;过强的界面结合容易导致纤维脆断,拔出失败,造成材料在服役中发生灾难性的断裂失效;而过弱的界面结合会使得纤维与碳基体间存在裂纹,不易传递载荷,材料在受拉应力下,碳纤维发生脱黏,无法发挥纤维的增强作用。不同织构的 PyC 与纤维形成的界面强度不同。LT PyC 密度较小,晶粒间的微孔隙较多,与纤维结合较差。MT PyC 与碳纤维间也常常存在微裂纹或裂缝,很难获得结合状况良好的无损界面。HT PyC 与碳纤维界面结合良好,界面处很少存在非粗糙层的过渡层,因此形成的界面结合强度要比 LT PyC 或者 MT PyC 的高。已有研究通过气相(氧气、空气、二氧化碳、臭氧等)氧化法、液相(浓硝酸)氧化法和电化学氧化法对纤维表面进行处理,增加其表面粗糙度并在纤维表面产生羟基、羧基等基团,从而有利于提高碳纤维与碳基体的界面结合力,提高碳/碳复合材料的抗拉强度和层间剪切强度。

5.4 碳/碳复合材料力学性能上的不足

通过分析碳/碳复合材料的组成和结构,影响其力学性能的因素主要有纤维预制体结构、碳基体组织结构以及不同层次的界面间的应力传递能力。

对于1D和2D预制体增强的碳/碳复合材料,其Z向的抗拉、层内方向抗压和层间抗剪等性能很不理想。这主要是由于相邻叠层间的增强纤维没有或很少,从而导致叠层间性能受强度低、脆性大的碳基体影响。同时,单一叠层的层内强度也明显不足,这是由于虽然在宏观尺度上,层内碳基体受碳纤维强化,但在纳米级水平上,这种强化远未达到理想效果。在层内碳纤维束间、纤维束内单根碳纤维间,碳基体也未受到有效强化,这使得因碳基体结构缺陷产生的破坏性裂纹可轻易避开层内的碳纤维,直接在碳基体中扩展,并贯穿至叠层之间的碳基体中,最终导致碳/碳复合材料的低应力失效。也有大量研究,在Z向增加短纤维针刺或引入长纤维穿刺,以加强层与层之间的交互联系。然而受限于碳纤维的微米尺寸特征,Z向穿刺根本无法在亚微米尺度上有效补强基体,因而引入Z向穿刺的增强效果极为有限,尤其对层状复合材料薄壁、尖角锐形和复杂整体件而言,穿刺的作用更弱而且会破坏层内结构的连续性,降低层内抗拉和抗弯强度。同时,Z向穿刺也会在一定程度上影响碳/碳复合材料的其他一些受层内强度控制的性能,如抗烧蚀性能和摩擦磨损性能等。

对于3D和多向预制体增强的碳/碳复合材料,由于其预制体在多个方向上都有纤维,所以复合材料力学性能各向异性得到有效改善。但是纤维束间和编织空隙等亚微米、微米甚至毫米区域内的碳基体依旧没有得到强化,如图5-5所示。若该区域所受应力超过碳基体可承载的最大应力,则极易导致碳基体的崩裂性破坏,并迅速损伤纤维。此外,多向编织碳/碳复合材料在其成形加工过程中由于边缘和表面部位的纤维被大量切断,特别是对于薄壁、尖角锐形构件而言,随着结构尺寸的减小,碳纤维被切断的程度加剧,致使其尺寸特征类似于短切纤维,增强效果大幅度被减弱,进而无法保证薄壁、锐形以及复杂形状的碳/碳复合材料构件在服役过程中的性能稳定性。

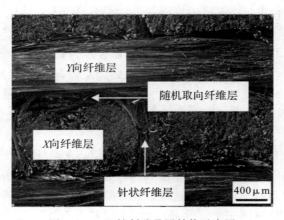

图5-5 2D针刺毡叠层结构示意图

综上所述,碳/碳复合材料力学性能差的原因主要是纤维层间、纤维束间、层内纤维间、编织空隙间的碳基体缺乏增强,且表面机加工后,碳纤维被切断导致其对基体的增强效果减弱,对构件尖角部位的增强效果减弱或完全消失。随着航空航天及国防科技的快速发展,如新一代航空发动机、空天飞行器等的发展,对碳/碳复合材料的结构和性能提出了愈加苛刻的要求。因此,探索行之有效的技术途径,实现对材料中未被有效强化的碳基体的强化,则有望解决碳/碳复合材料局部区域力学性能差、性能各向异性和机械加工退化等问题,进一步提高其在多种极端环境中的适用性,满足我国航空航天领域日益增长的高技术武器装备的需求。

5.5 碳纳米管增强碳/碳复合材料

碳纳米管(CNT)自 Iijima 在 1991 年发现以来,因其独特的一维纳米结构、高比表面积、非凡的强度、优异的导电和导热性能,以及多功能性,被人们认为具有巨大的潜在应用价值。CNT 的管径很小,一般在几纳米到几十纳米之间,而其长度却在微米量级,长度和直径的比值(长径比)非常大,是一种典型的一维纳米材料。CNT 的管壁由类石墨微晶的碳原子 sp^2 杂化与周围三个碳原子完全键合而成的六边形碳环构成,所以 CNT 可以看作是由石墨层片卷曲而成的,石墨层片中 C—C 键是自然界已知的最强化学键之一,因此 CNT 拥有超强的力学、电学和热学性能。根据管壁的层数,CNT 可以分为单壁 CNT、双壁 CNT 和多壁 CNT。理论计算表明:单壁 CNT 弹性模量和剪切模量几乎与金刚石相当,弹性模量达到 1.0 TPa 以上,强度约为钢的 100 多倍;多壁 CNT 的轴向弹性模量为 200~400 GPa,轴向弯曲强度为 14 GPa,轴向压缩强度为 100 GPa,而密度却很小,只有钢的 1/6。在动力学模拟中,它们的行为就像"超级细绳"。CNT 能抵抗因扭转力而引起的畸变,还具有超弹性,可以在卸载时恢复原来的截面,而不像石墨纤维,压缩时易被破坏。CNT 的这种特性使其在诸如高强度复合材科、新型纺织领域具有极大的吸引力,是目前可制备出的具有最高比强度的超级材料。

近些年,人们将 CNT 作为二次增强相用在纤维增强的复合材料(主要包括树脂基、陶瓷基和金属基复合材料)中,CNT 极大增强了其力学性能,甚至对其导电、导热等多功能性也有大的改善。更重要的是,CNT 具有与碳/碳复合材料相同的化学元素组成、相似的结构、相近的热膨胀系数及物理性能,因此,CNT 更适合作为碳基复合材料的二次增强相。若将 CNT 弥散分布于层间、层内碳纤维及其束间、编织空隙和尖角表面等多部位处,可对这些区域内的碳基体进行有效的补强,实现对复合材料的多尺度混杂强韧化,缓解复合材料性能由碳基体控制的局限性,有望大幅度提升碳/碳复合材料的综合力学性能,弥补其力学性能上的不足。

目前,制备 CNT 增强碳/碳复合材料(以下简称 CNT-碳/碳复合材料)方法,按照 CNT 的加入方式不同主要分为两种:机械掺杂法和构建多尺度 CNT-碳纤维预制体法。机械掺杂法即将 CNT 加入含碳前驱体的溶液(例如含有酚醛树脂的甲醇溶液)中,超声振荡分散均匀后,再将纤维预制体浸渍于上述溶液中数小时,采用 LPIC 工艺获得 CNT-碳/碳复合材料。此类方法的优点是操作简单、快捷,而且不会引入其他杂质,缺点是无法保证 CNT 在复合材料中的取向分布,即取向杂乱,无法有效发挥 CNT 的轴向增强效果,而且由于

CNT 比表面能高,不易分散均匀,易发生团聚现象。因此,机械引入 CNT 的方法对碳/碳复合材料的增强效果不十分理想。构建多尺度 CNT-碳纤维预制体的方法,即将 CNT 首先嫁接到碳纤维表面,构成微米/纳米多尺度混杂增强体(见图 5-6),再采用 LPIC 或 CVI 等工艺制备出 CNT-碳/碳复合材料。这种方法的优点在于有效地解决了 CNT 在复合材料中分散的问题,并且可以实现高含量 CNT 在材料中的分布。另外,将 CNT 嫁接到碳纤维上,改善了碳纤维的表面特性,使碳纤维与基体形成良好的界面结合,特别是取向排列的 CNT 还能增强碳纤维周围的碳基体,相比机械掺杂方法,其可更大幅度地提升 CNT-碳/碳复合材料的最终力学性能。因此,制备多尺度 CNT-碳纤维增强体以实现对复合材料多尺度强化成为开发和制备新一代高性能碳/碳复合材料的基础。

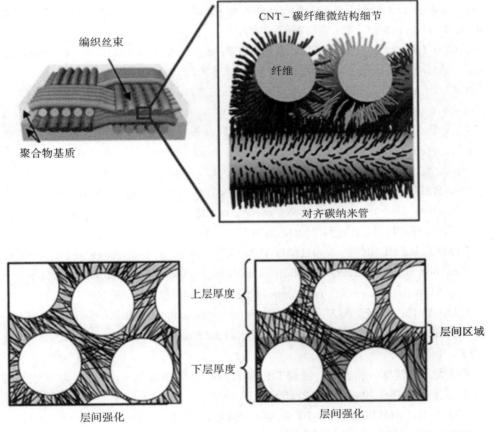

图 5-6 多尺度 CNT-碳纤维预制体增强复合材料以及 CNT 的层内和层间增强示意图

参 考 文 献

[1] 贺福,王茂章. 碳纤维及其复合材料[M]. 北京:科学出版社,1995.
[2] 罗益锋. 碳纤维的新形势与新技术[J]. 新型炭材料,1995,10(4):13-25.

[3] FITZER E. PAN-based carbon fibers-present state and trend of the technology from the viewpoint of possibilities and limits to influence and to control the fiber properties by the process parameters [J]. Carbon, 1989, 27(5):621-645.

[4] 吴人杰. 下世纪我国复合材料的发展机遇与挑战 [J]. 复合材料学报, 2000, 17(1): 1-4.

[5] CHEN J, XIONG X, XIAO P. The effect of carbon nanotube growing on carbon fibers on the microstructure of the pyrolytic carbon and the thermal conductivity of carbon/carbon composites [J]. Materials Chemistry and Physics, 2009, 116(1):57-61.

[6] LUO R, LIU T, LI J, et al. Thermophysical properties of carbon/carbon composites and physical mechanism of thermal expansion and thermal conductivity [J]. Carbon, 2004, 42(14):2887-2895.

[7] LACOSTE M, LACOMBE A, JOYEZ P, et al. Carbon/carbon extendible nozzles [J]. Acta Astronautica, 2002, 50(6):357-367.

[8] BUCKLEY J D, EDIE DD. Carbon-carbon Materials and Composites [M]. New Jersey: Noyes Publications, 1993.

[9] LU X F, XIAO P. Preparation of in situ grown silicon carbide nanofibers radially onto carbon fibers and their effects on the microstructure and flexural properties of carbon/carbon composites [J]. Carbon, 2013, 51(2):176-183.

[10] SHARMA S P, LAKKAD S C. Compressive strength of carbon nanotubes grown on carbon fiber reinforced epoxy matrix multi-scale hybrid composites [J]. Surface & Coatings Technology, 2010, 205:350-355.

[11] ERMEL R, BECK T, VÖHRINGER O. Mechanical properties and microstructure of carbon fiber reinforced carbon materials produced by chemical vapor infiltration [J]. Materials Science and Engineering A, 2004, 387:845-851.

[12] ANAND K, GUPTA V. The effect of processing conditions on the compressive and shear strength of 2-D carbon-carbon laminates [J]. Carbon, 1995, 33(6):739-748.

[13] 张晓虎, 李贺军, 郝志彪. 针刺工艺参数对碳布网胎增强C/C材料力学性能的影响 [J]. 无机材料学报, 2007, 22(5):963-967.

[14] TONG L, MOURITZ A P, BANNISTER M K. 3D fibre reinforced polymer composites [M]. Sydney: Elsevier, 2002.

[15] MOURITZ A P. Review of z-pinned composite laminates [J]. Composites Part A: Applied Science and Manufacturing, 2007, 38(12):2383-2397.

[16] REZNIK B, GUELLALI M, GERTHSEN D, et al. Microstructure and mechanical properties of carbon-carbon composites with multilayered pyrocarbon matrix [J]. Materials Letters, 2002, 52(1):14-19.

[17] GUELLALI M, OBERACKER R, HOFFMANN M J. Influence of the matrix

microstructure on the mechanical properties of CVI-infiltrated carbon fiber felts [J]. Carbon, 2005, 43(9):1954-1960.

[18] BENZINGER W, HüTTINGER K J. Chemistry and kinetics of chemical vapor infiltration of pyrocarbon: Ⅵ: mechanical and structural properties of infiltrated carbon fiber felt [J]. Carbon, 1999, 37(8):1311-1322.

[19] PIERSON H O, NORTHROP D A. Carbon-felt, carbon-matrix composites: dependence of thermal and mechanical properties on fiber precursor and matrix structure [J]. Journal of Composite Materials, 1975, 9(2):118-137.

[20] 刘涛, 罗瑞盈, 李进松. 炭/炭复合材料的热物理性能 [J]. 炭素技术, 2005, 24(5):28-33.

[21] WARREN B E. X-ray diffraction in random layer lattices [J]. Physical Review, 1941, 59(9):693.

[22] ERGUN S. Structure of carbon [J]. Carbon, 1968, 6(2):141-159.

[23] GRAY RJ, CATHCART J V. Polarized light microscopy of pyrolytic carbon deposits [J]. Journal of Nuclear Materials, 1966, 19(1):81-89.

[24] GRANOFF B. Microstructures of carbon-felt/carbon-matrix composites [J]. Carbon, 1974, 12(6):681-683.

[25] DIEFENDORF R J, TOKARSKY E W. The relationship of structure to properties in graphite fibers: AFML-TR-72-133 [R], Troy: Rensselaer Polytechnique Institute, 1973.

[26] REZNIK B, HÜTTINGER H J. On the terminology of pyrolytic carbon [J]. Carbon, 2002, 40(4):621-624.

[27] DUPPEL P, BOURRAT X, PAILLER R. Structure of pyrocarbon infiltrated by pulse-CVI [J]. Carbon, 1995, 13(3):159-166.

[28] HE X, SONG J, XU L, et al. Protection of nuclear graphite toward liquid fluoride salt by isotropic pyrolytic carbon coating [J]. Journal of Nuclear Materials, 2013, 442(1):306-308.

[29] ZHANG D S, LI K Z, LI H J, et al. Coefficients of thermal expansion of low texture and isotropicpyrocarbon deposited on stationary substrates [J]. Materials Letters, 2012, 68:68-70.

[30] 朱钧国, 杨冰, 张秉忠. 高温气冷堆包覆燃料颗粒的化学气相沉积 [J]. 清华大学学报, 1996, 36(11):65-69.

[31] 徐世江. 核工程中的石墨和炭素材料 [J]. 炭素技术, 2000(3):44-48.

[32] IIJIMA S. Helical microstructure of graphitic carbon [J]. Nature, 1991, 354:56-58.

[33] XU G, LI H, BAI R, et al. Influence of the matrix texture on the fracture behavior of 2D carbon/carbon composites [J]. Materials Science and Engineering: A, 2008, 478(1):319-323.

[34] LI H J, LI H L, LI K Z, et al. Mechanical properties improvement of carbon/carbon composites by two different matrixes [J]. Journal of Materials Science, 2011, 46(13): 4667-4674.

[35] LI H L, LI H J, LU J H, et al. Improvement in toughness of carbon/carbon composites using multiple matrixes [J]. Materials Science and Engineering: A, 2011, 530: 57-62.

[36] 和永岗, 李克智, 魏建锋, 等. 2D C/C 复合材料微观结构与力学性能的研究 [J]. 无机材料学报, 2010, 15(2): 173-176.

[37] ZICKLER G A, SMARSLY B, GIERLINGER N, et al. A reconsideration of the relationship between the crystallite size La of carbons determined by X-ray diffraction and Raman spectroscopy [J]. Carbon, 2006, 44(15): 3239-3246.

[38] MALLET-LADEIRA P, PUECH P, TOULOUSE C, et al. A Raman study to obtain crystallite size of carbon materials: a better alternative to the Tuinstra-Koenig law [J]. Carbon, 2014, 80: 629-639.

[39] KNIGHT D S, WHITE W B. Characterization of diamond films by Raman spectroscopy [J]. Journal of Materials Research, 1989, 4(2): 385-393.

[40] LIU Y, HE L L, LU X F, et al. Transmission electron microscopy study of the microstructure of carbon/carbon composites reinforced with in situ grown carbon nanofibers [J]. Carbon, 2012, 50(7): 2424-2430.

[41] 闻立时. 固体材料界面研究的物理基础丛书 [M]. 北京: 科学出版社, 1991.

[42] 黄玉东, 朱惠光, 孙文训, 等. 细编穿刺 C/C 复合材料不同层次界面特性研究 [J]. 复合材料学报, 2000, 17(1): 56-59.

[43] 王荣国, 武卫莉, 谷万里. 复合材料概论 [M]. 哈尔滨: 哈尔滨工业大学出版社, 2001.

[44] NASLAIN R R. The design of the fibre-matrix interfacial zone in ceramic matrix composites [J]. Composites Part A: Applied Science and Manufacturing, 1998, 29(9): 1145-1155.

[45] 陈腾飞, 龚伟平, 刘根山. 基体炭结构对炭/炭复合材料的界面结合强度的影响 [J]. 矿冶工程, 2004, 24(1): 77-79.

[46] DHAKATE S R, BAHL O P. Effect of carbon fiber surface functional groups on the mechanical properties of carbon-carbon composites with HTT [J]. Carbon, 2003, 41(6): 1193-1203.

[47] 卢锦花, 李贺军, 刘皓, 等. 碳纤维表面处理对 2D 碳/碳复合材料弯曲性能的影响 [J]. 材料工程, 2005(9): 3-6.

[48] JIN Z, ZHANG Z, MENG L. Effects of ozone method treating carbon fibers on mechanical properties of carbon/carbon composites [J]. Materials Chemistry and Physics, 2006, 97(1): 167-172.

[49] LI C, CROSKY A. The effect of carbon fabric treatment on delamination of 2D-C/

C composites [J]. Composites Science and Technology, 2006, 66(15):2633 – 2638.

[50] WAMBUA P M, ANANDJIWALA R. A review of preforms for the composites industry [J]. Journal of Industrial Textiles, 2011, 40(4):310 – 333.

[51] PARTRIDGE I K, CARTIÉ D D R. Delamination resistant laminates by Z-Fiber pinning:part Ⅰ: manufacture and fracture performance [J]. Composites Part A: Applied Science and Manufacturing, 2005, 36(1):55 – 64.

[52] WANG Y G, ZHANG L T, CHENG L F. Comparison of tensile behaviors of carbon/ceramic composites with various fiber architectures [J]. International Journal of Applied Ceramic Technology, 2013, 10(2):266 – 275.

[53] STEEVES C A, FLECK N A. In-plane properties of composite laminates withthrough-thickness pin reinforcement [J]. International Journal of solids and Structures, 2006, 43(10):3197 – 3212.

[54] ZAMAN W, LI K, IKRAM S, et al. Morphology, thermalresponse and anti-ablation performance of 3D-four directional pitch – based carbon/carbon composites [J]. Corrosion Science, 2012, 61:134 – 142.

[55] SHARMA M, BIJWE J, MITSCHANG P. Wear performance of PEEK-carbon fabric composites with strengthened fiber-matrix interface [J]. Wear, 2011, 271(9):2261 – 2268.

[56] VIGNOLES G, ASPA Y, QUINTARD M. Modelling of carbon-carbon composite ablation in rocket nozzles [J]. Composites Science and Technology, 2010, 70(9):1303 – 1311.

[57] BAUGHMAN R H, ZAKHIDOV A A, DE HEER W A. Carbon nanotubes:the route toward applications [J]. Science, 2002, 297:787 – 792.

[58] ENDO M, STRANO M S, AJAYAN P M. Potential applications of carbon nanotubes [M]. Berlin:Springer, 2007.

[59] SALVETAT J P, BONARD J M, THOMSON N H, et al. Mechanical properties of carbon nanotubes [J]. Applied Physics A, 1999, 69(3):255 – 260.

[60] TREACY MM J, EBBESEN T W, GIBSON J M. Exceptionally high Young's modulus observed for individual carbon nanotubes [J]. Nature, 1996, 381:678 – 680.

[61] SAITO R, DRESSELHAUS G, DRESSELHAUS M S. Physical Properties of Carbon Nanotubes [M]. London:Imperial College Press, 1998.

[62] COLEMAN J N, KHAN U, BLAU W J, et al. Small but strong:a review of the mechanical properties of carbon nanotube-polymer composites [J]. Carbon, 2006, 44(9):1624 – 1652.

[63] VEEDU V P, CAO A, LI X, et al. Multifunctional composites using reinforced laminae with carbon-nanotube forests [J]. Nature Materials, 2006, 5(6):457 – 462.

[64] QIAN H, BISMARCK A, GREENHALGH E S, et al. Carbon nanotube grafted silicafibres: characterising the interface at the single fibre level [J]. Composites Science and Technology, 2010, 70(2): 393-399.

[65] TAGUCHI T, HASEGAWA Y, SHAMOTO S. Effect of carbon nanofiber dispersion on the properties of PIP-SiC/SiC composites [J]. Journal of Nuclear Materials, 2011, 417(1): 348-352.

[66] HU J, DONG S, WU B, et al. Mechanical and thermal properties of C f/SiC composites reinforced with carbon nanotube grown in situ [J]. Ceramics International, 2013, 39(3): 3387-3391.

[67] BAKSHI S R, LAHIRI D, AGARWAL A. Carbon nanotube reinforced metal matrix composites: a review [J]. International Materials Reviews, 2010, 55(1): 41-64.

[68] HE C, ZHAO N, SHI C, et al. An approach to obtaining homogeneously dispersed carbon nanotubes in al powders for preparing reinforced Al-matrix composites [J]. Advanced Materials, 2007, 19(8): 1128-1132.

[69] QIAN H, GREENHALGH E S, SHAFFER M S P, et al. Carbon nanotube-based hierarchical composites: a review [J]. Journal of Materials Chemistry, 2010, 20(23): 4751-4762.

[70] LI H, LIU C, FAN S. Homogeneous carbon nanotube/carbon composites prepared by catalyzed carbonization approach at low temperature [J]. Journal of Nanomaterials, 2011, 2011: 281490.

[71] LIM D S, AN J W, LEE H J. Effect of carbon nanotube addition on the tribological behavior of carbon/carbon composites [J]. Wear, 2002, 252(5): 512-517.

[72] SONG Y, LI S, ZHAI G, et al. Carbonization behaviors of mesophase pitch based composites reinforced with multi-wall carbon nanotubes [J]. Materials Letters, 2008, 62(12): 1902-1904.

[73] WU B, WANG Z, GONG Q M, et al. Fabrication and mechanical properties of in situ preparedmesocarbon microbead/carbon nanotube composites [J]. Materials Science and Engineering: A, 2008, 487(1): 271-277.

[74] LI Y L, SHEN M Y, SU H S, et al. A study on mechanical properties of CNT-reinforced carbon/carbon composites [J]. Journal of Nanomaterials, 2012, 2012: 262694-262699.

[75] WICKS SS, DE VILLORIA R G, WARDLE B L. Interlaminar and intralaminar reinforcement of composite laminates with aligned carbon nanotubes [J]. Composites Science and Technology, 2010, 70(1): 20-28.

[76] BOCCACCINI A R, CHO J, ROETHER J A, et al. Electrophoretic deposition of carbon nanotubes [J]. Carbon, 2006, 44(15): 3149-3160.

[77] DU C S, HELDBRANT D, PAN N. Preparation and preliminary property study of carbon nanotubes films by electrophoretic deposition [J]. Materials Lettter, 2002, 57(2):434-438.

[78] DU C, YEH J, PAN N. Carbon nanotube thin films with ordered structures [J]. Journal of Materials Chemistry, 2005, 15:548-550.

[79] MA H, ZHANG L, ZHANG J, et al. Electron field emission properties of carbon nanotubes-deposited flexible film [J]. Applied Surface Science, 2005, 251(1): 258-261.

[80] OH S J, ZHANG J, CHENG Y, et al. Liquid-phase fabrication of patterned carbon nanotube field emission cathodes [J]. Applied Physics Letters, 2004, 84 (19):3738-3740.

[81] WU G P, WANG Y Y, LI D H, et al. Direct electrochemical attachment of carbon nanotubes to carbon fiber surfaces [J]. Carbon, 2011, 49(6):2152-2155.

[82] AN Q, RIDER A N, THOSTENSON E T. Electrophoretic deposition of carbon nanotubes onto carbon-fiber fabric for production of carbon/epoxy composites with improved mechanical properties [J]. Carbon, 2012, 50(11):4130-4143.

[83] GUO J, LU C. Continuous preparation of multiscale reinforcement by electrophoretic deposition of carbon nanotubes onto carbon fiber tows [J]. Carbon, 2012, 50(8):3101-3103.

[84] HE X, ZHANG F, WANG R, et al. Preparation of a carbon nanotube/carbon fiber multi-scale reinforcement by grafting multi-walled carbon nanotubes onto the fibers [J]. Carbon, 2007, 45(13):2559-2563.

[85] MEI L, HE X, LI Y, et al. Grafting carbon nanotubes onto carbon fiber by use of dendrimers [J]. Materials Letters, 2010, 64(22):2505-2508.

[86] HE X, WANG C, TONG L, et al. Direct measurement of grafting strength between an individual carbon nanotube and a carbon fiber [J]. Carbon, 2012, 50 (10):3782-3788.

[87] QIAN H, BISMARCK A, GREENHALGH E S, et al. Synthesis andcharacterisation of carbon nanotubes grown on silica fibres by injection CVD [J]. Carbon, 2010, 48(1):277-286.

[88] DE RESENDE V G, ANTUNES E F, DE OLIVEIRA L A, et al. Growth of carbon nanotube forests on carbon fibers with an amorphous silicon interface [J]. Carbon, 2010, 48(12):3655-3658.

[89] CAO A, VEEDU V P, LI X, et al. Multifunctional brushes made from carbon nanotubes [J]. Nature Materials, 2005, 4(7):540-545.

[90] YAMAMOTO N, HART A J, GARCIA E J, et al. High-yieldgrowth and morphology control of aligned carbon nanotubes on ceramic fibers for multifunctional enhancement of structural composites [J]. Carbon, 2009, 47(3):

551-560.

[91] ÖNCEL Ç, YÜRÜM Y. Carbon nanotube synthesis via the catalytic CVD method: a review on the effect of reaction parameters [J]. Fullerenes, Nanotubes, and Carbon Nonstructures, 2006, 14(1):17-37.

[92] ZHAO J, LIU L, GUO Q, et al. Growth of carbon nanotubes on the surface of carbon fibers [J]. Carbon, 2008, 46(2):380-383.

[93] ZHAO Z G, CI L J, CHENG H M, et al. The growth of multi-walled carbon nanotubes with different morphologies on carbon fibers [J]. Carbon, 2005, 43(3): 663-665.

[94] SONOYAMA N, OHSHITA M, NIJUBU A, et al. Synthesis of carbon nanotubes on carbon fibers by means of two-step thermochemical vapor deposition [J]. Carbon, 2006, 44(9):1754-1761.

[95] MAKRIS T D, GIORGI R, LISI N, et al. Carbon nanotube growth on PAN- and pitch-based carbon fibres by HFCVD [J]. Fullerenes, Nanotubes, and Carbon Nanostructures, 2005, 13(Suppl. 1):383-392.

[96] QIAN H, BISMARCK A, GREENHALGH E S, et al. Hierarchical composites reinforced with carbon nanotube grafted fibers: the potential assessed at the single fiber level [J]. Chemistry of Materials, 2008, 20(5):1862-1869.

[97] SONG Q, LI K Z, LI H J, et al. Grafting straight carbon nanotubes radially onto carbon fibers and their effect on the mechanical properties of carbon/carbon composites [J]. Carbon, 2012, 50(10):3949-3952.

第 6 章　碳基复合材料的抗氧化

6.1　C/C 复合材料的氧化防护

C/C 复合材料包含碳纤维和热解碳,均易氧化,且所制备的材料中不可避免地存在晶体缺陷、残余应力和杂质等活性点,更易吸附氧原子并与其反应,所以 C/C 复合材料在较低的温度下就开始氧化,目前主要采取基体改性技术和高温防护涂层技术两种防护措施。

基体改性技术是通过向材料内部添加抗氧化、抗烧蚀组元起到保护的作用,但是这种技术制造周期长、工艺成本高、在服役时会使复合材料本身受到损伤,降低其热力学性能。而且,随着抗氧化时间的延长和温度的提高,材料表面玻璃保护层的蒸气压及氧渗透率也随之增大。因此,该技术常用于 1 000 ℃以下的短时间防护。

高温防护涂层技术是在 C/C 复合材料表面制备一层致密的保护层,通过隔绝氧气的直接接触以达到氧化防护的目的。鉴于改性技术的局限性,涂层的研制成为不容忽视的关键技术之一,为航空发动机热端部件提供必要的防护作用。要使 C/C 复合材料在高温以及高低温循环条件下长期可靠地工作并保持自身的优异性能,对防护涂层提出了以下几点要求:

1)较小的氧渗透率。在高温含氧环境中形成致密的阻氧层,减小氧气的渗透率。通过计算可知,涂层的氧渗透率必须小于 3×10^{-10} g/(cm·s)。当有效工作时长为 100 h 时,最大允许失重率为 1%。10 μm 厚的致密 SiO_2 层可以在 1 600 ℃防护基体 100 h,但它与 C/C 复合材料之间的结合力太弱,一般选择 Si 基陶瓷作为涂层材料。

2)良好的结构稳定性。通过选用高熔点、低饱和蒸气压的材料可以缓解氧化过程中涂层的退化。此外,高温氧化前后相的稳定性好,可防止相变引起的体积变化导致涂层开裂。

3)较高的界面结合强度。陶瓷涂层的热膨胀系数大于 C/C 复合材料,在热循环过程中涂层容易开裂、剥落。因此必须选用合适的涂层材料并合理设计涂层结构,提高涂层与基体之间的界面结合强度。

4)涂层内部有少量缺陷或无缺陷。缺陷是涂层在高温氧化防护的破坏活性点,会降低涂层的防护性能。

5)较低的脆韧转变温度。涂层在脆韧转变温度以下表现为脆性,受到冲击和应力作用时容易产生裂纹并扩展。在此温度以上,则具有一定的韧性。因此,为了扩大涂层的使用范围,需尽可能降低韧脆转变温度。

6.2 C/C 复合材料抗氧化涂层体系

近些年,国内外学者针对 C/C 复合材料的抗氧化涂层技术展开了大量的研究工作,开发了一系列涂层体系,其中最主要的有玻璃涂层、金属涂层和陶瓷涂层等。

6.2.1 玻璃涂层

玻璃涂层具有原料价格低、制备工艺简单等优点。最初作为 C/C 复合材料防护涂层的大多是玻璃材料,其抗氧化原理是利用玻璃相在高温下黏度变小以及与基体较好的润湿性填补服役时所产生的孔隙和裂纹等缺陷,从而起到阻隔氧气、保护基体的作用。目前已开发出用于不同温域的玻璃涂层体系,如磷酸盐玻璃、硅酸盐玻璃、硼硅酸盐玻璃和改性复合玻璃等。

磷酸盐玻璃涂层最开始用于飞机刹车盘的抗氧化防护,使用温度范围在 500~1 000 ℃。该涂层的制备过程以刷涂和浸渍为主,工艺操作简单,在碳材料的高温摩擦领域得到广泛应用。付前刚等人在 C/C 复合材料表面涂覆磷酸盐涂层,经 700 ℃氧化 66 h 后失重率为 1.11%,能够有效保护基体不被氧化。

硅酸盐玻璃涂层利用 SiO_2 玻璃在 1 200~1 700 ℃的高温流动性来封填裂纹等缺陷。该玻璃涂层在 1 800 ℃以下的氧渗透率[1 000~1 500 ℃的氧渗透率低于 $3×10^{-14}$ g/(cm·s)]和饱和蒸气压(1 500 ℃的饱和蒸气压为 $3×10^{-4}$ Pa)下,可对基体进行氧化防护。然而,在 1 200 ℃以下 SiO_2 玻璃的黏度较大,约为 10^{12} Pa·s 量级,难以起到有效的封填效果。高于 1 500 ℃时稳定性也会急剧下降,严重制约了涂层的抗氧化性能。

为了改善硅酸盐玻璃的防护效果,黄敏等人利用 Al_2O_3 与 SiO_2 形成莫来石结构以提高 SiO_2 的高温热稳定性。1 600 ℃测试结果表明,改性后的硅酸盐涂层防护 C/C 基体的时长为 45 h。在 550~1 200 ℃的中低温环境中,B_2O_3 相黏度小、流动性好,1 000 ℃以下时 B_2O_3 便可形成一层致密玻璃膜,因此常被用于中低温的防护。但在 1 300 ℃以上其饱和蒸气压太大,较易挥发(1 500 ℃时 B_2O_3 的蒸气压为 233 Pa,黏度为 40 Pa·s),严重限制了防护时长,因此大多与 SiO_2 复合形成 $B_2O_3·SiO_2$ 玻璃,旨在降低 SiO_2 玻璃的低温黏度,增加 B_2O_3 的高温稳定性。为了进一步拓宽玻璃涂层的使用温度和保护时长,付前刚等人通过引入 Y_2O_3 和 $MoSi_2$ 颗粒提高玻璃的高温热稳定性,研究结果表明,改性后的涂层在 1 500 ℃下防护 SiC 包埋 C/C 复合材料的时长为 140 h。Federico 等人制备了 $MoSi_2$+硼硅酸盐/Y_2O_3+硼硅酸盐复合涂层,在 1 500 ℃可有效防护基体的时长为 150 h。

已有研究表明,玻璃涂层受温度的影响严重,制约了它在更高温域的长时间氧化防护性能。低温时涂层具备较好的抗氧化性能,但温度的升高会造成玻璃的蒸气压变大、黏度变小,导致涂层厚度减薄,缩短了氧气的扩散路径。若碳基体被氧化生成气态产物,便会在玻璃相中形成孔洞,导致涂层失效。此外,在高低温热循环过程中,玻璃相的热失配开裂也导致涂层失效。引入高温抗氧化陶瓷相可有效提高玻璃涂层的高温抗氧化性能。

6.2.2 金属涂层

金属作为防护涂层必须满足高熔点和低氧扩散系数的条件。目前已开发的有 Cr、Ir、

Re、W、Mo、Hf 等体系,熔点都在 2 000 ℃以上。Cr 是一种常见的合金涂层组元,已开发的 Cr-Al-Si 涂层氧化时能形成稳定的 Cr_2O_3、Al_2O_3 和 SiO_2 玻璃相,在 1 500 ℃时有效防护基体 200 h。Worrell 等人开发了 Ir-Al-Si 合金涂层,在 1 500~1 600 ℃防护基体的时长为 200 h 以上。然而贵金属 Ir 和 Re 的成本较高,极大地限制了其实际应用。

6.2.3 陶瓷涂层

相比于玻璃和金属,陶瓷涂层具有高熔点、较好的高温力学性能和高温稳定性及优良的抗氧化性能等,被广泛应用于 C/C 复合材料的抗氧化领域。近些年陶瓷涂层的研究主要集中于硅化物和超高温陶瓷。

硅基陶瓷涂层是研究最广泛、最深入的抗氧化涂层体系,熔点一般在 2 000 ℃左右。其抗氧化机理是在 900 ℃以上的有氧环境中与氧反应生成致密的 SiO_2 玻璃保护层,阻碍氧气的扩散并修复缺陷。常用的硅化物涂层包括 SiC、Si_3N_4、$TiSi_2$、$ZrSi_2$、$TaSi_2$、$CrSi_2$、$MoSi_2$、WSi_2 等,其中 SiC 与 C/C 基体之间的化学相容性好、界面结合力高且热膨胀系数较为相近,是研究最成熟的硅基涂层。强新发等人采用两步包埋熔渗法在 C/C 基体表面制备了 SiC 涂层,在 1 400 ℃对基体的保护时长达 100 h。除了 SiC 涂层,$MoSi_2$ 的研究也较为广泛,但它与 C/C 之间的热膨胀系数相差较大,通常需要 SiC 作为内涂层过渡。黄剑锋等人在 SiC 包埋 C/C 基体表面采用水热电沉积法制备了 $MoSi_2$ 涂层,测试表明该涂层可在 1 500 ℃保护基体 346 h,失重 2.48 mg/cm^2,在 1 630 ℃保护基体 88 h,失重率为 5.68 mg/cm^2。

然而,陶瓷涂层与 C/C 基体之间的热物理性能差异,导致涂层在热循环过程中产生热应力集中而开裂失效。因此,单相涂层难以满足 C/C 基体的氧化防护要求,需要对其进行改性。研究表明,引入第二相形成多相镶嵌结构,可大量增加相界面并减少热应力集中,使裂纹驱动能沿相界面释放,避免贯穿性裂纹的产生,从而提高涂层的防护性能。冯涛采用包埋熔渗法在 C/C 基体表面制备了 $MoSi_2$-$CrSi_2$-SiC-Si 多相涂层,不仅能在 1 600 ℃保护基体 300 h,且在室温到 1 600 ℃热循环 30 次后还能保持涂层结构完整。

随着氧化环境越来越苛刻、复杂,单层涂层一旦失效就会使基体暴露,因此需要研发多功能耦合的多层复合涂层体系。Xiong 等人开发了 SiC/Si-Mo 和 SiC/SiC-YAG-YSZ 多层涂层,在 1 200~1 500 ℃时涂层氧化生成 Al_2SiO_5、$ZrSiO_4$ 和 $Y_2Si_2O_5$ 颗粒钉扎 SiO_2 玻璃,有效保护基体 150 h、热循环 10 次。Yang 等人采用涂刷法制备 SiC/$MoSi_2$-Mo_5Si_3 双层涂层,研究了原材料的 Si/Mo 比与涂层抗氧化性能的关系。结果表明 Si/Mo 比越好,合成的 $MoSi_2$ 含量和抗氧化性能就越好,而且 Si 富余有利于裂纹的愈合。冯涛采用包埋熔渗结合料浆的方法制备了 SiC/WSi_2-$CrSi_2$-Si 和 SiC-$MoSi_2$/$MoSi_2$-ZrO_2 双层涂层,其中 SiC/WSi_2-$CrSi_2$-Si 涂层在 1 500 ℃氧化 300 h 后失重 0.1%,表面形成的 SiO_2-Cr_2O_3 复相玻璃层可以减小涂层的氧化速率。SiC-$MoSi_2$/$MoSi_2$-ZrO_2 涂层在 1 500 ℃氧化 260 h 后失重 1.31%,相比之下未加 ZrO_2 的涂层氧化 160 h 后失重 2.42%。分析结果表明,ZrO_2 与 SiO_2 形成的 $ZrSiO_4$ 不仅能减小涂层的热膨胀系数,还可以钉扎 SiO_2 玻璃层。该研究人员进一步采用三步包埋熔渗法制备了 SiC-B/B_2O_3-$MoSi_2$-$CrSi_2$-Si/B_2O_3-$MoSi_2$-$CrSi_2$-Si 三层涂层,在 900 ℃氧化 150 h 后失重仅 0.5%。该涂层良好的低温抗氧化

性能主要得益于 B_2O_3 玻璃相对裂纹的愈合作用。该涂层试样在 1 600 ℃氧化 900 h 后增重 0.03%。

陶瓷涂层在热循环过程中最主要的失效原因是涂层与基体之间因热失配而开裂。为了增加涂层韧性、降低热应力集中,可引入高强度、高模量的一维纳米材料,如纳米管、纳米线、晶须等,利用纳米材料的拔出、桥连、钉扎和裂纹偏转等机制,吸收裂纹驱动能并有效减少裂纹的萌生和扩展。SiC 纳米线与陶瓷涂层相容性好,具有优异的抗氧化性能,而且纳米线与基体之间在纳米尺度的机械互锁可以有效提高涂层与基体之间的界面结合,因此被认为是增韧材料的绝佳候选之一。通过原位生长或电泳的方式在 C/C 复合材料表面制备纳米线/晶须多孔层,然后以气相或液相渗入的方法在孔隙内形成涂层。原位化学气相沉积的纳米线有多种形貌,包括线状、带状、珠串状和竹节状等。开发了 SiC 晶须和纳米线增韧单层 SiC、SiC-$CrSi_2$、$MoSi_2$-SiC-Si、SiC-$MoSi_2$-$CrSi_2$ 涂层,双层 Si-Cr/Si-Cr、SiC-ZrB_2-ZrC/SiC-Si,以及 $TaSi_2$-$MoSi_2$-SiC 等涂层,并在 1 400~1 500 ℃测试了增韧涂层对 C/C 基体的氧化防护性能。结果表明:晶须和纳米线增韧的涂层在服役过程中开裂明显变少,断裂韧性和抗氧化性大幅提升;纳米材料的直径越小,尺寸效应越显著,强度相对更高,可起到更好的增韧效果。其中,晶须增韧的 $MoSi_2$-SiC-Si 涂层表现出最优异的抗氧化性能,在 1 500 ℃时保护基体 200 h 失重仅 0.9%。

大量实验研究表明,依靠 SiO_2 玻璃层阻挡氧气渗透难以长时间有效防护 C/C 基体,而且在 1 600 ℃以上时,SiO_2 玻璃的挥发速度明显加快,硅化物的氧化模式从被动氧化转变为主动氧化,生成大量气态 SiO,严重降低了涂层的抗氧化性能。引入超高温陶瓷相形成高熔点氧化物颗粒镶嵌 SiO_2 玻璃的结构,有利于提高硅基陶瓷和玻璃保护层的高温热稳定性,进一步提高涂层在 1 600 ℃以上的抗氧化性能。常见的超高温陶瓷有 Zr、Hf、Ta 的硼化物和碳化物等,其熔点均在 3 000 ℃左右,具有高耐磨、高硬度和优异的抗腐蚀性能。有研究人员研究了一系列超高温硼化物改性硅基陶瓷涂层,其中 ZrB_2-SiC、TaB_2-SiC、$Zr_xTa_{1-x}B_2$-SiC 和 $Ta_xHf_{1-x}B_2$-SiC 涂层分别在 1 500 ℃氧化 550 h、300 h、1 412 h 及 1 480 h 后失重 0.22%、1.1%、0.1%、0.57%,氧化过程中形成的 ZrO_2、$ZrSiO_4$、Ta_xO_y 颗粒镶嵌 SiO_2 玻璃结构为 C/C 基体提供了长时间防护。该研究人员开发的 $(Ta,Hf)B_2$ 改性 SiC 陶瓷涂层在 1 600 ℃的风洞冲刷环境中氧化 97 h 后保持完整,使基体避免受到明显氧化。

6.2.4 高熵陶瓷涂层

研究人员通过引入四种或五种过渡金属元素形成单一化合物,得到更适于高温环境服役的高熵陶瓷(High Entropy Ceramics,HECs)。这些过渡金属元素等摩尔混合,可以产生最大摩尔构型熵 $\Delta S_{mix}=R\ln N$,其中 N 为等摩尔组分数,R 为气体常数。当这种混合熵足够大时,会形成一种熵稳定的构型,并且吉布斯自由能最小,使其在高温下热力学性能更加稳定。高熵陶瓷作为多组分 UHTC 家族的新兴成员,因其意想不到的存在和独特的高硬度和强度的性能组合,具有较高的耐腐蚀性和低导热性,引起了研究人员的兴趣。目前 HECs 主要包括氧化物、碳化物、氮化物、硼化物、硅化物、锆酸盐、硼碳氮化物等及其复合材料。近年来,对高熵二硼化物(HEBs)的力学行为进行了广泛的研究,可以将其引入碳基复合材料的抗氧化硅基涂层内,来提高涂层的抗氧化性能。

国内外学者对高熵陶瓷的制备方法和相关性能进行了大量研究。Gild 等人采用高能球磨和放电等离子烧结法制备出多种等摩尔五组元金属的硼化物高熵陶瓷[如 $(Hf_{0.2}Zr_{0.2}Ta_{0.2}Nb_{0.2}Ti_{0.2})B_2$ 等]。研究结果表明,硼化物高熵陶瓷的硬度和抗氧化性能优于相同工艺制备的五种单组元硼化物平均性能(见图 6-1)。Feng 等人以 HfO_2、ZrO_2、TiO_2、Ta_2O_5、Nb_2O_5 和 C 为原料,采用碳热还原法和固溶两步法制备出单相(Hf-Zr-Ti-Ta-Nb)C 高熵陶瓷,研究指出,热处理温度为 1 600 ℃时能够制备出粒径约为 550 nm 的粉体。Wang 等人采用放电等离子烧结法在 2 000 ℃制备出 $(Hf_{0.2}Zr_{0.2}Ta_{0.2}Nb_{0.2}Ti_{0.2})C$-SiC 陶瓷,并研究了 SiC 含量对 $(Hf_{0.2}Zr_{0.2}Ta_{0.2}Nb_{0.2}Ti_{0.2})C$ 高熵陶瓷在 1 300~1 500 ℃空气中氧化性能的影响,结果表明,SiC 的引入使得高熵陶瓷在高温氧化过程中形成 Hf(Zr)SiO_4 和 Hf(Zr)TiO_4 保护层,能够有效抵御氧气侵蚀内部基体,提高 $(Hf_{0.2}Zr_{0.2}Ta_{0.2}Nb_{0.2}Ti_{0.2})C$ 陶瓷的抗氧化性能。

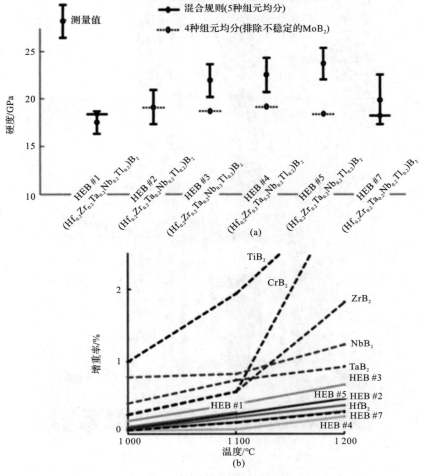

图 6-1 硼化物高熵陶瓷和其单组元陶瓷的性能对比
(a)硬度; (b)氧化性能

Ma 等人采用料浆浸渍-裂解结合气相渗硅法制备出 C/C-HEC-SiC 复合材料,对比分析 C/C 和 C/C-HEC-SiC 两种复合材料表面 HEC-SiC-Si 涂层试样的抗氧化性能。研究结果表明,C/C 复合材料 HEC-SiC-Si 涂层试样在 1 500 ℃ 空气中氧化 104 h 失重 2.04%,而 C/C-HEC-SiC 复合材料涂层试样氧化 198 h 仅失重 1.67%,抗氧化性能显著提高。经历 40 次 1 500 ℃ 至室温的热循环性能测试后,C/C 复合材料 HEC-SiC-Si 涂层试样失重 0.40%,C/C-HEC-SiC 复合材料涂层试样增重 0.36%。C/C-HEC-SiC 复合材料涂层试样表现出优异的抗氧化和抗热循环性能,其主要原因为基体中引入了大量陶瓷相,缓解涂层与基体的热失配,使得涂层中的裂纹尺寸有所减小。

Zhang 等人首先在不同温度下采用原位硼/碳热还原工艺[见图 6-2(a)]制备了高熵 $(Hf_{0.25}Zr_{0.25}Ti_{0.25}Cr_{0.25})B_2$ ($HETMB_2$)陶瓷(见图 6-3)。通过第一性原理模拟和热力学计算,研究了它们的可能形成机理。

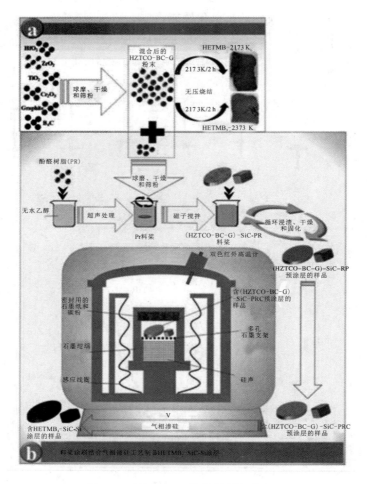

图 6-2 $HETMB_2$ 陶瓷的制备流程
(a)$HETMB_2$ 陶瓷通过原位硼/碳热还原;
(b)$HETMB_2$-SiC-Si 涂层通过浆液喷涂(SP)结合气体反应渗透硅(GRIS)

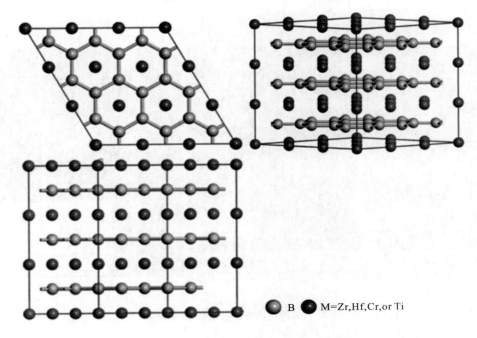

图 6-3　HETMB$_2$ 陶瓷晶体结构简化示意图

$$HfB_2(s)+ZrB_2(s)+TiB_2(s)+CrB_2(s)=4(Hf_{0.25}Zr_{0.25}Ti_{0.25}Cr_{0.25})B_2(s) \quad (6-1)$$

$$2HfO_2(s)+2ZrO_2(s)+2TiO_2(s)+Cr_2O_3(s)+4B_4C(s)+11C(s)=$$
$$8(Hf_{0.25}Zr_{0.25}Ti_{0.25}Cr_{0.25})B_2(s)+15CO(g) \quad (6-2)$$

热力学计算表明,对于 HETMB$_2$ 的形成,与反应(6-1)相比,反应(6-2)更易发生。

在此基础上,采用料浆喷涂(SP)结合气相渗 Si(GRIS)法[见图 6-2(b)]制备了 HETMB$_2$ 改性 SiC-Si 涂层(见图 6-4),并考察了在 1 973 K 高温下的氧化性能。通过热力学模拟解释了其相应的氧化行为。在 2 373 K 下形成的 HETMB$_2$-SiC-Si 涂层致密,具有充满富 HETMB$_2$ 硅基多相的镶嵌结构。该涂层可在 1 973 K 超过 205 h 的时间内防止碳/碳氧化,这主要是由于随后产生了紧凑和稳定的 Hf-Zr-Ti-Cr-Si-O 复合氧化膜。

目前稀土单硅酸盐(RE$_2$SiO$_5$)和二硅酸盐(RE$_2$SiO$_7$)在 1 400 ℃时具有优异的抗水蒸气腐蚀和抗热震性能,但是 RE$_2$SiO$_5$ 在高温下与 SiC 基材料的热膨胀系数不匹配,限制了其应用,相比之下,RE$_2$SiO$_7$ 具有与 SiC 较为匹配的热膨胀系数(CTE),在抗水氧腐蚀方面具有显著优势,被认为是目前环境屏障涂层(EBCs)中最具潜力的材料。不幸的是,绝大多数稀土双硅酸盐在高温中会发生相转变,涂层体积发生膨胀或收缩,产生较大的热应力,致使涂层失效,限制了 RE$_2$SiO$_7$ 的发展,随着对 EBCs 性能要求的不断提高,迫切需要开发具有优异抗水蒸气腐蚀性的高稳定性涂层。

研究人员通过固相烧结法设计合成了一种具有 5 种组元的稀土双硅酸盐(Lu$_{0.2}$Yb$_{0.2}$Er$_{0.2}$Tm$_{0.2}$Sc$_{0.2}$)$_2$Si$_2$O$_7$,进一步扩展了 EBCs 中稀土元素的选择多样性,在元素设计上,选取的 5 种 RE$_2$Si$_2$O$_7$(RE=Lu,Yb,Sc,Er,Tm)均含有 β 相晶型,形成了一种具有良好相稳定性的高熵陶瓷。

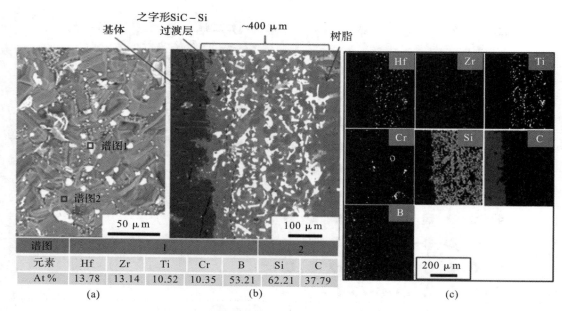

图 6-4 HZTCB$_2$-SiC-Si 涂层的微观结构
(a) 表面； (b) 截面 BSE 照片； (c) 对应的 EDS 元素分布分析

图 6-5 为 $(5RE_{0.2})_2Si_2O_7$ 粉体与块体材料制备过程示意图，图 6-6 为制备 $(5RE_{0.2})_2Si_2O_7$ 高熵陶瓷粉末的 SEM 图像及 EDS 元素分布图。从图中可以看出，采用固相烧结法制备的 $(5RE_{0.2})_2Si_2O_7$ 粉体由大小不一的细小颗粒堆积而成，EDS 元素映射结果显示 5 种元素 Lu、Yb、Sc、Er、Tm 在粉体中均匀分布。另外，由 $(5RE_{0.2})_2Si_2O_7$ 的理论原子比计算得到，各元素所占的原子比例分别为 RE 3.6%，Si 18.2%，O 63.6%。图 6-6(g) 显示了对图 6-6(a) EDS 面扫描得到的元素原子比的定量分析结果，可以看出，各元素的实际比例与理论值相差很小，初步表明该粉末的组成为高熵相 $(5RE_{0.2})_2Si_2O_7$。

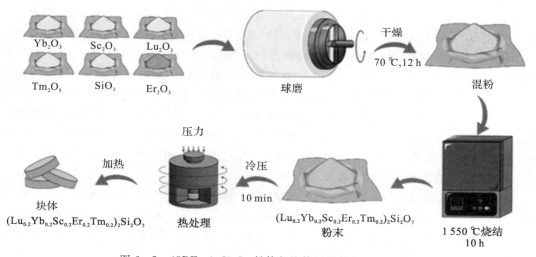

图 6-5 $(5RE_{0.2})_2Si_2O_7$ 粉体与块体材料制备过程示意图

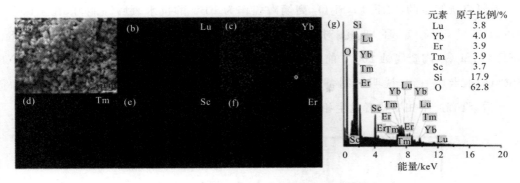

图 6-6 $(5RE_{0.2})_2Si_2O_7$ 粉体的微观结构

(a)~(f)$(5RE_{0.2})_2Si_2O_7$ 的 SEM 形貌和 Lu、Yb、Tm、Er、Sc 元素分布；
(g)$(5RE_{0.2})_2Si_2O_7$ 的 EDS 图谱和各元素含量

所制备的 $(5RE_{0.2})_2Si_2O_7$ 粉体的 XRD 谱图和五种单组分 $RE_2Si_2O_7$ 的标准 X 射线衍射卡片如图 6-7(a)所示。可以看出，制备的材料中主要包含了两种物相：与 $\beta-Lu_2SiO_7$ 极为相似的 $(5RE_{0.2})_2Si_2O_7$ 相和微量的 SiO_2 相。这表明制备的 $(5RE_{0.2})_2Si_2O_7$ 高熵陶瓷纯度较高。此外，$(5RE_{0.2})_2Si_2O_7$ 粉体的峰位与 $Lu_2Si_2O_7$(PDF#35-0326)峰位吻合最好，证明 $(5RE_{0.2})_2Si_2O_7$ 也是一种 β 晶型的单斜结构，空间群为 C2/m。进一步通过通用结构分析系统(GSAS)程序对其进行精修[见图 6-7(b)]。计算校正得到的拟合结果与实验测得的可靠性因子均低于 10%（其中拟合可靠性因子 $R_p=5.63\%$，实测可靠性因子 $R_{wp}=7.42\%$），表明拟合结果可信。经修正后得到的 $(5RE_{0.2})_2Si_2O_7$ 的晶体结构参数为 6.777 Å×8.815 Å×4.702 Å，$\beta=101.9°$。$(5RE_{0.2})_2Si_2O_7$ 的晶体结构模型如图 6-7(c)所示，晶胞中包含一个 RE 位点，一个 Si 位点和三个不同的 O 位点，其中 RE 位点与 6 个 O 原子键合形成[REO_6]八面体，Si 与 4 个 O 原子键合形成[SiO_4]四面体。每个[REO_6]八面体与相邻的八面体共用三条边形成"蜂窝"结构，相邻的[SiO_4]四面体共用一个桥氧原子，链接形成畸变度低的焦硅酸盐单元[Si_2O_7]。因此，$(5RE_{0.2})_2Si_2O_7$ 可以看成是由[Si_2O_7]四面体和[REO_6]八面体共同堆垛组成的。

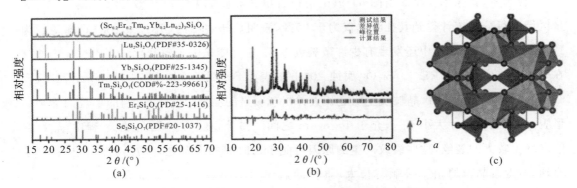

图 6-7 高熵 $(5RE_{0.2})_2Si_2O_7$ 的物相组成与晶体结构

(a)1 550 ℃、10 h 烧结的 $(5RE_{0.2})_2Si_2O_7$ 粉体与 5 种单组元标准 PDF 卡片对比；
(b)XRD 精修结果； (c)晶体结构示意图

为研究所制备的$(5RE_{0.2})_2Si_2O_7$高熵陶瓷作为 EBC 的抗水氧腐蚀能力,在 1 500 ℃、50% H_2O - 50% O_2 环境下,对$(5RE_{0.2})_2Si_2O_7$进行 200 h 的腐蚀。图 6 - 8 为$(5RE_{0.2})_2Si_2O_7$陶瓷腐蚀 200 h 前后的 XRD 图谱。可以看出,腐蚀 200 h 后的试样 XRD 峰位与标准卡片一致,说明所制备$(5RE_{0.2})_2Si_2O_7$高熵陶瓷在 1 500 ℃水氧环境下腐蚀 200 h 后,没有产生相变或者发生相分解,表现出了优异的抗水氧腐蚀性能。

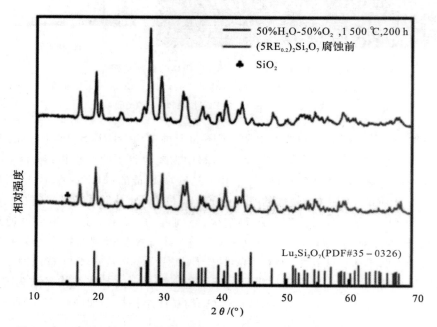

图 6 - 8 $(5RE_{0.2})_2Si_2O_7$陶瓷块体经水氧腐蚀 200 h 前后的 XRD 图谱对比图

图 6 - 9(a)为热压烧结的$(5RE_{0.2})_2Si_2O_7$陶瓷水氧腐蚀前后的 SEM 照片。由图可以看出,热压烧结工艺制备的$(5RE_{0.2})_2Si_2O_7$表面晶粒呈层片状结构,晶粒之间相互交叉嵌入,结合紧密,孔隙率较小。由图 6 - 9(b)可以看出其截面形貌光滑平整,经 Image - J 对大量区域进行分析统计得到其孔隙率仅为 1.05%,表明热压烧结的$(5RE_{0.2})_2Si_2O_7$陶瓷较为致密。另外,在其截面中还发现有少许微裂纹生成,这可能是由于致密化过程中试样内部存在一定的热应力。$(5RE_{0.2})_2Si_2O_7$腐蚀 200 h 表面 SEM 照片如图 6 - 9(c)所示,对比图 6 - 9(a),经水氧腐蚀后,晶粒发生明显长大并出现明显的晶界,呈颗粒分明的不规则等轴晶形貌,且其晶粒尺寸大小不一,介于 1~5 μm 之间。另外,在长时间的腐蚀过程中,晶粒之间出现了较大的裂纹,这些裂纹产生的原因可能是长时间的高温处理为晶粒的生长提供了驱动力,随着晶粒的相互接触与长大,累积的热应力不断集中,在冷却阶段形成裂纹。图 6 - 9(d)为腐蚀 200 h 的截面 SEM 照片,对比图 6 - 9(b),水氧腐蚀后产生了较多的气孔,这可能是热压制备过程中的微量 SiO_2 杂质在长时间的水氧腐蚀中挥发后而留下的。

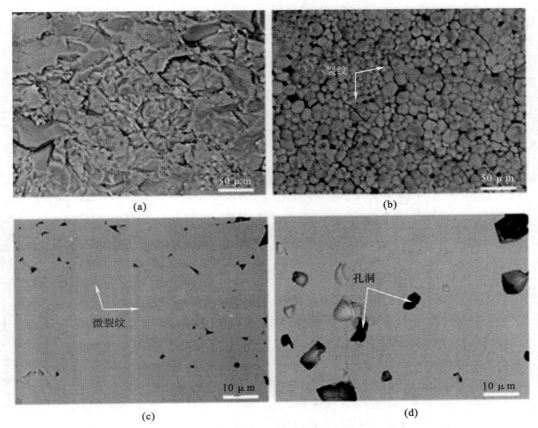

图 6-9 $(5RE_{0.2})_2Si_2O_7$ 陶瓷块体水氧腐蚀前后的表面与截面 SEM 照片
(a)腐蚀前表面； (b)腐蚀前截面； (c)腐蚀后表面； (d)腐蚀后截面

图 6-10(a)为$(5RE_{0.2})_2Si_2O_7$块体在水氧腐蚀环境中的失重曲线,可以看出,在腐蚀的前 40 h 内,$(5RE_{0.2})_2Si_2O_7$陶瓷呈现失重趋势,这可能是试样内微量 SiO_2 挥发而造成;随后 100 h 内的腐蚀中,试样逐渐呈增重趋势。Al_2O_3 在水氧环境中易产生挥发性物质 $Al(OH)_3$,双硅酸盐($Sc_2Si_2O_7$ 除外)在腐蚀过程中很容易与 Al_2O_3 坩埚产生的 $Al(OH)_3$ 杂质反应形成石榴石化合物,于是推测该试样的轻微增重可能是$(5RE_{0.2})_2Si_2O_7$与坩埚接触面的微量反应而造成的,但由于反应较弱,未能在 XRD 和 EDS 中检测到该产物;腐蚀 160 h 后试样质量逐渐趋于稳定,最终腐蚀 200 h 后$(5RE_{0.2})_2Si_2O_7$的失重仅为 3.18×10^{-5} $g\cdot cm^{-2}$,展现出优异的抗水氧腐蚀能力。图 6-10(b)为腐蚀 200 h 前后的 EDS 能谱对比,谱图显示腐蚀后没有其他的物质生成,表明$(5RE_{0.2})_2Si_2O_7$在长时间的水氧腐蚀下相组成保持稳定。图 6-10(c)为水氧腐蚀 200 h 后的 EDS 面扫描结果,其中 Lu、Yb、Tm、Er、Sc 五种元素在整个扫描区域内分布均匀,而 Si、O 元素集聚在没有孔洞的位置。结合腐蚀 200 h 后的 XRD 结果,证实气孔的产生与 SiO_2 挥发有关。

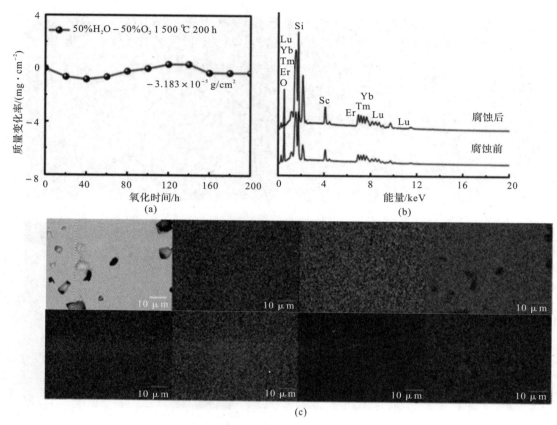

图 6-10 $(5RE_{0.2})_2Si_2O_7$ 陶瓷块体的腐蚀情况

(a) 在 1 500 ℃下腐蚀 200 h 内的失重； (b) 腐蚀前后的 EDS 谱图； (c) 腐蚀后的 EDS 面扫描结果

氧化物高熵陶瓷也是提高硅基涂层抗氧化性的潜在陶瓷体系。Xie 等人研究了 $(Y_{1/3}Yb_{1/3}Lu_{1/3})_2O_3$-SiC 高熵陶瓷在 1 700 ℃下的氧化机理，在 1 600 ℃无压烧结制备了 $(Y_{1/3}Yb_{1/3}Lu_{1/3})_2O_3$ 粉体，接着经过 2 100 ℃ 热处理，最后通过热压制备了 $(Y_{1/3}Yb_{1/3}Lu_{1/3})_2O_3$-SiC 陶瓷，工艺示意图如图 6-11 所示。

对 Y_2O_3-SiC、Yb_2O_3-SiC、Lu_2O_3-SiC、$(Y_{1/3}Yb_{1/3}Lu_{1/3})_2O_3$-SiC 在 1 700 ℃温度的静态空气中分别氧化 60 h，其氧化曲线如图 6-12 所示，对于 $(Y_{1/3}Yb_{1/3}Lu_{1/3})_2O_3$-SiC 样品，能观察到很多呈现精细片状形貌的 $(Y_{1/3}Yb_{1/3}Lu_{1/3})_2Si_2O_7$ 相分布在 SiO_2 玻璃膜中，在 $(Y_{1/3}Yb_{1/3}Lu_{1/3})_2O_3$ 改性 SiO_2 的玻璃层中起到钉扎作用，从而在较高温度下能够保持稳定性。

Y、Yb 和 Lu 的 TEM 能谱显示，它们均匀分布在 $(Y_{1/3}Yb_{1/3}Lu_{1/3})_2Si_2O_7$ 晶粒中，在氧化过程中没有发生进一步的相分离。此外，Y、Yb 和 Lu 分布在 SiO_2 中，表明稀土元素可以扩散到 SiO_2 中，形成的 SiO_2 玻璃层在 1 700 ℃氧化后结晶。第一性原理模拟表明：稀土原子倾向于扩散到 SiO_2 结构中并占据间隙位置，如图 6-13 所示；$(Y_{1/3}Yb_{1/3}Lu_{1/3})_2O_3$ 的引入使 SiO_2 网络结构更加稳定，因此在 1 700 ℃时具有更好的抗氧化性。

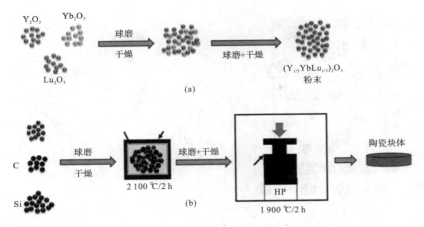

图 6-11 制备 $(Y_{1/3}Yb_{1/3}Lu_{1/3})_2O_3$ 粉末和陶瓷样品的工艺示意图
(a)固态反应法；(b)热压法

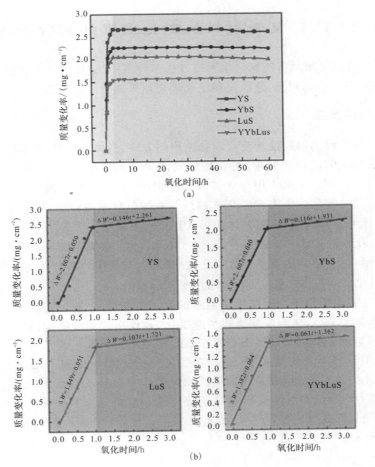

图 6-12 YS、YbS、LuS 和 YYbLuS 陶瓷样品在 1 700 ℃ 的等温氧化行为
(a)氧化动力学曲线；(b)3 h 氧化后质量增益的拟合曲线

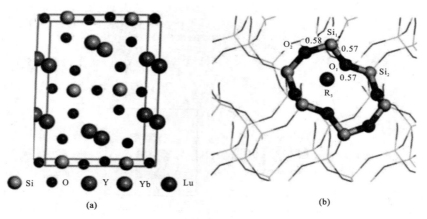

图 6-13 计算结构
(a)$(Y_{1/3}Yb_{1/3}Lu_{1/3})_2Si_2O_7$；(b)R3(Yb,Y,Lu)掺杂 SiO_2

6.3 C/C 复合材料抗氧化涂层的制备方法

在 C/C 复合材料表面制备抗氧化涂层的方法多种多样，常见的有包埋熔渗法、料浆法、化学气相沉积法、电化学沉积法，它泳沉积法和超声速等离子喷涂法等。

6.3.1 包埋熔渗法

包埋熔渗法是一种高温固液相反应制备涂层的方法，具体是将处理后的 C/C 复合材料包覆入含有涂层组元的混合粉料中，再在惰性气体中高温处理，C/C 与粉料发生一系列化学反应后形成涂层。该方法主要用于硅基陶瓷涂层的制备，高温下液相 Si 渗入 C/C 复合材料的孔隙内部并与其反应生成 SiC，因此涂层与基体以化学键结合，界面结合强度和致密度较高。此外，该工艺操作简单，对基体的形状和尺寸限制小。

Wang 等人采用包埋熔渗法制备了 LaB_6-$MoSi_2$/SiC 涂层，并与等离子喷涂法做了对比，实验结果表明，包埋熔渗法制备的涂层孔隙率较低，与基体的结合强度更高，所得涂层试样在 1 500 ℃氧化 150 h 后失重 0.05%，涂层表面形成的 La-Si-O-Al 复相玻璃起到填补裂纹、抑制氧气渗透的作用。而喷涂法制备的涂层氧化后失重 3.12%，由于涂层中含有氧化夹杂物的孔隙率更高，使涂层变脆并加速氧化，表现出较弱的防护能力。此外，研究人员采用两次包埋熔渗法制备了 Si-SiC、SiC/$MoSi_2$、$Zr_xTa_{1-x}B_2$-SiC 和 $Ta_xHf_{1-x}B_2$-SiC 涂层，并采用三步包埋熔渗法制备了 SiC-B/B_2O_3-$MoSi_2$-$CrSi_2$-Si/B_2O_3-$MoSi_2$-$CrSi_2$-Si 三层涂层。这些涂层在特定的温区能保护 C/C 基体不被氧化，但在高温下制备时熔融的粉料受重力影响使涂层厚度不均匀，且各元素的扩散速率和反应速率存在差异，导致组分分布难以控制，因此工艺稳定性差、可重复率低。此外，高温下发生化学反应容易使碳纤维受损，影响材料的机械性能。

6.3.2 料浆法

料浆法是将原料均匀分散在溶剂中形成悬浊液并以涂刷或浸入提拉的方式在 C/C 基

体表面制备涂层,随后烘干试样并置于惰气中高温热处理,即可得到较为致密的涂层。意大利的 Smeacetto 等人在包埋 SiC 涂层的 C/C 复合材料表面采用料浆法制备了双层涂层,内层组分为 $MoSi_2$-硼硅酸盐玻璃,外层组分是在内层基础上添加了 Y_2O_3,在 1 300 ℃ 氧化 150 h 失重小于 1%,热循环 50 次后失重小于 0.5%。研究表明,$YSiO_4$ 颗粒与硼硅酸盐玻璃形成了镶嵌防护层,从而使涂层表现出良好的抗热循环性能和抗氧化性能。Lai 等人采用料浆法在 C/C 复合材料表面制备了 Mo-Si-N 多层涂层,内层为 SiC,外层是 $MoSi_2/Si$,表面还覆盖有一层 $SiC-Si_3N_4-AlN-Al_2O_3$ 的纳米纤维,在 1 400 ℃ 氧化 15 h 后质量基本稳定,在 1 500 ℃ 失重大于 2%,氧化后形成的 SiO_2 层可以阻挡氧气的渗透。

料浆法工艺较为简单,成本低,涂层厚度可以通过涂刷或浸入次数控制,并且涂层材料的选择基本不受方法限制。但采用该技术需要后续采用高温热处理,且涂层与基体结合较差,致密度也难以达到要求,因此涂层的抗氧化性能相对较差。

6.3.3 化学气相沉积法

化学气相沉积法是将构成涂层组元的金属碳氢化合物及其他所需气体(如氢气)引入高温反应室,混合气体在此发生氢气还原等化学反应,并在 C/C 表面析出无机氧化物、碳化物等形成涂层。目前采用该技术已成功在 C/C 复合材料表面制备出 SiC、HfC、ZrC、$MoSi_2$ 等涂层。Ren 等人采用化学气相沉积法在 SiC 包埋 C/C 复合材料表面分步沉积了 HfC 纳米线增韧 HfC 涂层,过渡层 SiC 的制备缓解了基体与 HfC 之间热失配导致的开裂现象,增韧后涂层的烧蚀性能得到了进一步提高。Kim 等人采用低压化学气相沉积法在 C/C 复合材料表面制备了梯度 C/SiC 涂层,测试结果表明梯度设计缓解了涂层的热应力集中现象,并提高了其抗氧化性能,在 1 000 ℃ 氧化 5 h 后涂层失重率约为 8%。He 等人在 SiC 涂层包埋 C/C 复合材料表面预先涂刷 Mo 层,然后采用化学气相沉积法制备 SiC 涂层,经热处理后形成结构更为致密的 $MoSi_2-SiC$ 涂层,其中 Mo 元素的均匀分布对涂层最终的结构和性能影响显著,在 1 500 ℃ 测试 80 h 后涂层失重 1.25%,表现出优异的抗氧化性能。

化学气相沉积法不仅用于块体的涂层制备,也可以在粉体表面制备涂层。其通过调控气相组成,能获得多相涂层或梯度涂层,特别是在低温下合成高熔点陶瓷,而且涂层成分和厚度比较容易控制,致密性和均匀性高,可重复性好。但该方法所能制备的涂层种类有限,且控制工艺复杂,涂层与基体结合较差,在多功能耦合涂层制备领域还有欠缺。此外,该工艺的真空或保护气氛的沉积环境对设备密封性要求高;沉积效率太低,一般每分钟最多几百纳米;反应源和尾气易燃、易爆或有毒等。随着工业生产要求的不断提高,沉积工艺和设备不断改进,借助激光和等离子体等辅助手段能降低炉腔温度,使沉积速率、涂层均匀性和稳定性再次提升。

6.3.4 电泳沉积法

电泳沉积在工业生产中应用广泛,包括阳极和阴极电沉积、电镀等。电泳过程是通过电场作用使稳定悬浮体系中的胶体粒子作定向运动,到达电极基材表面后发生聚沉而形成较为密集的微团结构的过程。目前,对电泳沉积的机理存在各种解释,比较具有代表性的理论有电化学沉积机理和基于 DLVO 理论的机理。胶粒的粒径、电荷种类、电场的强度及其变化、分散介质等都对涂层质量至关重要。Huang 等人采用脉冲电沉积的方法在包埋 SiC 的 C/C 复合材料表面制备了莫来石涂层,并研究了原料粒径对涂层结构的影响,发现粒径越小(1 μm),涂层的致密度越高,缺陷越少。所得涂层在 1 500 ℃氧化后生成的铝硅玻璃能保护基体较长时间。Xiang 等人采用同样的方法制备了 $MoSi_2/SiO_2 - B_2O_3 - Al_2O_3$ 多层涂层,分别在 800 ℃和 1 500 ℃测试了涂层的抗氧化性能,低温下涂层的抗氧化性能较好,但高温氧化后内涂层和基体被氧化,涂层中形成贯穿裂纹,氧气进入后与基体反应释放出大量 CO_x 气态产物,在涂层中形成大尺寸气孔。

电泳沉积制备涂层的方法方便快捷、简单易操作、原料消耗量少、经济环保。但是该方法要求基体导电,绝缘体几乎无法沉积涂层,而且对陶瓷的颗粒尺寸有所要求,微米级颗粒沉积的涂层均匀性差、厚度薄。此外,该方法制备的涂层结构疏松,需要进一步热处理对涂层进行烧结。

6.3.5 超声速等离子喷涂法

超声速等离子喷涂法(SAPS)是表面处理(改质)技术的一种,涂层制备的示意图如图 6-14 所示。采用刚性非转移型等离子弧为热源,以高频火花引燃电弧,使工作气体被加热发生电离,在机械压缩效应、自磁压缩效应和热压缩效应的作用下,从喷嘴喷出形成高温高速的等离子射流。然后气流推动粉末进入等离子射流后被迅速加热和加速,形成熔融或半熔融的粒子束,撞击到基材表面发生流散、变形和凝固,后来的熔融粒子在先前凝固的粒子上层层叠压,最终形成具有一定厚度的涂层。该方法具有如下的特点:①焰流温度高,热量集中,能熔化一切高熔点材料;②焰流的喷射速度快,粉末能获得较大的动能,单位时间沉积率高达 8 kg/h;③涂层平整、光滑、厚度精确可控;④采用惰性气体作为工作气体,能减少基体表面和粉末材料的氧化,获得氧化物杂质少的涂层;⑤在喷涂过程中,粉末的喷射速度大,单位时间基体与喷枪相对位移大,对基体表面的热影响区很小。虽然该技术有诸多优势,但与包埋熔渗法相比,涂层的孔隙率较大,界面结合力较弱。

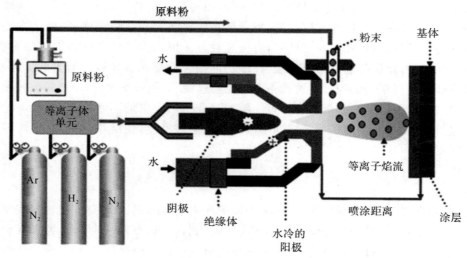

图 6-14 SAPS 制备涂层的示意图

目前，采用喷涂法在金属表面沉积涂层的技术已经成熟，被广泛用于制备 Al_2O_3、YSZ、Cr_2O_3、WC、TiC 等耐磨和热障涂层以及羟基磷灰石（HA）生物活性涂层。然而，在 C/C 复合材料表面使用该方法制备高熔点氧化物陶瓷、难熔碳化物和硼化物陶瓷涂层的研究较少。Wu 等人使用 SAPS 在包埋 SiC 的 C/C 表面制备了 $MoSi_2$ 涂层，实验结果表明，功率对涂层与基体的结合强度有很大影响，参数调控后涂层在 1 500 ℃ 表现出优异的高温抗氧化性能和抗热循环性能。对于抗氧化或抗烧蚀涂层，少量孔隙和氧化物夹杂、涂层与基体之间的结合方式以及沉积过程中的温差都会降低涂层在服役过程中的可靠性。因此，在 C/C 复合材料表面喷涂涂层，需要合理调控工艺参数，减少涂层缺陷，提高其与基体的结合力，以充分利用该技术的优势，研制出可靠的高温防护涂层。

6.4 C/C 复合材料抗氧化涂层组元的氧化行为

为了更好地理解陶瓷涂层的抗氧化机理，需了解涂层内主要的抗氧化陶瓷的氧化行为。

6.4.1 $MoSi_2$ 的特性及其氧化行为

$MoSi_2$ 具有优异的热力学性能，是高温热结构部件及抗氧化涂层的最佳候选材料之一。在 1 000～1 900 ℃ 时，$MoSi_2$ 以其较低的热膨胀系数（7.8×10^{-6} K^{-1}）和优异的抗氧化性能，被广泛用于 C/C 复合材料的涂层防护体系。

$MoSi_2$ 是 Mo-Si 二元合金体系中含硅量最高的中间相。Mo 和 Si 原子半径相差不大，电负性接近，当 Mo/Si 原子比为 1∶2 时，可形成具有严格化学计量比的道尔顿型金属间化合物。$MoSi_2$ 具有两种晶体结构（见图 6-15），即 1 900 ℃ 以下的 $C\mathrm{II}b$ 型体心四方结构和 1 900 ℃ 以上、熔点以下不稳定的 C40 型六方结构。$MoSi_2$ 特殊的晶体结构决定了它具有金属和陶瓷的双重特性，主要表现为：①较小的密度（6.24 g/cm^3）；②高熔点（2 030 ℃）；③优异的高温抗氧化性能，服役温度至 1 700 ℃ 以上；④较低的热膨胀系数（$7.8\times10^{-6}/K$，温度范围 20～1 400 ℃）；⑤较低的脆韧转变温度（BDTT≈1 200 ℃）；⑥$MoSi_2$ 在 1 000～1 400 ℃ 内的强度基本不受温度影响，在 1 400 ℃ 以上的强度急剧下降，是其成为高温结构材料的主要原因之一；⑦良好的电热传导性。此外，$MoSi_2$ 储量丰富、价格低廉，是环境友好型材料。

$MoSi_2$ 的氧化过程比较复杂，初始温度为 400 ℃ 左右，根据氧化动力学分析将氧化过程按温度分为三个阶段：

$$2MoSi_2(s)+7O_2(g)=2MoO_3(s)+4SiO_2(s) \tag{6-3}$$

$$5MoSi_2(s)+7O_2(g)=Mo_5Si_3(s)+7SiO_2(s) \tag{6-4}$$

$$2Mo_5Si_3(s)+21O_2(g)=10MoO_3(g)+6SiO_2(s) \tag{6-5}$$

低温区（400～800 ℃）：$MoSi_2$ 的扩散系数较小，没有足够的 Si 源支撑 SiO_2 保护层的形成，当 Mo 氧化成 MoO_3 时[式（6-3）]，体积变化超过 300%，使 $MoSi_2$ 加速氧化并粉化坍塌。

中温区（800～1 200 ℃）：连续与非连续 SiO_2 层形成的过渡温区，反应按式（6-4）和式（6-5）进行。

高温区(>1 200 ℃):在材料表面形成连续致密的 SiO_2 保护层,阻挡氧气的直接接触,反应主要按式(6-4)进行。

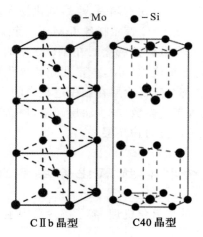

图 6-15 $MoSi_2$ 的 CⅡb 和 C40 晶型结构

从 $MoSi_2$ 的氧化动力学和其自身性能来看,限制其应用的问题有三方面:①低温脆性。$MoSi_2$ 的室温断裂韧性大约为 $4.5 MPa·m^{1/2}$,远低于工程应用所需的最低断裂韧性($15 MPa·m^{1/2}$)。造成其脆性的主要原因是晶体结构对称性低,共价键具有极强的方向性,在低温下可运动的滑移系非常少,不能满足多晶材料变形至少需要 5 个独立滑移系的必要条件。②低温粉化现象。低温粉化现象在 1955 年首先被 Fitzer 发现,自此以后采取了很多措施预防。研究发现,影响粉化现象的因素很多,如 Mo 的氧化物挥发导致 SiO_2 膜不致密、样品中的孔隙和裂纹使氧原子能快速进入材料内部、杂质元素 O 和 N 等在晶界优先扩散。③高温抗蠕变强度不足。在脆韧转变温度以上,材料在<100>方向剪切滑移出现大量层错和晶界滑移,导致其高温抗蠕变性能下降。大量研究表明,这些弱点可以采用复合化或合金化的措施改善。引入 Al、Nb 等取代 Mo 原子或 Si 原子可以改善 $MoSi_2$ 的脆性。引入 Al、Ti、Zr、Ta、Cr、Y 等合金化元素可以减轻或抑制粉化。引入 Re、Nb、W 等合金化元素可以大幅提高其高温强度。

6.4.2 SiC 的氧化转变

从 20 世纪 60 年代开始,SiC 两种截然不同的氧化行为就引起了许多国外研究人员的关注,该领域至今在理论和实验方面已有了大量的研究。SiC 的氧化机制分为主动氧化和被动氧化。生成一层薄的凝聚相氧化物二氧化硅[$SiO_2(s)$]的反应称为被动氧化(passive oxidation),凝聚相 SiO_2 由于其致密性和远低于其他高温氧化物的低氧扩散率,能够有效阻止氧化剂向防热层内部扩散,极大地提高防热材料的抗氧化能力。主动氧化(active oxidation)是指 SiC 氧化生成挥发性一氧化硅[$SiO(g)$],这会使 SiC 材料迅速氧化消耗,削弱抗氧化性能。主动氧化反应为

$$SiC(s)+O(g)=SiO(g)+CO(g) \tag{6-6}$$

被动氧化反应为

$$SiC(s) + 3/2 O(g) = SiO_2(s) + CO(g) \qquad (6-7)$$

两种氧化机制存在温度和氧分压共同决定的转变边界条件，在低温、高氧分压下，SiC材料会发生被动氧化，而在高温、低氧分压下，SiC材料更易发生不利于其抗氧化性能的主动氧化。因此，研究SiC主/动被动氧化转变边界条件对于研究SiC材料抗氧化性能和应用环境至关重要。

6.4.2.1 Wagner理论及发展

SiC氧化转变理论的研究最早开始于20世纪50年代末。1958年，Wagner关于纯硅氧化机理(见图6-16)的研究为之后SiC基材料的主动/被动氧化及其转变研究奠定了基础。

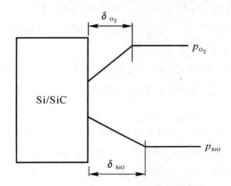

图6-16 Wagner理论示意图

Wagner认为，在纯Si材料表面向外部气体延伸的某一气体扩散边界层厚度内，气态反应物和生成物的氧分压逐渐变化。对于主动到被动转变，当氧分压较低时，表面气态SiO的分压p_{SiO*}小于平衡分压$p_{SiO(eq)}$，在这一状态下持续发生主动氧化，随着氧分压升高，p_{SiO*}将达到$p_{SiO(eq)}$，此时发生主动到被动的转变。基于一维稳态扩散的菲克定律，通过到达表面的氧气与扩散出去产物气态SiO的氧通量相等的关系，得到主动到被动转变气体环境的氧分压表达式为

$$p_{O_2} = \frac{1}{2}\left(\frac{\delta_{SiO}}{\delta_{O_2}}\right)^{1/2} p_{SiO(eq)} \qquad (6-8)$$

对于被动到主动转变，Wagner的理论建立在SiO_2分解的基础上，反应式为$SiO_2(s) = SiO(g) + 1/2 O_2$。当氧分压大于主动到被动转变的氧分压时，Si表面生成固态SiO_2，计算得到的SiO_2层能稳定保持的最小环境氧分压表达式为

$$p_{O_2} = \left[\left(\frac{1}{4}\right)^{\frac{2}{3}} + \left(\frac{1}{2}\right)^{\frac{1}{3}}\right] K_6^{2/3} \left(\frac{\delta_{SiO}}{\delta_{O_2}}\right)^{1/3} \qquad (6-9)$$

根据Wagner的理论，在1 410 ℃时，主动到被动转变氧分压为6.1×10^{-3} atm，被动到主动转变环境氧分压为3×10^{-8} atm。Si的主动到被动和被动到主动转变之间有大约5个数量级的差异，主/被动转变之间的差异引起了之后研究人员的关注。

Daniel E. Rosner认为，Wagner理论用于SiC的主动/被动氧化转变问题的前提是该过程由扩散控制，如果这一过程由动力学控制，则转变条件不应该是扩散系数比的函数。由此，Rosner基于氧化实验得出的SiC在不同温度和氧分压条件下的氧化概率，给出了一种

SiC 主/被动转变条件的变式：

$$p_i^* = \frac{1}{\varepsilon^{*i}} \left[\left(\frac{m_i}{m_{SiO}}\right)^{3/2} \left(\frac{m_i}{m_{CO}}\right)^{1/2} \right]^{1/4} [K_p(T^*)]^{1/4} \quad (6-10)$$

式中：i 为 O 或 O_2；ε 为实验定义的无量纲氧化概率；K_p 为反应 $1/2SiO_2(s) + 1/2Si(s) = SiO(g)$ 的平衡常数。由于 ε 几乎不随温度变化，此关系式确定的 p^{*i} 的对数与 $1/T$ 为线性关系。结果表明，SiC 在原子氧下的氧化转变条件与分子氧有显著的差异，相比于分子氧，原子氧下的被动氧化发生在更低的氧分压下，且转变线的斜率远大于分子氧。此外，实际的转变氧分压与公式所预测的也存在较大偏差，表明这种准热力学方法并不能完全解释这一化学反应控制的过程。笔者认为，对于主动/被动转变的研究，主动状态下氧吸附概率和被动状态下产物蒸发动力学至关重要。由于 O_2 的离解能影响两种体系的动力学，因此分子氧与原子氧下主/被动转变边界的位置存在差异。

Gulbransen 对 Si-O-C 体系中发生的氧化、还原和挥发反应进行了热化学分析，基于热化学数据，给出了 SiC 的主动/被动转变机制的分析。对于 SiC 的主动/被动转变，在 SiC/SiO_2 界面可能发生三个反应：

$$SiC(s) + 2SiO_2(s) = 3SiO(g) + CO(g) \quad (6-11)$$

$$SiC(s) + SiO_2(s) = 2SiO(g) + C(s) \quad (6-12)$$

$$2SiC(s) + 2SiO_2(s) = 3Si(s) + 2CO(g) \quad (6-13)$$

结合化学热力学分析，Gulbransen 提出了新的转变机制。$SiO_2(s)$ 层中存在孔洞，发生主动反应还是被动反应取决于这些孔隙中 $SiO(g)$ 和 $CO(g)$ 的压力大小与外部 $O_2(g)$ 压力的关系，充满 $CO(g)$ 的孔隙中 $SiO(g)$ 从 $SiC(s)/SiO_2(s)$ 界面向外扩散，而 $O_2(g)$ 向内扩散与 $SiO(g)$ 反应，形成 $SiO_2(s)$ 颗粒。这些颗粒在孔隙内的沉积可能导致孔隙的关闭。孔隙中的 $CO(g)$ 压力决定了 $SiC(s)/SiO_2(s)$ 界面上碳和氧的化学势。随着氧分压的降低，孔隙中的 $CO(g)$ 压力也随之降低。这导致碳和氧沿着 $SiC(s)-SiO_2(s)$ 相边界向 $Si(s)$ 相区域的化学势发生变化。对于式(6-11)所给出的条件，生成的 $SiO(g)$ 压力是 $CO(g)$ 压力的 3 倍。这可能导致气体撑开 SiO_2 薄膜。当氧分压过低，$SiC(s)$ 与 $SiO_2(s)$ 接触不再稳定时，$Si(s)$ 随着 $CO(g)$ 的释放而形成。如果 $Si(s)$ 形成，则为 $Si(s)$ 主动氧化建立了条件。这一相边界产物转变的过程解释了被动向主动转变存在滞后的原因。

对于 SiC 氧化问题的研究，获取低氧分压的方法大致有两种，一种是氧气与惰性气体混合，通过控制流量比在比较高的总压下获得低氧分压，另一种是纯氧气氛下控制系统的总压获得低氧分压。Gulbransem 的热化学模型对二者的区别作出了评价，认为主动氧化和被动氧化的转变应受系统总压力的影响，而不应仅受 p_{O_2} 的影响。$SiO(g)$ 通过破裂或多孔的 $SiO_2(s)$ 薄膜从 $Si(s)-SiC(s)$ 界面上的挥发不会发生在 $p_{SiO} \geqslant p_{O_2}$ 的时候。只有当 $O_2(g)$ 压力接近主动氧化区域时，才会发生急剧的转变。当接近被动区时，转变被抑制。此外，由于试样表面附近的逆流质量平衡条件，转变曲线可能发生位移。这影响了氧化膜孔隙中的反应。由于扩散势垒的存在，在惰性气体中的氧化反应速率较慢，SiC 表面近距离的 $SiO(g)$ 氧化成 $SiO_2(s)$ 的过程也可能受到影响。Gulbransem 认为，在惰性气体存在的情况下，Wagner 的主动/被动转变模型是有效的。

6.4.2.2 Turkdogan 理论及发展

1963 年，Turkdogan 等研究人员提出的金属汽化速率增强理论为 SiC 主动/被动氧化转变研究提供了另一种方法。Turkdogan 理论认为，金属蒸汽离开表面后，会与金属/气体界面上方的气体(如氧气)反应生成雾化的金属氧化物(smoke)，该过程增加了金属原子扩散的梯度，从而加速了金属的汽化过程，如图 6-17 所示。随着氧分压的增大，金属蒸汽的边界层减小，雾层前缘向金属/气体边界靠近，当达到临界氧分压时，金属表面形成一层固态或液态的氧化层，金属汽化几乎停止。

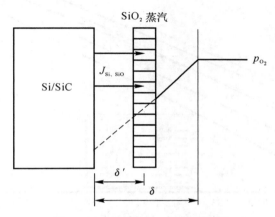

图 6-17 Turkdogan 理论示意图

1976 年，Hinze 把 Turkdogan 的理论应用于 Si 和 SiC 氧化转变问题的研究中，对于纯硅，"smoke"产生的方程式为

$$Si(g) + O_2(g) = SiO_2(smoke) \quad (6-14)$$

对于 SiC，则为

$$SiO(g) + 1/2 O_2(g) = SiO_2(smoke) \quad (6-15)$$

主动向被动转变的临界氧分压为

$$p_{O_2} = \frac{p_{Si}^*}{h_{O_2}} \left(\frac{RT}{2\pi M_{Si}}\right)^{1/2} \quad (6-16)$$

式中：p_{Si}^* 是 Si 的蒸汽压；R 是气体常数；T 是绝对温度；M_{Si} 是 Si 的相对分子质量；h_{O_2} 是 O_2 的传质系数，且有

$$h_{O_2} = 0.664 \left(\frac{D_{O_2}^4 \rho}{\eta}\right)^{1/6} \left(\frac{\nu}{L}\right)^{1/2} \quad (6-17)$$

式中：D_{O_2} 为氧气的扩散系数；ρ 是气体密度；η 是黏度；ν 是通过样品的线性气体速度；L 是样品的特征尺寸。此外，由于 SiC 的蒸汽压非常低，Hinze 认为 Wagner 的理论相比于 Turkdogan 的理论更适用于研究 SiC 的氧化问题。

1990 年，Heuer 研究了 Si-O、Si-N、Si-N-O 和 Si-C-O 系统的挥发相图(挥发相图描述了在某温度条件下体系中主要气相产物的分压与各种凝聚相保持平衡状态，并随氧分压变化所构成的相图，可用来分析气相与凝聚相之间的反应)，改进了 Turkdogan 理论，认为主动氧化和被动氧化之间存在中间状态,主动氧化能否持续发生取决于 SiO_2(smoke)是否在表面沉积,并在挥发相图中解释并给出了各氧化状态之间的转变条件。Heuer 的方法纯粹基于热力学,没有考虑边界层和动力学因素。有学者认为,该方法低估了实际发生转变的临界氧分压。将基于理论计算的转变边界结果汇总,如图 6-18 所示。

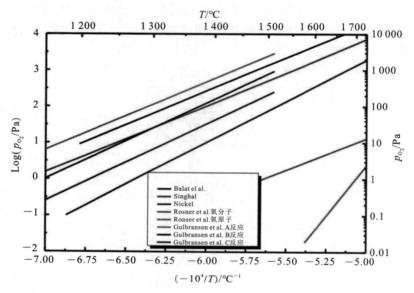

图 6-18 基于理论计算的转变边界条件

6.4.2.3 SiC 氧化转变实验研究

SiC 材料的氧化状态转变的研究一般都在 1 400 K 以上,主动氧化反应温度较高,对实验系统提出了很高的要求,包括稳定性、可调性和精确性等。因此,实验室所需具备的条件对 SiC 氧化研究产生限制,特别是在定量方面。根据目前 SiC 氧化的研究现状,实验研究多是通过不同的检测手段观察材料响应,根据氧化响应总结出唯象机理。各研究人员开展了不同温度和氧分压的氧化实验,但由于测试条件和技术的差异,所使用的研究转变的实验方法也不同。主要可分为三大类:第一类是根据实验过程中固相材料宏观质量或体积变化进行判别;第二类是根据实验后固相氧化产物测试分析来判定氧化模式,主要包括 X 射线电子能谱、扫描电镜微观形貌以及表面粗糙度变化等;第三类是实验过程中气相产物的监测,主要包括质谱法、发射光谱法和激光诱导荧光法。

6.4.3 ZrB_2 及其复合陶瓷的氧化性能

ZrB_2 具有密度低、熔点高、化学稳定性好、导热性好、耐腐蚀性强等性能,被广泛用于制备超高温陶瓷及其复合材料。由于 ZrB_2 陶瓷材料的熔点较高,烧结困难,在高温下容易氧化,影响了其在含氧环境下的使用。如何在保留 ZrB_2 优良特性的条件下,改善其抗氧化性能,提高材料服役温度,成为国内外学者研究 ZrB_2 基陶瓷的主要内容之一。

由于 ZrB_2 陶瓷较难烧结,通常掺杂少量烧结助剂进行热压烧结制备。图 6-19 为使用

Si_3N_4 作为烧结助剂制备的 ZrB_2 陶瓷表面形貌,由于 ZrB_2 粉在热压制备过程中不可避免地存在微量氧化现象,所以在背散射扫描电镜中可以观察到少量 ZrO_2 的存在,可以发现,对于 ZrB_2 陶瓷,即使采用热压烧结制备方法,试样也难以完全致密,试样表面还有少量孔隙存在。

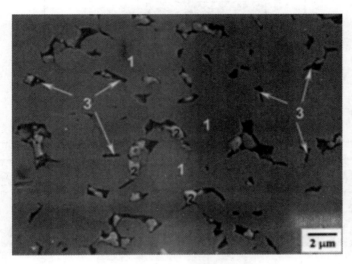

图 6-19 ZrB_2 陶瓷表面形貌

ZrB_2 在高温氧化环境下会发生氧化反应,生成 ZrO_2 和 B_2O_3,反应式如下:

$$ZrB_2(s) + 2.5O_2(g) = ZrO_2(s) + B_2O_3(l) \quad (6-18)$$

$$B_2O_3(l) = B_2O_3(g) \quad (6-19)$$

当氧化温度低于 1 000 ℃时,氧化生成液态 B_2O_3,其生成速率远大于气态 B_2O_3 的挥发速率,因此,在试样表面会形成一层液态黏稠 B_2O_3 保护层,阻止氧基体氧化。当氧化温度高于 1 800 ℃时,氧化生成的 B_2O_3 立刻变成气体挥发,ZrB_2 陶瓷很快只留下疏松多孔的 ZrO_2 结构,材料抗氧化能力大幅度降低。当氧化温度高于 1 000 ℃,低于 1 800 ℃时,氧化生成液态 B_2O_3 的速率低于气态 B_2O_3 挥发速率,试样表面无法形成连续的液态 B_2O_3 保护层,但由于 B_2O_3 生成速率与挥发速率相差不大,在试样内部还可以观察到 B_2O_3 的存在。ZrB_2 陶瓷在不同温度下的氧化结构变化如图 6-20 所示。

由于在 1 000 ℃以上的环境中,ZrB_2 陶瓷抗氧化性能仍不够理想,为了提高其在高于 1 000 ℃环境下的抗氧化能力,通常加入 SiC,形成 ZrB_2-SiC 二元复相陶瓷。加入 SiC 可以显著提高抗氧化性能,因为在高温时形成的玻璃相 SiO_2 可以覆盖材料的表层,在 1 600 ℃以下对基体具有良好的保护作用。氧化过程中的反应方程式为式(6-6)、式(6-18)、式(6-19)。

当温度高于 450 ℃时,ZrB_2 氧化生成的 ZrO_2 作为高温相,可以提高陶瓷所能承受的温度。生成的 B_2O_3 为黏稠液态,可以隔绝氧扩散并少量挥发散热。在此阶段 SiC 的氧化速率远小于 ZrB_2,故表面没有或只有少量 SiO_2 的存在。图 6-21 是 ZrB_2-30%(体积分数)SiC 陶瓷在 1 000 ℃氧化 30 min 后的截面形貌。从图中可以看到,在 ZrB_2-SiC 陶瓷基体上生成的氧化物可以分为两层:表面的 B_2O_3 玻璃相层,厚度大约为 2 μm;内层的 ZrO_2 和

SiC 混合层,厚度为 6 μm。

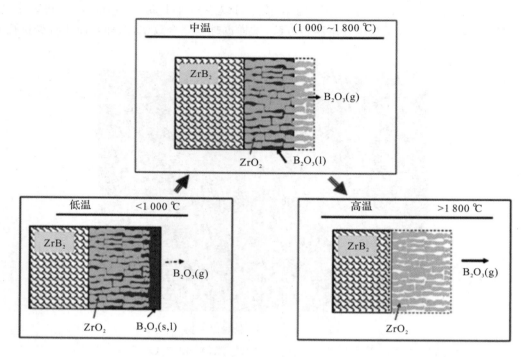

图 6-20 ZrB$_2$ 陶瓷在不同氧化温度的氧化产物结构

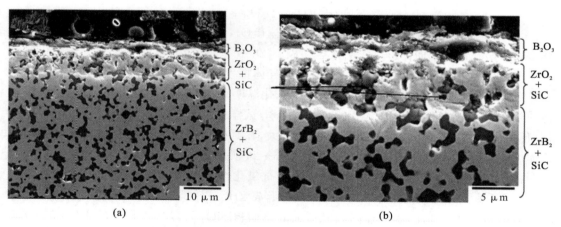

图 6-21 ZrB$_2$-SiC 陶瓷在 1 000 ℃氧化 30 min 后的截面
(a)低倍形貌; (b)高倍形貌

当氧化温度逐渐升高到 1 100 ℃以上时,试样表面的液态 B$_2$O$_3$ 挥发耗尽,无法形成连续的保护层。但是 SiC 氧化速度提高,在试样表面形成致密的 SiO$_2$ 薄膜保护层。对于 ZrB$_2$-30%SiC 陶瓷,在 1 500 ℃氧化 30 min 后的截面形貌如图 6-22 所示,生成的氧化物表现出三层结构:最外层为致密黏稠的 SiO$_2$ 玻璃相,次外层为 SiO$_2$ 和 ZrO$_2$ 的混合层,内

层为 ZrB_2 和 ZrO_2 的混合层。ZrB_2-SiC 由于 SiC 的加入,高温抗氧化性能大大提高,氧化物的厚度只有 20 μm,氧化物层与基体结合紧密。ZrB_2-SiC 在 1 500 ℃氧化时表面生成 ZrO_2 和 SiO_2,ZrO_2 作为高温相,可以提高材料所能承受的温度。熔融的 SiO_2 玻璃相隔绝氧的扩散,使内部氧化物与基体的界面处氧分压很低。在界面处足够的温度与氧分压条件会使 SiC 发生主动氧化生成 SiO 向外扩散。在 SiO 向外扩散过程中,随着与表面距离的缩短,材料内部的氧分压逐渐增大。SiO 在试样表面与氧气重新接触反应生成 SiO_2 覆盖在试样表面。

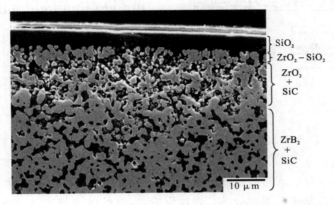

图 6-22 ZrB_2-SiC 在 1 500 ℃氧化 30 min 后的截面层结构

在更高的温度(如 1 900 ℃)下,ZrB_2-30%SiC 复相陶瓷氧化 1 h 后的截面形貌如图 6-23 所示,可以发现,在 1 900 ℃时,ZrB_2-SiC 复相陶瓷的氧化物截面结构与 1 500 ℃时相似。氧化物结构都可以分为三层:SiO_2 层、富锆层、SiC 耗尽层。由于 SiC 固体氧化生成气体,使得氧化层中出现大量的孔洞,这一富集的孔洞层被称为 SiC 耗尽层。图 6-24 为 SiC 耗尽层孔洞演化过程模型。孔洞的形成与演化受以下因素控制:①气体的生成产生孔洞;②B_2O_3 液体的生成填充孔洞,并随着气化量的增大而全部成为气体;③ZrB_2 氧化生成 ZrO_2 发生体积膨胀填充孔洞;④温度高于 1 800 ℃,一部分新生成的 ZrO_2 微颗粒由于蒸气压的作用向外迁移。

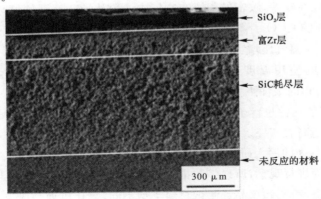

图 6-23 ZrB_2-SiC 陶瓷在 1 900 ℃氧化 1 h 后的截面形貌

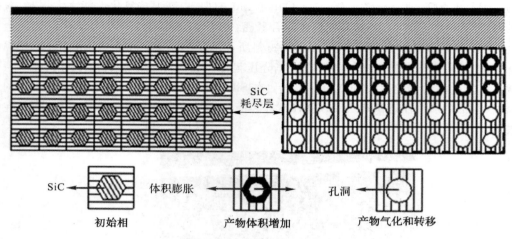

图 6-24 孔洞演化过程模型

1 900 ℃氧化产物与 1 500 ℃氧化物结构的不同点在于,第三层 SiC 耗尽层的厚度远大于第一层和第二层。这是因为,1900 ℃时,SiC 的主动/被动氧化转变所需的氧原子浓度不再像 1 500 ℃时那么低。试样很容易在氧化物与基体的界面处发生主动氧化,并且氧化的速率更快。氧化物与基体的界面处 SiC 快速反应,生成 SiO 向外扩散,SiC 耗尽层厚度迅速增大。这样的氧化物结构使得材料的 SiC 耗尽层厚度较大,材料在 SiC 耗尽层容易出现裂纹。材料表面氧化物易剥落,失去结构完整性。

6.4.4 ZrC 的特性及其氧化行为

非氧化物陶瓷具有许多优异的性能,但在高温氧化气氛下容易发生氧化,导致其使用寿命缩短,因此对非氧化物陶瓷氧化行为的研究尤为重要。在非氧化物陶瓷氧化过程中,表面形成对应氧化物构成的氧化层。氧化层的性质与基体的氧化速率具有重要关系。

碳化锆(ZrC)属于超高温陶瓷的一种,具有熔点高、硬度大、断裂强度高、导电(热)性好、耐腐蚀的优点。但是 ZrC 难烧结、断裂韧性低、抗氧化性差,严重限制了它在实际中的应用。ZrC 的抗氧化性较差,致密的陶瓷在空气中一般从 800 ℃开始氧化,氧化产物主要为 ZrO_2 和气体副产物 CO、CO_2。气体向外扩散使氧化层产生许多气孔,氧化层的保护能力下降。随温度升高,气体蒸气压增大,达到一定程度时氧化层从基体剥落。即便如此,ZrC 基陶瓷在氧化气氛中的使用温度也高于普通的高温结构陶瓷。氧-乙炔焰(火焰温度约 3 100 ℃)测试表明,相同条件下 3D C/ZrC 复合材料的烧蚀率明显低于 3D C/SiC 复合材料。同时,ZrC 的抗氧化性也优于目前应用的碳-碳复合材料和难熔金属。因此,ZrC 也是一类非常有前景的超高温陶瓷。

对 ZrC 的氧化行为的深入研究主要集中在 400～1 500 ℃。空气中 ZrC 氧化较为剧烈,不利于对其氧化行为进行观察,所以多数报道的氧化实验都是在低氧分压下进行的。研究的材料分为多晶陶瓷、粉末和单晶。测试材料类型不同,氧化机理一般也相应发生改变。例如,多晶材料氧化时氧可以从晶界向内扩散,而单晶材料不存在这一氧化过程。通常,ZrC

氧化层可以分为两层(见图6-25),氧化层外层疏松多孔,由ZrO_2和少量C构成。外层与基体之间含有一薄层黑色且较为致密的内层。内层比外层C含量高,一般认为C以游离态形式存在。因为含有少量C,外层的颜色比纯ZrO_2颜色略深。外层中大部分C被氧化产生气体,气体向外扩散导致氧化层外层多孔。ZrC转变成ZrO_2发生体积膨胀,同时ZrO_2晶型转变也伴随着体积改变,导致氧化层产生裂纹。部分报道指出,当低于1 700 ℃氧化时ZrC氧化层不能烧结,剧烈的氧化反应致使氧化层呈粉末状态。

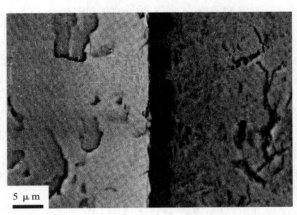

图6-25 单晶ZrC在温度为550 ℃、氧分压为2.6 kPa下氧化80 h后截面的背散射照片

氧化温度和氧分压能够影响ZrC氧化层的相组成和微观组织结构。Shimada等人研究了氧分压为1.3~7.9 kPa时ZrC粉末的氧化行为。结果表明:低于470 ℃,Zr的氧碳化合物$ZrO_{2-x}C_x$沿ZrC晶界生成,然后$c-ZrO_2$成核;高于470 ℃,Zr的氧碳化合物生成的同时ZrO_2成核并长大。ZrO_2快速生成导致体积膨胀并产生裂纹,氧化层逐渐破裂,保护能力下降。随温度升高,氧化层破坏程度逐渐严重。Shimada等人的研究指出:ZrC在温度600 ℃、氧分压2 kPa下氧化1 h后氧化层由$c-ZrO_2$构成;氧化10 h时$t-ZrO_2$和$m-ZrO_2$出现;氧化20 h时$t-ZrO_2$和$m-ZrO_2$含量增大;温度700 ℃、氧分压0.02~2 kPa时氧化层由$t-ZrO_2$和$m-ZrO_2$组成;温度1 100~1 500 ℃、氧分压0.02 kPa时氧化层中$t-ZrO_2$消失,氧化层主要由$m-ZrO_2$构成。Rama等人指出,氧化层与基体之间残余C的含量随氧分压的增大而降低。因此,低氧分压下进行的实验更有利于分析ZrC氧化层的内层。ZrC氧化层内层中游离C的晶体结构也与氧化温度和氧分压相关。Shimada等人成功将氧化层内层从基体上分离,并进行了TEM和Raman分析。结果表明,700~1 100 ℃氧化时游离C为非晶态,1 500 ℃氧化时部分非晶C石墨化。

Shimada等人对温度500~1 500 ℃、氧分压0.02~80 kPa条件下ZrC的氧化行为进行了研究,提出以下氧化机理。

初期碳化物吸附氧形成碳氧化合物$ZrC_{1-x}O_x$:

$$ZrC(s) + 3/2 O_2(g) = ZrC_{1-x}O_x(s) + xCO_2(g) \quad (x < 0.4) \tag{6-20}$$

随吸附的氧含量增大,当$x \approx 0.4$时,$ZrC_{1-x}O_x$转变成ZrO_2:

$$ZrC_{1-x}O_x(s) + (1-x)/2 O_2(g) = ZrO_2(s) + (1-x)C(s) \tag{6-21}$$

式(6-21)说明了ZrC氧化层中含有C的原因。笔者认为,最初生成的由ZrO_2和C组成的氧化层相对致密,成为氧化层的内层,其厚度随时间呈抛物线规律增长。

氧化层内层达到一定厚度时 C 开始氧化:
$$2C(s) + O_2(g) = 2CO(g) \tag{6-22}$$
$$C(s) + O_2(g) = 2CO_2(g) \tag{6-23}$$

C 的氧化导致氧化层中形成大量气孔和裂纹,内层逐渐转变成外层。内层与基体之间 C 不断沉积,同时内层接近外层的区域 C 不断被氧化,外层厚度随时间呈近似线性规律增长,内层厚度变化不明显。CO 和 CO_2 在氧化层中的扩散较为困难,导致外层中少量 C 残留下来。

ZrC 的氧化速率与材料的组织结构以及氧化实验条件具有重要关系。目前,已报道的 ZrC 的氧化动力学模型不统一。Kuriakose 等人指出,温度 554~652 ℃、氧分压 1 atm 条件下电子束浮区法制备的 ZrC 单晶氧化动力学遵循线性规律,激活能为 16.7 kcal·mol^{-1};温度升高,样品遭到毁灭性的氧化。Shimada 等人研究了相似方法制备的 ZrC 在温度 500~600 ℃、氧分压 2.6 kPa 时的氧化行为。结果表明,ZrC 氧化动力学遵循线性规律。Voitovich 等人利用热压法制备了 ZrC 陶瓷,并研究了其在 500~800 ℃ 空气中的氧化行为。结果表明,该 ZrC 陶瓷的氧化动力学基本遵循线性规律,氧化速率随材料的孔隙率提高而增大。Shimada 等人指出,ZrC 粉末在温度 55~652 ℃、氧分压 1 atm 氧化时氧化动力学遵循线性规律;温度为 380~550 ℃,氧分压分别为 1.3 kPa、2.6 kPa、7.9 kPa 时,氧化动力学遵循抛物线规律。当温度低于 470 ℃ 时的激活能 138 kJ·mol^{-1},高于 470 ℃ 时的激活能 180 kJ·mol^{-1}。笔者采用下面两个方程式来描述 ZrC 的氧化动力学:
$$[1-(1-\alpha)^{1/3}]^2 = Kt \tag{6-24}$$
$$[1-(1-\alpha)^{1/3}] = Kt \tag{6-25}$$

式中:α 为反应常数;K 为速率常数;t 为反应时间。α 的值为样品质量增加的测量值除以理论值。样品质量增加理论值为假定 ZrC 完全生成 ZrO_2 的质量变化。α 最大值可以达到 103%~132%,其最大值与氧分压有关。经过长时间或较高温度氧化后 α 值变为 100%。α 值高于 100% 是由反应过程中生成 C 所致。

Gozzi 等人利用下式来描述 ZrC 的氧化动力学:
$$(W_{ox})^m = Kt \tag{6-26}$$
式中:W_{ox} 为氧化过程中样品单位面积消耗氧的质量;K 为速率常数;m 值与氧化过程中速率控制步骤有关。W_{ox} 可表示为
$$W_{ox} = \frac{M_{O_2} N_{O_2}}{c} f \tag{6-27}$$

式中:N_{O_2} 为总的氧的摩尔数;M_{O_2} 为氧的质量;S 为样品的表面积。W_{ox} 不包括生成气体消耗的氧的质量,所以方程中引入 f,其表示 1 mol 氧化物中氧的摩尔数与氧化过程中生成 1 mol 氧化物需要总的氧的摩尔数的比值。

目前,对 ZrC 氧化的研究主要体现在对 ZrC 氧化行为以及机理的阐述,关于提高 ZrC 陶瓷抗氧化性的研究较少。Si 基化合物氧化时表面通常生成致密的 SiO_2 保护膜,表现出优良的抗氧化性。因此,Si 基化合物常作为添加剂来提高超高温陶瓷的抗氧化性。Pierrat 等人采用无压烧结制备了 ZrC-20%$MoSi_2$ 复合材料。于空气中 2 000 K 氧化时,ZrC-

20%$MoSi_2$ 氧化层破裂严重,加速了氧化气氛对基体的破坏。热力学计算表明,当使用温度高于 1 800 K 时,引入过高含量 $MoSi_2$ 可促进样品表面融化,降低 ZrC 的抗氧化性。Sciti 等人采用无压烧结制备了 HfC-15%$MoSi_2$ 和 HfC-15%$TaSi_2$ 复合材料。空气中 1 600 ℃氧化 1 h 后样品表面未观察到连续的 SiO_2 保护膜,其原因可能是 HfC 氧化过程放出大量的 CO_2,导致 $MoSi_2$ 发生活化氧化生成气态的 SiO。Zhao 等人利用先驱体裂解法制备了 C/ZrC-SiC 复合材料。静态空气中 1 200 ℃抗氧化性测试表明,样品表面生成的 SiO_2 保护层提高了 ZrC 的抗氧化性。

参 考 文 献

[1] SAVAGE G. Carbon-Carbon Composites[M]. London:Chapman & Hall, 1993.

[2] BUCHAN F J, LITTLE J A. Particulate-containing glass sealants for carbon-carbon composites [J]. Carbon, 1995, 33:491-497.

[3] 罗健. 碳/碳复合材料航空刹车副磷酸盐涂层研究[D]. 长沙:中南大学, 2012.

[4] 付前刚,李贺军,黄剑锋,等. C/C 复合材料磷酸盐涂层的抗氧化性能研究[J]. 材料保护, 2005, 38(3):52-54.

[5] LIE L N, TILLER W A, SARASWAT K C. Thermal oxidation of silicides [J]. Journal of Applied Physics, 1984, 56(7):2127-2132.

[6] 陈思员,姜贵庆,俞继军,等. 碳化硅材料被动氧化机理及转捩温度分析[J]. 宇航材料工艺, 2009, 39(3):21-24.

[7] WILLIAM G F. Thermodynamic analysis of ZrB_2-SiC oxidation:formation of a SiC-depleted region [J]. Journal of the American Ceramic Society, 2010, 90(1):143-148.

[8] DOREMUS R H. Viscosity of silica [J]. Journal of Applied Physics, 2002, 92(12):7619-7629.

[9] HUANG J F, ZENG X R, LI H J, et al. Mullite-Al_2O_3-SiC oxidation protective coating for carbon/carbon composites [J]. Carbon, 2003, 41(14):2825-2829.

[10] SUN Y, MENG Q, QIAN M, et al. Enhancement of oxidation resistance via a self-healing boron carbide coating on diamond particles [J]. Scientific Report, 2015, 6(1):20198.

[11] JABRA R, PHALIPPOU J, ZARZYCKI J. Synthesis of binary glass-forming oxide glasses by hot-pressing of gels [J]. Journal of Non-Crystalline Solids, 1980, 42(1):489-498.

[12] KARLSDOTTIR S N, HALLORAN J W, HENDERSON C E. Convection patterns in liquid oxide films on ZrB_2-SiC composites oxidized at a high temperature [J]. Journal of the American Ceramic Society, 2010, 90(9):2863-2867.

[13] FEDERICO S, MONICA F, MILENA S. Multilayer coating with self-sealing properties for carbon-carbon composites [J]. Carbon, 2003, 41(11):2105-2111.

[14] 郭玥. 铱/铼/碳-碳复合材料铼过渡层相关性能研究[D]. 长沙:国防科学技术大学, 2012.

[15] WORRELL W L, LEE K N. High Temperature Alloys:US6127047[P]. 2000-10-03.

[16] MIN H, LI K Z, LI H J, et al. Preparation of SiC/Cr-Al-Si coating for C/C composites by two-step pack cementation method [J]. Journal of Xi'an Shiyou University, 2009, 24(2):89-92.

[17] QIANG X, LI H, ZHANG Y, et al. A modified dual-layer SiC oxidation protective coating for carbon/carbon composites prepared by one-step pack cementation [J]. Corrosion Science, 2011, 53(1):523-527.

[18] HUANG J F, WANG B, LI H J, et al. A $MoSi_2$/SiC oxidation protective coating for carbon/carbon composites [J]. Corrosion Science, 2011, 53(2):834-839.

[19] LI L, LI H, SHEN Q, et al. Oxidation behavior and microstructure evolution of SiC-ZrB_2-ZrC coating for C/C composites at 1673 K[J]. Ceramics International, 2016, 42(11):13041-13046.

[20] FENG T, LI H J, FU Q G, et al. The oxidation behavior and mechanical properties of $MoSi_2$-$CrSi_2$-SiC-Si coated carbon/carbon composites in high-temperature oxidizing atmosphere [J]. Corrosion Science, 2011, 53(12):4102-4108.

[21] YAN Z, CHEN F, XIONG X, et al. Thermal shock resistance of SiC/Si-Mo multilayer oxidation protective coating for carbon/carbon silicon carbide composites [J]. Journal of Composite Materials, 2010, 44(26):3085-3092.

[22] ZENG Y, XIONG X, GUO S, et al. SiC/SiC-YAG-YSZ oxidation protective coatings for carbon/carbon composites [J]. Corrosion Science, 2013, 70(3):68-73.

[23] ZHANG M, YANG X, ZOU Y, et al. Influence of preparation technology on the structure and phase composition of $MoSi_2$-Mo_5Si_3/SiC multi-coating for carbon/carbon composites [J]. Journal of Materials Science & Technology, 2010, 26(2):106-112.

[24] FENG T, LI H J, FU Q G, et al. Microstructure and anti-oxidation properties of multi-composition ceramic coatings for carbon/carbon composites [J]. Ceramics International, 2011, 37(1):79-84.

[25] FENG T, LI H J, FU Q G, et al. SiC-$MoSi_2$/ZrO_2-$MoSi_2$ coating to protect C/C composites against oxidation [J]. Transactions of Nonferrous Metals Society of China, 2013, 23(7):2113-2117.

[26] FENG T, LI H J, YANG X, et al. Multilayer and multi-component oxidation protective coating system for carbon/carbon composites from room temperature to 1 873 K [J]. Corrosion Science, 2013, 72(4):144-149.

[27] LU J, GUO K, SONG Q, et al. In-situ synthesis silicon nitride nanowires in carbon fiber felts and their effect on the mechanical properties of carbon/carbon composites [J]. Materials & Design, 2016, 99:389-395.

[28] CHU Y H, FU Q G, CAO C W, et al. SiC nanowire-toughened SiC-MoSi$_2$-CrSi$_2$ oxidation protective coating for carbon/carbon composites [J]. Surface & Coatings Technology, 2010, 205:413-418.

[29] CHU Y, LI H, LUO H, et al. Oxidation protection of carbon/carbon composites by a novel SiC nanoribbon-reinforced SiC-Si ceramic coating [J]. Corrosion Science, 2015, 92:272-279.

[30] CHU Y, LI H, FU Q, et al. Bamboo-shaped SiC nanowire-toughened SiC coating for oxidation protection of C/C composites [J]. Corrosion Science, 2013, 70(4):11-16.

[31] LI H J, FU Q G, SHI X H, et al. SiC whisker-toughened SiC oxidation protective coating for carbon/carbon composites [J]. Carbon, 2006, 44(3):602-605.

[32] QIANG X, LI H, ZHANG Y, WANG Z, et al. Mechanical and oxidation protective properties of SiC nanowires-toughened SiC coating prepared in-situ by a CVD process on C/C composites[J]. Surface & Coatings Technology, 2016, 307:91-98.

[33] FU Q G, LI H J, SHI X H, et al. A SiC whisker-toughened SiC-CrSi$_2$ oxidation protective coating for carbon/carbon composites[J]. Applied Surface Science, 2007, 253:3757-3760.

[34] FU Q G, LI H J, LI K Z, et al. Effect of SiC whiskers on the microstructure and oxidation protective ability of SiC-CrSi$_2$ coating for carbon/carbon composites [J]. Material Science and Engineering A, 2007, 445/446:386-391.

[35] FU Q G, LI H J, LI K Z, et al. Microstructure and oxidation protective ability of MoSi$_2$-SiC-Si coating toughened with SiC whiskers for carbon/carbon composites [J]. Surface Engineering, 2008, 24(5):383-387.

[36] CHU Y H, FU Q G, CAO C W, et al. SiC nanowire-toughened SiC-MoSi$_2$-CrSi$_2$ oxidation protective coating for carbon/carbon composites [J]. Surface & Coatings Technology, 2010, 205:413-418.

[37] LI H, YANG X, CHU Y, et al. Oxidation protection of C/C composites with in situ bamboo-shaped SiC nanowire-toughened Si-Cr coating [J]. Corrosion Science, 2013, 74(4):419-423.

[38] LI L, LI H, LI Y, et al. A SiC-ZrB$_2$-ZrC coating toughened by electrophoretically-deposited SiC nanowires to protect C/C composites against thermal shock and oxidation [J]. Applied Surface Science, 2015, 349:465-471.

[39] DU B, HONG C, QU Q, et al. Oxidative protection of a carbon-bonded carbon fiber composite with double-layer coating of MoSi$_2$-SiC whisker and TaSi$_2$-MoSi$_2$-

SiC whisker by slurry method [J]. Ceramics International, 2017, 43 (12): 9531-9537.

[40] QIANG X, LI H, ZHANG Y, et al. Mechanical and oxidation protective properties of SiC nanowires-toughened SiC coating prepared in-situ by a CVD process on C/C composites [J]. Surface & Coatings Technology, 2016, 307: 91-98.

[41] ZHOU H, GAO L, WANG Z, et al. ZrB_2-SiC oxidation protective coating on C/C composites prepared by vapor silicon infiltration process [J]. Journal of the American Ceramic Society, 2010, 93(4): 915-919.

[42] REN X, LI H, CHU Y, et al. Preparation of oxidation protective ZrB_2-SiC coating by in-situ reaction method on SiC-coated carbon/carbon composites [J]. Surface & Coatings Technology, 2014, 247: 61-67.

[43] REN X, LI H, FU Q, et al. Oxidation protective TaB_2-SiC gradient coating to protect SiC-Si coated carbon/carbon composites against oxidation [J]. Composites Part B Engineering, 2014, 66(4): 174-179.

[44] REN X, LI H, LI K, et al. Oxidation protection of ultra-high temperature ceramic $Zr_x Ta_{1-x}B_2$-SiC/SiC coating prepared by in-situ reaction method for carbon/carbon composites [J]. Journal of the European Ceramic Society, 2014, 35(3): 897-907.

[45] REN X, LI H, FU Q, et al. $Ta_x Hf_{1-x}B_2$-SiC multiphase oxidation protective coating for SiC-coated carbon/carbon composites [J]. Corrosion Science, 2014, 87(3): 479-488.

[46] REN X, LI H, FU Q, et al. $Ta_x Hf_{1-x}B_2$-SiC multiphase oxidation protective coating for SiC-coated carbon/carbon composites [J]. Corrosion Science, 2014, 87(3): 479-488.

[47] WANG C, LI K, SHI X, et al. Comparison of microstructure and oxidation behavior of La-Mo-Si coatings deposited by two approaches [J]. Ceramics International, 2017, 43(14): 10848-10860.

[48] FU Q G, LI H J, WANG Y J, et al. A Si-SiC oxidation protective coating for carbon/carbon composites prepared by a two-step pack cementation [J]. Ceramics International, 2009, 35(6): 2525-2529.

[49] BEZZI F, BURGIO F, FABBRI P, et al. SiC/$MoSi_2$ based coatings for Cf/C composites by two step pack cementation [J]. Journal of the European Ceramic Society, 2019, 39(1): 79-84.

[50] SMEACETTO F, FERRARIS M, SALVO M. Multilayer coating with self-sealing properties for carbon-carbon composites [J]. Carbon, 2003, 41(11): 2105-2111.

[51] LAI Z H, ZHU J C, JEON J H, et al. Phase constitutions of Mo-Si-N anti-oxidation multi-layer coatings on C/C composites by fused slurry [J]. Materials Science & Engineering A, 2009, 499: 267-270.

[52] REN J, ZHANG Y, ZHANG P, et al. Ablation resistance of HfC coating reinforced by HfC nanowires in cyclic ablation environment [J]. Journal of the European Ceramic Society, 2017, 37(8):2759-2768.

[53] KIM J I, KIM W J, CHOI D J, et al. C/SiC multilayer coating for the oxidation resistance of C/C composite by low pressure chemical vapor deposition [J]. International Journal of Modern Physics B, 2003, 17(8/9):1223-1228.

[54] HE Z B, LI H J, SHI X H, et al. Formation mechanism and oxidation behavior of $MoSi_2$-SiC protective coating prepared by chemical vapor infiltration/reaction [J]. Transactions of Nonferrous Metals Society of China, 2013, 23(7):2100-2106.

[55] GOTO T. Thermal barrtier coatings deposited by laser CVD[J]. Surface and Coatings Techonlogy, 2005,198(1/2/3):367-371.

[56] KO D C, LEE J M, KIM B M. Mechanical and adhesive properties of plasma CVD coatings on various substrates using scratch test [J]. Solid State Phenomena, 2014, 116/117:304-307.

[57] 王博,黄剑锋,夏常奎. 电化学沉积法制备薄膜、涂层材料研究进展[J]. 陶瓷, 2010(1):57-61.

[58] DUCKER W A, XU Z, ISRAELACHVILI J N. Measurements of hydrophobic and DLVO forces in bubble-surface interactions in aqueous solutions [J]. Langmuir, 1994,10(9):3279-3289.

[59] HUANG J, ZHANG B, OUYANG H, et al. Effect of particle size on anti-oxidation property of mullite coating prepared by pulse arc discharge deposition [J]. Rsc Advances, 2015,125:103744-103751.

[60] YONG X, CAO L Y, HUANG J F, et al. Microstructure and oxidation protection of a $MoSi_2/SiO_2$-B_2O_3-Al_2O_3 coating for SiC-coated carbon/carbon composites [J]. Surface & Coatings Technology, 2017, 311:63-69.

[61] DEVI M U. New phase formation in Al_2O_3 based thermal spray coatings [J]. Ceramics International, 2004, 30(4):555-565.

[62] EGUCHI K, HUANG H, KAMBARA M, et al. Twin hybrid plasma spray deposition of novel thermal barrier YSZ composite coatings [J]. Journal of the Japan Institute of Metals, 2005, 69(1):17-22.

[63] KIM B K, LEE D W, CHOI C J. Plasma densification of agglomerated Cr_2O_3 powder for thermal spray coating [J]. Powder Metallurgy, 2001, 44(3):274-278.

[64] LEGOUX J G, ARSENAULT B, BOUYER V, et al. Evaluation of four high velocity thermal spray guns using WC-10% Co-4% Cr cermets [J]. Journal of Thermal Spray Technology, 2002, 11(1):86-94.

[65] GUO X, HUANG L, JI H, et al. Microstructure and tribological property of TiC-Mo composite coating prepared by vacuum plasma spraying [J]. Journal of Thermal Spray Technology, 2012, 21(5):1083-1090.

[66] KUMARI R, MAJUMDAR J D. Wear behavior of plasma spray deposited and post heat-treated hydroxyapatite (HA)-based composite coating on titanium alloy (Ti-6Al-4V) substrate [J]. Metallurgical & Materials Transactions A, 2018, 49(7): 3122-3132.

[67] WU H, LI H J, MA C, et al. $MoSi_2$-based oxidation protective coatings for SiC-coated carbon/carbon composites prepared by supersonic plasma spraying [J]. Journal of European Ceramic Society, 2010, 30(15): 3267-3270.

[68] 张小立,吕振林,金志浩. 无压反应烧结$Mo(Si,Al)_2$-SiC复合材料的研究[J]. 稀有金属材料与工程, 2005, 34(8): 1267-1270.

[69] ZHANG Y L, LI H J, FU Q G, et al. An oxidation protective Si-Mo-Cr coating for C/SiC coated carbon/carbon composites [J]. Carbon, 2008, 46(1): 179-182.

[70] FAN X, HACK K, ISHIGAKI T. Calculated C-$MoSi_2$ and B-Mo_5Si_3 pseudo-binary phase diagrams for the use in advanced materials processing [J]. Materials Science & Engineering A, 2000, 278(1/2): 46-53.

[71] WAGHMARE U V, KAXIRAS E, BULATOV V V, et al. Effects of alloying on the ductility of $MoSi_2$ single crystals from first-principles calculations [J]. Modelling & Simulation in Materials Science & Engineering, 1998, 6(4): 493-506.

[72] YAO Z, STIGLICH J, SUDARSHAN T S. Molybdenum silicide based materials and their properties [J]. Journal of Materials Engineering & Performance, 1999, 8(3): 291-304.

[73] BIAMINO S, ANTONINI A, PAVESE M, et al. $MoSi_2$ laminate processed by tape casting: microstructure and mechanical properties' investigation [J]. Intermetallics, 2008, 16(6): 758-768.

[74] MITRA R. Mechanical behaviour and oxidation resistance of structural silicides [J]. Metallurgical Reviews, 2006, 51(1): 13-64.

[75] LIU Y Q, SHAO G, TSAKIROPOULOS P. On the oxidation behaviour of $MoSi_2$ [J]. Intermetallics, 2001, 9(2): 125-136.

[76] ZHANG F, ZHANG L, SHAN A, et al. Oxidation of stoichiometric poly-and single-crystalline $MoSi_2$ at 773 K [J]. Intermetallics, 2006, 14(4): 406-411.

[77] DINSDALE A T. SGTE data for pure elements [J]. Calphad-computer Coupling of Phase Diagrams & Thermochemistry, 1991, 15(4): 317-425.

[78] SHARIF A A. High-temperature oxidation of $MoSi_2$ [J]. Journal of Materials Science, 2010, 45(4): 865-870.

[79] KENISARIN M. High-temperature phase change materials for thermal energy storage[J]. Renewable and Sustainable Energy Reviews, 2010, 14(3): 955-970.

[80] MARUYAMA T, YANAGIHARA K. High temperature oxidation and pesting of $Mo(Si,Al)_2$[J]. Materials Science & Engineering A, 1997, 239/240: 828-841.

[81] MA Q, YANG Y, KANG M, et al. Microstructures and mechanical properties of hot-pressed $MoSi_2$-matrix composites reinforced with SiC and ZrO_2 particles [J]. Composites Science & Technology, 2001, 61(7):963-969.

[82] SHARIF A A, MISRA A, PETROVIC J J, et al. Alloying of $MoSi_2$ for improved mechanical properties[J]. Intermetallics, 2001, 9(10/11):869-873.

[83] NATESAN K, DEEVI S C. Oxidation behavior of molybdenum suicides and their composites [J]. Intermetallics, 2000, 8(9/10/11):1147-1158.

[84] PETROVIC J J, VASUDEVAN A K. Key developments in high temperature structural silicides [J]. Materials Science & Engineering A, 1999, 261(1/2):1-5.

[85] STRÖM E, CAO Y, YAO Y M. Low temperature oxidation of Cr-alloyed $MoSi_2$ [J]. 中国有色金属学报(英文版), 2007, 17(6):1282-1286.

[86] HUANG Q W, ZHU L H. High-temperature strength and toughness behaviors for reaction-bonded SiC ceramics below 1 400 ℃[J]. Materials Letters, 2005, 59(14/15):1732-1735.

[87] MISRA A, SHARIF A A, PETROVIC J J, et al. Rapid solution hardening at elevated temperatures by substitutional Re alloying in $MoSi_2$[J]. Acta Materialia, 2000, 48(4):925-932.

[88] SHARIF A A, MISRA A, MITCHELL T E. Deformation mechanisms of polycrystalline MoSi2 alloyed with 1 at.% Nb [J]. Materials Science & Engineering A, 2003, 358(1/2):279-287.

[89] PETROVIC J J, HONNELL R E. SiC Reinforced-$MoSi_2$/WSi_2 Alloy Matrix Composites [J]. Mrs Online Proceeding Library, 1990, 194:734-744.

[90] WAGNER C, Passivity during the oxidation of silicon at elevated temperatures[J]. J. Appl. Phys., 1958, 29(9):1295-1297.

[91] ROSNER D E, ALLENDORF H D. High temperature kinetics of the oxidation and nitridation of pyrolytic silicon carbide in dissociated gases [J]. J. Phys. Chem., 1970, 74:1829-1839.

[92] GULBRANSEN E A, JANSSON S A. The high-temperature oxidation, reduction, and volatilization reactions of silicon and silicon carbide[J]. Oxidation of Metals, 1972, 4(3):181-201.

[93] TURKDOGAN E T, GRIEVESON P, DARKEN L S, et al. Enhancement of diffusion-limited rates of vaporization of metals[J]. J. Am. Chem. Soc., 1963, 67:1647-1654.

[94] HINZE J W, GRAHAM H C. The active oxidation of Si and SiC in the viscous gasflow regime[J]. J. Electrochem. Soc., 1976, 123:1066-1073.

[95] HEUER A H, LOU V L K. Volatility diagrams for silica, silicon nitride, and silicon carbide and their application to high-temperature decomposition and oxidation[J]. J. Am. Ceram. Soc., 1990, 73:2785-3128.

[96] JACOBSON N S, HARDER B J, AND MYERS D L, Active oxidation of SiC: part Ⅰ: active-to-passive transitions[J]. J. Am. Ceram. Soc. , 2013, 96(3):838 - 844.

[97] OPEKA M M, TALMY I G, ZAYKOSKI J A. Oxidation-based materials selection for 2 000 ℃ + hypersonic aerosurfaces: theoretical considerations and historical experience [J]. Journal of Materials Science, 2004, 39(19):5887 - 5904.

[98] SHIMADA S, NISHISAKO M, INAGAKI M. Formation and microstructure of carbon-containing oxide scales by oxidation of single crystals of zirconium carbide [J]. Journal of the American Ceramic Society, 1995, 78(1):41 - 48.

[99] SHIMADA S, ISHII T. Oxidation kinetics of zirconium carbide at relatively low temperatures [J]. Journal of the American Ceramic Society, 1990, 73(10): 2804 - 2808.

[100] SHIMADA S, YOSHIMATSU M, INAGAKI M, et al. Formation and characterization of carbon at the ZrC/ZrO_2 interface by oxidation of ZrC ingle Crystals[J]. Carbon, 1998, 36(7/8):1125 - 1131.

[101] RAMA RAO G, VENUGOPAL V. Kinetics and mechanism of the oxidation of ZrC [J]. Journal of Alloys Compounds, 1994, 206(2):237 - 242.

[102] SHIMADA S, YOSHIMATSU M, INAGAKI M, et al. Formation and characterization of carbon at the ZrC/ZrO_2 interface by oxidation of ZrC single crystals [J]. Carbon, 1998, 36(7/8):1125 - 1131.

[103] SHIMADA S. Interfacial reaction on oxidation of carbides with formation of Carbon [J]. Solid State Ionics, 2001, 141/142:99 - 104.

[104] GOZZI D, MONTOZZI M, CIGNINI P. Oxidation kinetics of refractory carbidesat low oxygen partial pressures [J]. Solid State Ionics, 1999, 123:11 - 18.

[105] PIERRAT B, BALAT-PICHELIN M, SILVESTRONI L, et al. High temperature oxidation of ZrC-20%$MoSi_2$ in air for future solar receivers [J]. Solar Energy Materials and Solar Cells, 2011, 95(8):2228 - 2237.

[106] SCITI D, SILVESTRONI L, GUICCIARDI S, et al. Processing, mechanical properties and oxidation behavior of TaC and HfC composites containing 15vol.% $TaSi_2$ or $MoSi_2$[J]. Journal of Materials Research, 2009,24(6):2056 - 2063.

[107] ZHAO D, ZHANG C R, HU H F, et al. Effect of SiC on the oxidation resistance performance of C/ZrC composite prepared by polymer infiltration and pyrolysis process [J]. Materials Science Forum, 2011,675 - 677:415 - 418.

[108] 闫永杰,张辉,黄政仁,等.硼化锆超高温陶瓷材料的研究进展[J].材料科学与工程学报,2009,27(5):793 - 797.

[109] FAHRENHOHZ W G,HILMAS G E,TALMY I G,et al. Refractory diborides of zirconium and hafnium[J]. Journal of the American Ceramic Society,2007,90(5): 1347 - 1364.

[110] KAJI N,SHIKANO H,TANAKA I. Development of ZrB_2- Graphite protective sleeve for submerged nozzle[J]. Taikabutsu Overseas,1994,14(2):39-43.

[111] 田庭燕,张玉军,张娜,等. 二硼化锆系复合材料研究进展[J]. 现代技术陶瓷,2005,106(4):21-23.

[112] 吕春燕,顾华志,汪厚植,等. ZrB_2系陶瓷材料的研究进展[J]. 材料导报,2003,17(9):246-249.

[113] MONTEVERDE F,GUICCIARDI S,BELLOSI A. Advances in microstructure and mechanical properties of zirconium diboride based ceramics[J]. Materials Science and Engineering:A, 2003,346(1):310-319.

[114] OPILA E,LEVINE S,LORINCZ J. Oxidation of ZrB_2-and HfB_2-based ultra-high temperature ceramics: effect of Ta additions[J]. Journal of Materials Science,2004,39(19):5969-5977.

[115] MONTEVERDE F,BELLOSI A. Oxidation of ZrB_2-based ceramics in dry air[J]. Journal of the Electrochemical Society, 2003,150(11):552-559.

[116] PARTHASARATHY T A,RAPP R A,OPEKA M,et al. A model for the oxidation of ZrB_2,HfB_2 and TiB_2[J]. Acta Materialia,2007,55(17):4999-5010.

[117] REZAIE A,FAHRENHOHZ W G,HILMAS G E. Evolution of structure during the oxidation of zirconium diboride-silicon carbide in air up to 1 500 ℃[J]. Journal of the European Ceramic Society,2007,27:2495-2501.

[118] HAN W B,HU P,ZHANG X H,et al. High temperature oxidation at 1 900 ℃ of ZrB_2-xSiC ultrahigh-temperature ceramic composites[J]. Journal of the American Ceramic Society, 2008,91(10):3328-3334.

第7章 碳基复合材料的抗烧蚀

7.1 概 述

烧蚀是指复合材料在高温、高焓、高压等环境中因化学和物理等变化所造成的质量损失和变形现象。由于 C/C 复合材料的非均质性,其微观结构复杂,从纤维性能到预制体结构,从先驱体性能到复合工艺等,都对材料抗烧蚀性能有着不同程度的影响。因此,了解 C/C 复合材料自身烧蚀机理是后续提高抗烧蚀性能的基础。目前研究认为,C/C 复合材料的烧蚀主要由热化学烧蚀和机械剥蚀两部分构成。

7.1.1 热化学烧蚀

热化学烧蚀是指 C/C 复合材料表面在高温气氛中发生的氧化和升华。在高温环境中,O_2、H_2O 和 CO_2 等氧化性气氛与 C 发生化学反应形成气态产物,消耗材料表面的 C 从而造成材料质量损耗:

$$2C+O_2(g) = 2CO(g) \tag{7-1}$$
$$C+O_2(g) = CO_2(g) \tag{7-2}$$
$$C(s)+H_2O(g) = CO(g)+H_2(g) \tag{7-3}$$
$$2CO+O_2(g) = 2CO_2(g) \tag{7-4}$$
$$C+CO_2(g) = 2CO(g) \tag{7-5}$$

与 C/C 复合材料在高温环境中的氧化类似,碳的消耗速率受碳的氧化速率或是氧化性组元向碳的扩散速率控制,但不同的是,烧蚀环境中高温氧化性气体通常在高压环境下通过强制对流模式与 C/C 复合材料表面进行接触,因此表面边界层的氧化性组元的更新速率会更快,从而使 C/C 复合材料的氧化消耗速率加大。在材料表面温度高于碳的升华温度后,材料表面的部分 C 会通过升华消耗。

7.1.2 机械剥蚀

机械剥蚀是指在气流压力和剪切力作用下,基体和纤维氧化速率不同造成烧蚀差异而引发的颗粒状剥落,或热应力破坏引起的颗粒剥落,此外,气流中若含有高速固、液态粒子,其撞击材料表面时将加剧表面缺陷或造成表面部分材料切削剥离。当材料表面热流分布均匀时,基体的密度小于纤维密度,导致基体烧蚀速率略快,随着烧蚀进行纤维外露,在短时间超高热流作用下,材料表面温度场按照指数规律分布,当温度高于一定值时,纤维强度降低并向无定形碳转化,加上气流剪切力和涡旋分离阻力的作用,纤维会以颗粒状被剥离。材料中界面、裂纹或孔隙等缺陷处往往易于被氧化进而发生机械剥蚀。机械剥蚀会在C/C复合材料快速氧化的基础上以质量跳跃式损失的方式加剧材料烧蚀。

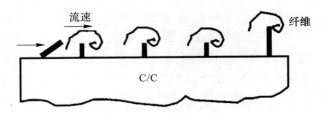

图 7-1 剪应力和涡旋分离阻力等引起纤维颗粒状剥落的物理模型

针对C/C复合材料烧蚀过程中的热化学烧蚀和机械剥蚀,目前提高C/C复合材料抗烧蚀性能的方法包括调整自身结构,减少缺陷,对耐烧蚀材料进行表面涂层和抗烧蚀组元基体改性。基体改性技术是通过一定工艺在C/C复合材料基体中加入抑制剂或抗烧蚀组元,以减少碳材料表面氧化烧蚀活性点,提高复合材料的起始氧化温度,从而减缓氧化反应进程,进一步提高C/C复合材料高温抗烧蚀能力的热防护技术。这是因为当通过基体改性来提高C/C复合材料抗烧蚀性能时,C/C复合材料中的纤维无法避免地会产生损伤,从而影响复合材料本身的机械性能,这极大地限制了基体改性的应用。因此,近年来研究者们从涂层改性技术出发,在不损伤C/C复合材料基体的前提下,在复合材料表面制备抗烧蚀的高熔点化合物涂层,主要采用包括Ta、Hf、Zr、Nb、Si、Mo等的碳化物、硼化物、硅化物来将含氧气体与C/C复合材料隔绝开来,大幅度提高了C/C复合材料的抗烧蚀性能。到目前为止,国内外研究人员已经做了有关C/C复合材料抗烧蚀涂层的大量研究,随着研究不断深入,涂层制备方法及涂层体系得以不断改进和突破。涂层制备方法主要包括包埋法、化学气相沉积法、溶胶凝胶法、浆料涂刷法、等离子喷涂法等,而涂层体系按服役温度可分为硅基涂层体系和超高温涂层体系两类。其中硅基涂层体系主要应用于1 700 ℃以下的环境,超高温涂层体系主要用于温度更高的烧蚀环境。下面就从涂层体系的角度来介绍涂层碳基复合材料的抗烧蚀。

7.2 涂层碳基复合材料的抗烧蚀

目前用作碳基复合材料的涂层材料主要为超高温陶瓷(UHTCs),UHTCs主要包括过渡金属的碳化物、硼化物和氮化物等,其中研究最广泛的是前两种材料。典型的超高温碳化物陶瓷有ZrC、HfC、TaC陶瓷,具有高熔点(ZrC 3 540 ℃、HfC 3 890 ℃、TaC 3 880 ℃),其中ZrC和HfC的氧化物ZrO_2和HfO_2也具有高熔点(>2 600 ℃)。此外,碳化物陶瓷还具有良好的高温稳定性和抗烧蚀性,且在高温下能保持较好的硬度和强度。超高温硼化物陶瓷主要指ZrB_2、HfB_2和TaB_2,具有高熔点(ZrB_2 3 060 ℃、HfB_2 3 250 ℃、TaB_2 3 000 ℃)、高硬度、高热稳定性等特点。超高温涂层体系可分为单元涂层、二元涂层、多元涂层等。

7.2.1 单元涂层

7.2.1.1 单元碳化物超高温陶瓷涂层

典型的单组元碳化物陶瓷有 ZrC、HfC、TaC 等。ZrC 具有碳化物陶瓷的优异性能,如高熔点、高硬度和优良的导电、导热等性能,被认为是极具应用前景的材料之一。由于其较好的热传导和电传导性,被广泛应用于超高温材料抗烧蚀防护领域。烧蚀过程中,ZrC 与氧气反应生成 ZrO_2 氧化膜,减少了氧气扩散通道,从而降低了氧气对基体材料的化学侵蚀,提高了抗氧化性;同时,ZrC 的高硬度和高模量又能增强 C/C 复合材料基体的力学性能,减轻高温气流的机械剥蚀,从而提高 C/C 复合材料的耐烧蚀性能。近年来,国内外研究学者已经对 ZrC 涂层进行了大量的研究并取得了巨大的突破,部分成果如下。Xu 等人利用原位生成法结合热蒸发制备了 ZrC-SiC 涂层,在氧乙炔烧蚀环境下烧蚀 200 s,试样表面最高温度可达 3 272 K,质量烧蚀率和线烧蚀速率分别为 -0.46 ± 0.15 mg•/cm^2•s 和 -1.00 ± 0.04 $\mu m/s$。其优异的抗烧蚀性能主要归因于烧蚀过程中在涂层表面形成了致密的 ZrO_2 薄膜,阻挡了氧气的渗入。Jia 等人制备了 SiC/ZrC 涂层,在 2 270 ℃、2.4 MW/m^2 热流密度下进行 120 s 的烧蚀实验,结果表明,SiC/ZrC 涂层具有良好的烧蚀抗力,与纯 ZrC 涂层相比,其线性烧蚀率降低了 96.4%,质量增加率提高了 383.3%。Sun 等人采用 CVD 法在 C/C 复合材料表面制备了 ZrC 抗烧蚀涂层,涂层在氧乙炔烧蚀环境下可有效保护 C/C 复合材料 240 s,烧蚀后的质量烧蚀率为 1.1×10^{-4} g/(cm^2•s),线烧蚀率为 0.3 $\mu m/s$。

TaC 具有良好的抗烧蚀能力,归因于烧蚀过程中 TaC 会生成 Ta_2O_5 熔体,在表面张力作用下,熔体流动形成一层氧阻挡层,既可以填充涂层服役过程中产生的裂纹、孔洞等缺陷,又能起到阻挡氧气向基体内部渗透的作用。除此之外,Ta_2O_5 具有低饱和蒸汽压和高溶解热,在烧蚀过程中利用熔化、升华等物理作用吸收大部分热量,降低材料表面温度,从而达到提高材料抗烧蚀性能的目的。Chen 等人采用 CVD 法在 C/C 复合材料表面制备了不同织构的 TaC 抗烧蚀涂层,并研究了其烧蚀行为,结果表明,沉积的涂层能够有效地提高 C/C 复合材料的抗烧蚀性能,涂层中的 HfC 对涂层的抗烧蚀性能有重要的影响,当涂层的织构从混合取向变为(200)和(220)时,质量烧蚀率明显降低,其中(220)织构的涂层氧化后可以形成致密温度下的氧乙炔烧蚀性能。Wang 等人采用 SAPS 法制备了 C/C 复合材料 TaC 涂层,并测试了涂层在不同温度下的氧乙炔烧蚀性能,结果表明,涂层在 2 100 ℃下形成的氧化物不能阻挡烧蚀气流冲刷,线烧蚀率和质量烧蚀率较大,分别为 1.2×10^{-2} mm/s 和 3.9×10^{-3} g/s,而在 1 800 ℃和 1 900 ℃下大部分氧化物能够保留在试样表面,从而保护了 C/C 复合材料。

碳化铪 HfC 因其熔点高(约 3 890 ℃)、抗烧蚀性好以及在固态中不存在相变而受到广泛关注。同时,其氧化物 HfO_2 也具有较高的熔点(约 2 890 ℃)和较低的蒸气压,即便在超高温服役环境下也能形成稳定抗烧蚀保护层。因此,HfC 涂层被认为是一种理想的抗烧蚀涂层材料。Verdon 等人采用低压化学气相沉积法制备了 2D、3D 的 HfC-SiC 交替超高温陶瓷涂层,并在 2 000 ℃空气气氛下测试了涂层的抗氧化性能。结果表明,涂层氧化后形成了含有 $Si_xO_yHf_z$ 的硅酸盐流体和固态 HfO_2,硅酸盐流体比单纯的 SiO_2 更有利于抑制氧气的渗透,而固态 HfO_2 能够起到保持 $Si_xO_yHf_z$ 的作用。美国 Ultrame 公司用 CVD 法在 C/C 复合材料表面制备了交替结构的 HfC/SiC 涂层,在电弧环境下烧蚀 300 s 后质量及尺寸均未发生明显变化,制备的涂层被用作航天飞行器的表面热防护系统。Zhang 等人制备的 HfC-SiC 复合涂层由粗大的 SiC 颗粒和细小的 HfC 颗粒组成,颗粒呈现出镶嵌式堆积结构且连续致密。经过 20 s 的氧乙炔火焰烧蚀后,涂层试样的线烧蚀率为 0.006 5 mm/s,质量烧蚀率为 0.000 3 g/s。Zhang 等人用 CVD 法制备了具有不同微观结构的 HfC 涂层,结果表明,细柱状结构涂层具有更好的抗烧蚀性能,烧蚀 90 s 后的质量烧蚀率仅为 2.02 mg/s,线性烧蚀率为 1.25 $\mu m/s$。

7.2.1.2 单元硼化物超高温陶瓷涂层

硼化物陶瓷主要包括 ZrB_2、HfB_2、TaB_2 等,其具有高硬度、耐磨损、化学稳定性好等特点,且熔点非常高,是最有应用前景的 C/C 复合材料抗烧蚀涂层材料之一。但在高温环境中,硼化物陶瓷与氧气发生反应,生成的 B_2O_3 气体蒸发严重,硼化物严重降解,限制了其在高温下的应用。研究发现,在硼化物陶瓷中引入 SiC 可以有效改善硼化物陶瓷的高温抗氧化耐烧蚀性能。因此,近年来关于硼化物超高温陶瓷涂层的研究多以 XB_2-SiC(X=Zr、Hf、Ta)复合陶瓷为主。Zhang 等人利用超声速等离子喷涂法在 C/C 复合材料上制备了 ZrB_2-SiC 涂层,实验结果表明,该涂层致密,在 2 400 kW/m^2 热流密度下烧蚀 60 s 后的质量烧蚀率和线性烧蚀率分别为 0.4×10^{-3} g/s 和 0.6 $\mu m/s$。该涂层具有良好的抗烧蚀性能,这主要是因为涂层形成了致密的 ZrO_2-SiO_2 结构,起到了热屏障的作用。氧乙炔炬在 1 750 ℃到室温的循环烧蚀实验表明,涂层具有良好的烧蚀性能,并形成了 Zr-O-Si 玻璃化保护层。Zhang 等人采用无压反应烧结法在热处理后的 C/C 表面制备了 ZrB_2-SiC 涂层。涂层经历了氧乙炔炬下 1 750 ℃到室温的循环烧蚀后,形成了 Zr-O-Si 玻璃化保护层,阻止氧气扩散,表现出良好的烧蚀性能。Zhou 等人采用新型的浸渍-碳化辅助充填胶结方法制备了一种高 HfB_2 含量、结构紧密的双层 HfB_2-SiC/SiC 涂层。在氧乙炔炬烧蚀 180 s 后,涂层的线性烧蚀速率为 1.62 $\mu m/s$,表现出良好的抗烧蚀性能。Li 等人采用超声速等离子喷涂在包覆 SiC 内涂层的 C/C 基体上制备了 HfB_2 涂层,涂层在 2 400 kW/m^2 烧蚀 30 s 后,表现出良好的抗烧蚀性能。涂层中未发现明显的穿透裂纹和缺陷,这是因为 HfB_2 氧化形成具有低氧渗透性的保护性玻璃状 Hf-O 层,抑制了氧气向内扩散,显著提高了 C/C 复合材料的抗烧蚀性能。任宣儒采用包埋法制备的 TaB_2-SiC-Si 涂层在 1 500 ℃的静态空气中氧化 300 h 后,质量损失率仅为 0.26×10^{-2} g/cm^2,氧化过程中形成的含 SiO_2 和氧化钽的硅酸盐玻璃层能够愈合涂层中的缺陷,降低氧渗透率,从而提高涂层的抗氧化性能。

7.2.2 二元涂层

为探索出高温性能更好的陶瓷材料,在单组元超高温陶瓷的基础上增加过渡金属元素形成二元陶瓷涂层,可以兼顾单组元陶瓷的优点,更好地在高温环境中保护 C/C 复合材料。随着超高温陶瓷研究的开展,研究人员发现在众多的材料体系中,(Ta,Hf)C 二元碳化物超高温陶瓷涂层体系(见图 7-2)在二元涂层中拥有最高的熔点和较好的抗氧化性能,是较理想的高温材料。Zhang 等人采用加压烧结法制备了 $Ta_{0.8}Hf_{0.2}C$-10%SiC 涂层,并在空气中进行了等离子体火焰烧蚀实验。实验发现，$Ta_{0.8}Hf_{0.2}C-10\%SiC$ 具有良好的抗烧蚀性能，其烧蚀率为 $0.7~\mu m/s$。烧蚀过程中，TaC 以被动氧化为主，具有织构的 Ta_2O_5 骨架中填充了含 Hf 的 TaO_6，阻止了 SiC 的消耗，阻碍了氧的进一步扩散。Feng 等人采用超声速等离子喷涂法制备了不同 TaC 含量改性的 HfC 涂层，结果表明，含 10%（体积分数）TaC 的 HfC 涂层具有较好的抗烧蚀性能。HfC/TaC 体系提供了一种氧化层，其中有足够的未熔化颗粒（HfO_2 和 $Hf_6Ta_2O_{17}$）承受气流冲刷和适量的液相（Ta_2O_5）阻止氧渗透。

其他二元陶瓷涂层，如 (Zr,Hf)C、(Zr,Ta)B_2、(Hf,Ta)B_2 等也被广泛研究。Xu 等人采用浆料刷涂和一步原位热蒸发反应的方法在基体表面制备了 $Zr_xHf_{1-x}C/SiC$ 多相双层陶瓷涂层。该涂层具有良好的抗烧蚀性能，是由于 (Zr,Hf)C_yO_z 具有较小的氧扩散系数和致密无剥落的氧化垢。童明德采用包埋法结合浆料涂刷制备了 $Zr_{0.7}Ta_{0.3}B_2$-SiC 涂层，该涂层烧蚀后表面最高温度达到 2 300 ℃，质量烧蚀率和线性烧蚀率分别为 0.033 mg/s 和 3.01 $\mu m/s$。$Zr_{0.7}Ta_{0.3}B_2$-SiC 涂层具有良好的抗烧蚀性能，这是由于在 C/C 复合材料表面形成了多相氧化层 Zr-Ta-O，能有效防止高温气流侵蚀，而 Ta 有利于稳定 t-ZrO_2，减缓体积变化，防止涂层剥落。Jiang 等人采用气相硅反应渗透法制备了一种保护石墨材料的单层 $Hf_{0.5}Ta_{0.5}B_2$-SiC-Si 涂层。结果表明，制备的涂层具有良好的高温抗烧蚀性能，1 500 ℃ 时涂层表面形成的复合 Hf-Ta-Si-O 玻璃氧化层，能有效阻碍氧气向内扩散，烧蚀 60 s 后，涂层的质量烧蚀率和线性烧蚀率分别为 1.05 mg/s 和 -10.2 $\mu m/s$。

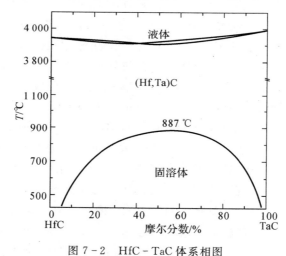

图 7-2　HfC-TaC 体系相图

7.2.3　多元涂层

通常将含有 3 种及以上过渡金属元素的碳化物/硼化物陶瓷涂层称为多元涂层。相对于单元、二元碳化物陶瓷涂层，多元涂层烧蚀后在高温下表现出良好的抗烧蚀性能。Huang 等人开发了一种新型的耐 3 000 ℃ 烧蚀的陶瓷涂层及其复合材料。这种陶瓷是一种多元含硼单相碳化物，具有稳定的碳化物晶体结构，由 Zr、Ti、C 和 B 四种元素组成，是一种非常有潜力的新型 Zr-Ti-C-B 陶瓷涂层改性的 C/C 复合材料。Zhang 等人采用两步涂刷-烧结法在 C/C 复合材料表面制备了 ZrB_2-SiC 陶瓷涂层并研究了其抗烧蚀性能,结果表明,在 2 500 ℃下,ZrB_2-20%SiC-5%Si_3N_4、ZrB_2-15%SiC-20%$MoSi_2$ 涂层表现出较好的抗烧蚀性能,其中 ZrB_2-20%SiC-5%Si_3N_4 涂层烧蚀 60 s 后的线烧蚀率及质量烧蚀率分别为 0.075 mm/s 和 0.008 1 g/s,ZrB_2-15%SiC-20%$MoSi_2$ 涂层的线烧蚀率及质量烧蚀率分别为 0.018 mm/s 和 0.006 4 g/s。Li 等人采用两次包埋法在 C/C 复合材料表面制备了 SiC-$HfSi_2$ 和 SiC-$HfSi_2$-$TaSi_2$ 涂层,烧蚀结果表明,SiC-$HfSi_2$-$TaSi_2$ 涂层在烧蚀过程中生成的 HfO_2、Ta_2O_5 具有高温稳定性,使得涂层体系表现出良好的抗烧蚀性能,氧乙炔烧蚀 20 s 后线烧蚀率和质量烧蚀率分别为 9 μm/s 和 3.85 mg/s,其中 SiC-$HfSi_2$ 涂层使 C/C 复合材料的质量烧蚀率下降了 85.6%。Abdollahi 等人采用两步反应熔体法制备了三元相 SiC/ZrB_2-$MoSi_2$-SiC 多层涂层,并研究了涂层在超声速火焰下的烧蚀机理。结果表明,$MoSi_2$ 颗粒的存在有助于降低化学腐蚀对涂层产生的破坏,而 ZrB_2 颗粒可以缓解机械剥蚀带来的影响,因而该涂层表现出较好的烧蚀性能。童明德为提高 C/C 复合材料的抗烧蚀性能,采用化学气相共沉积法制备了 Hf-Ta-Si-C 涂层。对比分析了 Hf-Si-C 和 Hf-Ta-Si-C 涂层的抗烧蚀性能。结果表明,引入 Ta 后,涂层的抗烧蚀性、光洁度和完整性均有所提高,并且 Hf-Ta-O 沉淀反应可以加速形成光滑完整的氧化层,对 C/C 复合材料起到了积极的保护作用。Wang 等人采用原位烧结反应法制备 WSi_2-HfB_2-SiC 外涂层,研究了 WSi_2 含量对 HfB_2-SiC 涂层抗氧化性能的影响。烧蚀 90 s 后,WSi_2-25%SiC 涂层线烧蚀率为 $-3.89×10^{-7}$ m/s,质量烧蚀率为 $6.78×10^{-5}$ g/s,其良好的抗烧蚀性能主要是由于形成了具有嵌体的流动多相玻璃。Li 等人采用超声速大气等离子喷涂技术在 C/C 复合材料上制备了 ZrB_2-SiC-$TiSi_2$ 超高温陶瓷涂层。在热流密度为 2 400 kW/m^2 的条件下,ZrB_2-SiC-$TiSi_2$ 涂层对 C/C 复合材料的保护能力可达 240 s 以上。此时,涂层样品的质量烧蚀率和线性烧蚀率分别为 $(0.314±0.065)×10^{-3}$ g/s 和 $(0.221±0.026)×10^{-3}$ mm/s。烧蚀后形成的 $ZrTiO_4$ 可作为烧结助剂,促进 ZrO_2 的烧结并填充气孔,有效提高了 ZrB_2-SiC-$TiSi_2$ 涂层的抗烧蚀性能。Pan 等人利用真空等离子喷涂技术制备了不同 Yb_2O_3 含量(质量分数分别为 0、5%、15% 和 30%)的 ZrC-SiC-Yb_2O_3 三元复合涂层,并对其在 2 000 ℃以上的抗烧蚀性能进行了评价。结果表明,不同 Yb_2O_3 含量会改变氧化层的微观结构,并影响其抗烧蚀性能。复合涂层中 Yb_2O_3 含量为 15% 时抗烧蚀性能最好,从中可观察到 SiC 消耗区域的消失和 ZrC_xO_y 的形成。Wang 等人采用超声速大气等离子喷涂技术在 C/C 复合材料表面沉积了 LaB_6-$MoSi_2$-ZrB_2 涂层。在 2 000 K 的氧乙炔环境中该涂层可保护基体 60 s 以上。La 和 Zr 加速 SiO_2 基氧化物液相烧结,形成致密的 Si-Zr-La-O 复合氧化层,从而提高了复合涂层的高温稳定性。

7.3 基体改性碳基复合材料的抗烧蚀

基体改性技术是在 C/C 复合材料基体中加入抑制剂或抗烧蚀组元,以减少碳材料表面氧化烧蚀活性点,提高复合材料的起始氧化温度,从而减缓氧化反应进程的热防护技术。另外,抗烧蚀剂或抗烧蚀组元氧化后还可形成氧化覆盖层,从而阻止氧气向基体内部扩散,利用覆盖层的高熔点来提高复合材料表面的抗冲刷能力,延长材料在烧蚀环境下的使用寿命。

基体改性中改性剂的选择一般要满足条件:与碳基体的化学相容性好;具有低的氧渗透率;对氧化不能起催化作用;对 C/C 复合材料的机械性能不能产生太大的影响。改性 C/C 复合材料根据设计理念的差异,可分为发汗冷却型(如 C/C 渗铜)和被动抗烧蚀型(如添加超高温陶瓷);根据引入相的不同可分为超高温陶瓷、难熔金属、SiC、Cu 以及多相混合改性;根据引入相的分布位置不同可分为界面分布改性和基体分布改性;根据引入相含量的不同可分为添加改性和碳陶双基体。在发汗冷却抗烧蚀方面,俄罗斯曾用类似钨渗铜工艺对 C/C 材料浸渗 Cu 制成含 Cu 的 C/C 抗烧蚀涂层的喉衬材料,进行燃气温度 3 800 ℃、压力 8.0 MPa、工作时间 60 s 的地面点火实验,结果证明其烧蚀率较纯 C/C 成倍降低。中南大学冉丽萍等人借助 Ti 改善碳-Cu 的润湿性,通过常压熔渗向密度为 1.6 g/cm³ 的低密度 C/C 复合材料中渗 Cu,制备了 C/C-Cu 复合材料,氧乙炔环境烧蚀显示 Cu 的引入使材料在短时加载环境中具有优良的抗烧蚀性能。国防科学技术大学 Wang 等人使用低密度 C/C 复合材料 1 200 ℃熔渗 ZrCu 合金制得 C/C-ZrC-Cu 复合材料,氧乙炔环境烧蚀显示,随着 Cu 含量的增加,材料线烧蚀率降低直至出现负值,质量烧蚀率增加,通过对烧蚀形貌的分析认为,ZrO_2 层的形成和 Cu 的挥发是上述现象的主要原因。在难熔金属改性方面,中南大学尹健等人在预制体中编入钨丝后制备了改性 C/C 复合材料,高压电弧驻点烧蚀测试显示加入钨丝后材料抗烧蚀性能下降。

目前抗烧蚀改性 C/C 复合材料的研究以引入陶瓷基体改性相为主,常用的基体改性相首选超高温碳化物(HfC、ZrC、TaC)、硼化物(HfB_2、ZrB_2、TaB_2)陶瓷。此外,其他硼化物(B_4C、B_2O_3、BN)和硅化物(SiC、Si_3N_4、SiO_2)陶瓷也可作为 C/C 复合材料的改性剂。

7.3.1 基体改性方法

基体改性方法主要有盐溶液浸渍、反应熔渗法、先驱体转化和化学气相渗积等。

7.3.1.1 盐溶液浸渍技术

盐溶液浸渍技术是将抗氧化或抗烧蚀材料以盐溶液的形式引入 C/C 复合材料基体内,然后对 C/C 复合材料进行致密化而得到改性的 C/C 复合材料的制备技术。西北工业大学李淑萍等采用 $HfOCl_2·8H_2O$ 的乙醇溶液浸渍-TCVI 法制备出 HfC 改性 C/C 复合材料喉衬,采用小型固体火箭发动机试车台装置(平均工作压强为 7 MPa)测定了其抗烧蚀性能,结果表明:与未改性的 C/C 复合材料整体喉衬相比,HfC 改性 C/C 复合材料整体喉衬的线烧蚀率减小了 34%,质量烧蚀率减小了 13%,且在烧蚀过程中复合材料存在一个线烧蚀率恒定的稳定烧蚀阶段。西北工业大学沈学涛等人采用 $ZrOCl_2$ 溶液浸渍法把含锆组元引入碳纤维预制体,结合热梯度化学气相渗透、高温石墨化工艺制备了 ZrC 改性 C/C 复合材料,研究了烧蚀产物 ZrO_2 对 ZrC 改性 C/C 复合材料烧蚀性能的影响,结果表明:若每次烧蚀后不去除 ZrO_2,随着烧蚀次数的增加,材料的线烧蚀率、质量烧蚀率呈先增大后减小的趋势,最后趋于稳定;若每次烧蚀后去除 ZrO_2,材料的线烧蚀率、质量烧蚀率均呈增大的趋势;此外,产物 ZrO_2 的蒸发吸收了材料烧蚀表面的热量,减缓了火焰对烧蚀表面的冲蚀,减小了材料的线烧蚀率;然而,ZrO_2 的蒸发会增加材料的质量损失速度,导致材料的质量烧蚀率增大。王一光等人采用 Zr 溶液浸渍低密度 C/C 复合材料从而得到 C/C-ZrC 复合材料,氧乙烛烧蚀测试表明,材料表面生成的 ZrO_2 保护膜有效阻止了氧的扩散,大大提高了 C/C 复合材料的抗烧蚀性能。

7.3.1.2 反应熔渗法

反应熔渗法(Reactive Melt Infiltration, RMI)是在毛细管力的作用下使熔融态的金属或者合金渗入纤维预制体中,金属或合金与预制体中的其他组分发生化学反应生成陶瓷基体的制备方法,该方法是近年来制备连续纤维增强陶瓷基复合材料的新工艺。反应熔渗法常用的材料主要有 Si、Ti、Zr、Nb、Hf、Ta 和 W,这些材料的物理性能见表 7-1,其中 Zr、Nb、Hf、Ta 和 W 的熔点超过 2 000 ℃,而反应熔渗过程中形成的碳化物和硼化物熔点已经超过 3 000 ℃,可有效抵挡高温燃气的冲刷。在反应熔渗过程中,反应温度越高,金属的黏度和表面张力越小,其在纤维预制体中的渗入深度越深,但是较高的反应温度会严重损伤纤维的力学性能。因此,在不损伤复合材料力学性能的基础上,获得最大熔渗深度、致密、均匀的陶瓷基复合材料是众多学者研究的热点之一。

表 7-1 反应熔渗法中常用材料的物理性能

熔体	T_m/K	黏度 $\eta(T_m)/(10^{-3}\ Pa)$	温度区间/K	密度 $\rho(T_m)$ $10^3\ kg/m^3$	表面张力 $\gamma(T_m)$ $10^3\ N/m$
Si	1 683	0.75	1 350~1 850	2.58	765
Ti	1 943	4.4	1 750~2 050	4.17	1 557
Zr	2 128	4.7	1 800~2 300	6.21	1 500
Hf	2 504	5.2	2 220~2 670	11.82	1 614
Nb	2 742	4.5	2 320~2 915	7.73	1 937
Ta	3 290	8.6	3 143~3 393	14.75	2 154
W	3 695	6.9	3 398~3 693	16.43	2 477

反应熔渗法是一种操作简单快捷、成本低廉、不需要借用外界压力制备近尺寸、形状复杂陶瓷工件的途径。国外开展 C/C-UHTCs 复合材料的研究较早。在 20 世纪 80 年代,德国科学家 Firzer 将多孔 C/C 预制体放入硅粉中,然后加热到 1 500 ℃以上,在真空环境中用液硅浸渗多孔预制体内部,制备出了 C/C-SiC 复合材料。在制备 C/C-SiC 复合材料时,熔融硅与碳基体发生反应生成 SiC 基体。由于熔融硅与碳基体发生的反应比较剧烈,部分熔融硅与裸露的碳纤维发生反应,导致纤维力学性能降低。而且形成的碳化物在高温阶段发生体积膨胀,在一定程度上阻碍熔融硅向复合材料内部的扩散途径,从而影响复合材料的致密度。发生熔渗反应后,复合材料内部残留的硅于冷却过程中在 Si-SiC 界面附近产生缺陷,严重影响复合材料的断裂韧性及抗蠕变性能。部分科研工作者采用硅合金代替纯硅向多孔 C/C 预制体内浸渗,消除了残留硅对复合材料高温力学性能的影响,并能显著提高其抗氧化性能。Esfehanian 等人将 Si 粉、Ti 粉和 $MoSi_2$ 粉混合均匀,利用反应熔渗法在 1 600 ℃制备了 C/(Ti, Mo)Si_2-SiC 复合材料,并在室温空气环境中和 1 600 ℃氩气保护环境中测试其力学性能,结果表明,在室温条件下,C/(Ti, Mo)Si_2-SiC 复合材料的弯曲强度

为 199 MPa，而在 1 600 ℃高温环境中，其力学性能显著提高，为 244 MPa。英国先进结构陶瓷研究中心的 Daniel Doni Jayaseelan 等将料浆法和反应熔渗法相结合，在 1 500 ℃下制备了 C/C-SiC-ZrB$_2$-ZrC 复合材料，并在氧乙炔火焰环境中测试了其抗烧蚀性能，结果显示，ZrB$_2$ 含量为 30% 的复合材料具有较好的抗烧蚀性能，烧蚀过程形成的 ZrO$_2$-SiO$_2$ 保护层能抵御高温火焰的侵蚀。印度先进系统实验室的 Suresh Kumar 等利用反应熔渗法在 1 450~1 650 ℃温度范围内制备了 C/SiC 复合材料的燃气舵，如图 7-3 所示，并在固体火箭发动机羽流环境中测试其抗烧蚀性能，结果表明，C/SiC 复合材料展现了优异的抗烧蚀性能，其线烧蚀率和质量烧蚀率分别为 1 mm/s 和 5 g/s。

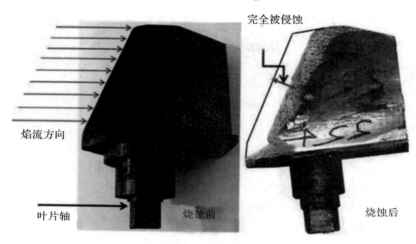

图 7-3 燃气舵在固体发动机羽流环境烧蚀前、后宏观照片

国内学者对于利用反应熔渗法制备 C/C-UHTCs 复合材料的研究较晚，但是经过努力追赶，我国在改性 C/C 复合材料方面已经取得显著的成绩。其中，王一光等人以锆粉为原料，采用 RMI 工艺成功制备了 C/C-ZrC 复合材料，并研究了材料形成的反应动力学机理及抗烧蚀性能。随后，他们将 Si$_{0.87}$Zr$_{0.13}$ 合金作为原料，利用该方法制备了 C/C-ZrC-SiC 复合材料。李照谦等人采用等温化学气相渗透制备了多孔 C/C-SiC 复合材料，然后利用反应熔渗法将 ZrC 引入 C/C-SiC 复合材料内部，从而制备了 C/C-SiC-ZrC 复合材料，并利用氧乙炔火焰测试了复合材料的烧蚀性能，结果表明，相比纯 C/C 材料，C/C-SiC-ZrC 复合材料的烧蚀率显著降低。Yang 等人研究了 RMI 工艺制备的 C/C-ZrC-SiC 复合材料的力学性能，其压缩强度为 133.86 MPa；国防科技大学仝永刚等人采用 Zr 粉和少量 Si 粉的混合物，利用反应熔渗方法也制备出了 C/C-ZrC 复合材料，材料的相组成为 ZrC 和 ZrSi$_2$，该材料在氧乙炔环境中表现出良好的抗烧蚀性能。罗磊等人采用化学气相渗透工艺制备多孔的 C/SiC 复合材料，然后再利用反应熔渗法将 Si-Hf 合金渗入 C/SiC 复合材料内部，从而制备出 C/C-SiC-HfC 复合材料，并在热流为 5.0 MW/m^2 和速度为 0.7Ma 的等离子风洞中考察其烧蚀行为，结果显示，形成的 SiO$_2$-HfO$_2$ 保护层能有效抵御等离子火焰的侵蚀。中南大学曾毅等人利用 Ti-Zr 合金粉在 1 800~2 000 ℃范围内制备了 C/C-TiC-ZrC 复合材料，并在氧乙炔火焰环境测试其抗烧蚀性能，结果表明，Ti-Zr 合金与碳

纤维具有良好的界面性能,高温氧乙炔火焰环境中形成的 $ZrTiO_2$ - ZrO_2 保护层能有效抵御高温氧化气氛的侵蚀,经过 180 s 烧蚀后,其线烧蚀率和质量烧蚀率仅为 0.001 mm/s 和 1.60 mg/s。

反应熔渗法的优点:①材料制备时间短、过程简单、成本低廉,对设备要求不高;②通过控制原始材料比例,可调节材料中各组分的比例;③制备的材料致密度较高,陶瓷相分布均匀;④该工艺不需要外界压力,可制备尺寸较大的零部件。

反应熔渗法的缺点:①该工艺要求反应温度较高,损伤纤维强度,降低复合材料的力学性能和断裂韧性;②熔渗后会残留一定的金属,从而影响复合材料的高温力学性能。

综上所述,反应熔渗工艺具有制备时间短、成本低、近净成形等优点,是一种具有市场竞争力的工业化生产技术。但是,采用反应熔渗工艺在制备 C/C - UHTCs 复合材料过程中高温熔体腐蚀碳纤维,导致复合材料力学性能降低,断裂韧性较差,易发生灾难性断裂现象。如何克服这一缺点,并最大限度地发挥反应熔渗工艺的优点,是众多学者的重点研究内容。为解决该问题,部分学者通过界面层的设计保护碳纤维,调节纤维与基体的热膨胀失配与氧扩散阻挡层,并调节残余热应力和滑移阻力,改善陶瓷基复合材料中纤维与基体之间的界面结合状态。Marshall 等人用微压入法(Microindentation)测量 SiC/LAS 界面能和剪切力,得出界面能约为 0.02 J/m^2,界面剪切力约为 3.5 MPa。Shetty 根据剪滞理论对 SiC/LAS 进行纤维推出(Push - out)实验,认为界面剪切力主要取决于界面径向压缩力,并且界面剪切力沿纤维轴向呈指数分布。理想的界面层材料应该具有层状结构,叠层方向与纤维表面垂直且各层之间的结合力较弱,而最内层与纤维表面结合力较强。目前最常用的界面层有各向异性热解碳(Pyrocarbon,PyC)层、六方氮化硼(BN)和 SiC。热解碳是一种性能优异的界面层材料,它不仅具有明显的层状结构,而且其层内的各向异性有利于界面的滑动,从而使复合材料表现出非线性力学行为,但是较高的氧化敏感性限制了其使用范围。当用六方 BN 作为界面层时,由于 BN 界面相与 SiC 基体之间的结合较弱,需要采用高温热处理改善其结合状态,但高温热处理会严重损伤碳纤维,从而降低复合材料的力学性能。众多研究显示,SiC 不仅具有良好的高温力学性能,而且在 1 500 ℃以上的有氧环境中,依然能保持良好的抗氧化性能,有效阻止内部材料的氧化,是界面层的理想材料。中南大学熊翔等人采用 $TaCl_5$ - H_2 - C_3H_6 - Ar 体系以及 MTS - H_2 - Ar 体系,利用 CVI 技术在碳纤维表面沉积 TaC 以及 SiC - TaC 混合涂层,然后进行热固性树脂浸渍碳化,得到 TaC 和 SiC - TaC 中间层改性的 C/C 复合材料,并对材料的力学性能进行研究。结果表明:TaC、SiC - TaC 中间改性层的存在大大提高了 C/C 复合材料的平均强度和韧性,其抗弯强度分别达到 270 MPa 和 522 MPa,具有 TaC 层的材料表现出良好的假塑性断裂,而 SiC - TaC 层的复合材料为脆性断裂,但是经过 2 000 ℃高温热处理后,其断裂模式转变为假塑性断裂,此外,TaC/SiC - TaC 改性后材料的抗烧蚀性能得到了大幅度的提高。Cao 等人采用反应熔渗方法制备了 C/SiC 复合材料,在多孔 C/C 内部采用 CVI 方法制备了 180 nm 厚度的 SiC 层,能完全保护碳纤维,免受高温熔体的侵蚀,弯曲强度提高到 412 MPa,比没有 SiC 层的提高了 300%,而且在 800 ℃氧化 10 h 后弯曲强度提高到 500 MPa。研究人员采用 MTS - H_2 - Ar 体系、CVI 方法在多孔 C/C 复合材料表面制备了 SiC 中间层,然后用酚醛树脂、B_4C 和 $ZrSi_2$ 在 1 800 ℃下制备了 C/SiC - ZrB_2 - ZrC 复合材料,并对复合材料的力学性能和抗烧蚀性能进行研究。研究结果表明：没有 SiC 中间层的 C/C-ZrB$_2$-ZrC 复合材料弯曲强度为 237 MPa，线烧蚀率为 0.066 mm/s；而 C/SiC-ZrB$_2$-ZrC 复合材料弯曲强度提高 60%，达到 380 MPa，其线烧蚀率降低了 96%，为 0.002 mm/s。上述分析表明：采用化学气相渗透技术制备的中间层与反应熔渗技术相结合制备的 C/C-UHTCs 复合材料具有较好的力学性能和抗烧蚀性能。

7.3.1.3 前驱体转化技术

前驱体转化技术即聚合物浸渍裂解法（PIP），是利用有机陶瓷前驱体材料的流动性、成型性以及结构可设计性等特点，将陶瓷相的液态前驱体通过真空浸渍或压力浸渍等方法渗入纤维预制体内部，然后采用高温热处理工艺使前驱体聚合物在高温环境中裂解转化为陶瓷基体，通过多次浸渍—固化—高温裂解循环过程，得到致密的陶瓷基复合材料。PIP 法具有结构可设计、可制备形状复杂部件、可以得到成分均匀且纯度较高陶瓷基体等优点。西北工业大学谢静等人采用先驱体浸渍-裂解法制备了 C/C-SiC-ZrC 复合材料，并研究了多孔 C/C 复合材料密度对其在氧乙炔火焰中抗烧蚀性能的影响，研究结果表明，利用密度为 1.20 g/cm^3 的 C/C 复合材料制备的 C/C-SiC-Zr 复合材料具有较好的抗烧蚀性能，在氧乙炔火焰烧蚀 120 s 后，其线烧蚀率和质量烧蚀率分别为 1.02×10^{-3} mm/s 和 -4.01×10^{-4} mm/s，复合材料具有较好抗烧蚀性能主要归因于在烧蚀表面形成了一层致密、连续的 ZrO$_2$ 保护层。西北工业大学刘磊等人利用 ZrB$_2$-ZrC 前驱体和聚碳硅烷，按一定比例混合制备出了 C/C-SiC-ZrB$_2$-ZrC 复合材料，并研究了其在热流分别为 2.38 MW/m^2 和 4.18 MW/m^2 的氧乙炔环境中的烧蚀行为，结果显示，C/C-SiC-ZrB$_2$-ZrC 复合材料在 2.38 MW/m^2 的氧乙炔环境中具有较好的抗烧蚀性能，而在 4.18 MW/m^2 的氧乙炔环境中的烧蚀率显著增大，主要原因是复合材料中各组分热膨胀系数不匹配和 SiO$_2$ 保护层大量挥发。PIP 工艺也有其缺点，受陶瓷转化率的影响，完成材料的制备通常需要进行多次浸渍-裂解循环，造成材料制备工艺的经济性不高，而且陶瓷化过程中的收缩又致使制备的基体致密性较差。中科院过程工程研究所的武海棠等人采用 PIP 法，以有机锆聚合物与聚碳硅烷（PCS）分别为 ZrC 和 SiC 的前驱体制备的 C/C-SiC-ZrC 复合材料，在 2 200 ℃的等离子焰中具有良好的抗烧蚀性能。北京化工大学李国明等人采用锆溶胶浸渍低密度 C/C 复合材料，经高温处理得到 C/C-ZrC 复合材料，其电弧驻点烧蚀线烧蚀率为 5.07 mm/s。国防科技大学的杨国威采用涂刷与先驱体浸渍-裂解相结合的工艺将超高温陶瓷粉和呋喃树脂混合均匀制成料浆涂刷在碳布上，然后利用穿刺工艺将多层碳布固定成型，再采用先驱体浸渍-裂解法对预制体进行致密化，制备出 C/C-ZrB$_2$(TaC,ZrC)复合材料，并考核了材料在氧乙炔环境中的烧蚀性能，得到其烧蚀机理。Schmidt 等人利用聚碳硅烷成功制备了 C/SiC 复合材料的发动机喷嘴扩张段，如图 7-4 所示，并在航空煤油发动机燃气环境下测试了其烧蚀性能，经过 150 s 烧蚀后，发动机喷嘴扩张段外形尺寸保持完整，没有开裂、剥落现象发生，显示了 C/SiC 复合材料在航空航天领域的应用潜力。Uhlmann Franziska 等人将 ZrB$_2$ 和 Ta 陶瓷粉预先添加到纤维预制体中，然后利用聚碳硅烷溶液填补纤维预制体中的孔隙，经过高温裂解后制备出了 C/C-SiC-ZrB$_2$-TaC 复合材料，研究结果表明，随着 ZrB$_2$ 和 TaC 陶瓷粉含量的增加，C/C-SiC-ZrB$_2$-TaC 复合材料的弯曲强度、弹性模量和层间剪切强度分别提高了 27%、28% 和 22%，在氧乙炔火焰烧蚀环境中添加 ZrB_2-TaC 复合材料的烧蚀率降低了 50% 以上。卢锦花等人将 HfC 前驱体、ZrC 前驱体和聚碳硅烷按一定比例混合后，经 1 500 ℃ 高温裂解，制备了 C/C-SiC-HfC-ZrC 复合材料，在 3 000 ℃ 氧乙炔环境烧蚀 120 s 后，其弯曲强度保持率仍然在 70% 以上，质量烧蚀率和线烧蚀率分别为 -0.151 mg/s 和 0.225 μm/s。

图 7-4　先驱体浸渍-裂解法制备的 C/SiC 复合材料发动机喷嘴扩张段

7.3.1.4　化学气相渗积技术

化学气相渗积(CVI)技术是在化学气相沉积(CVD)技术上发展起来的一种方法，可以在预制体中共渗基体碳和改性物质，也可以采取改性物质和基体碳分别沉积的方式达到提高材料抗烧蚀性的目的。CVI 法制备材料周期长，生产成本高，而且容易在制备过程中形成表面"结壳"，影响材料的进一步致密化。西北工业大学的韩秀峰等人采用 CVI 法制备了 2D C/C-SiC 复合材料，研究了其微观结构。结果表明，基体改性的效果明显，纤维的逐级拔出是断裂韧性提高的原因。中南大学王雅雷制备了 CVI-SiC/TaC 改性 C/C 复合材料，并研究了复合材料的弯曲性能及其断裂机理。结果显示：制备的复合材料弯曲强度高达 522 MPa，较 C/C 复合材料有较大提高，断裂方式表现为脆性断裂；复合材料经过 2 000 ℃ 高温热处理后，弯曲强度大幅度下降，断裂方式转变为韧性断裂。通过基体改性来提高 C/C 复合材料抗烧蚀及抗氧化性能往往会不可避免地对 C/C 复合材料中的纤维造成损伤，从而影响复合材料本身的机械性能，因此对于改性剂的添加量要有严格的控制。西北工业大学超高温结构复合材料重点实验室张立同院士等人率先开展了 CVI 工艺制备 SiC 陶瓷基复合材料的研究，其制备的 C/SiC 复合材料的室温弯曲强度和断裂韧性分别达到 670 MPa 和 31.2 MPa·$m^{1/2}$，在 1 300 ℃ 高温环境中的弯曲强度和断裂韧性分别为 450 MPa 和 45.9 MPa·$m^{1/2}$。Ruggles-Wrenn 等人利用 MTS(CH_3SiCl_3)-H_2-Ar 体系制备了 SiC/SiC 复合材料，并在室温和 1 200 ℃ 环境中测试了其疲劳性能，结果表明：SiC/SiC 复合材料的疲劳极限和疲劳寿命随着拉伸测试频率的增高而降低，在低频率条件下，复合材料的拉伸强度保持不变;而在高频率条件下,复合材料的拉伸强度降低了6%,弹性模量损失了17%～22%,这主要归因于复合材料的氧化脆性。中南大学王雅雷等人采用$TaCl_5$-Ar-C_3H_6-H_2和$MTS(CH_3SiCl_3)$-H_2-Ar体系制备了C/C-SiC-TaC复合材料,改性后复合材料的弯曲强度和断裂韧性显著提高,平均弯曲强度达522 MPa,断裂位移达到1.19 mm,并利用氧乙炔火焰测试了C/C-SiC-TaC复合材料的抗烧蚀性能,烧蚀结果显示,其线烧蚀率和质量烧蚀率都明显降低。Mühlratzer等人利用$MTS(CH_3SiCl_3)$-H_2-Ar体系制备的C/SiC复合材料弯曲强度达到450～500 MPa,拉伸强度达到300～380 MPa。南京航空航天大学的方聘等人利用$MTS(CH_3SiCl_3)$-H_2-Ar体系制备了2.5D C/SiC复合材料,并在热流为4.2 MW/m^2的氧乙炔火焰环境中测试了其烧蚀性能,结果显示,SiC基体在氧乙炔火焰热物理剥蚀和热化学烧蚀相互作用下快速氧化,碳纤维被烧蚀成针尖状。罗磊等人采用$MTS(CH_3SiCl_3)$-H_2-Ar体系制备了密度为2.2 g/cm^3的C/SiC复合材料,并在速度为$0.7Ma$和质量流速为11.5 g/s等离子风洞中测试了其烧蚀性能,结果表明:在低热流环境中SiC氧化生成的SiO_2能有效保护C/SiC的完整性;而在高热流环境中SiC分解及SiO_2挥发导致C/SiC复合材料的失效。

化学气相沉积技术的优点:①陶瓷基体制备温度低,材料内部热应力较小,纤维强度保持良好;②可制备高纯度、高密度的陶瓷基体,通过调节渗透工艺参数可实现多种陶瓷基体在微观结构上的设计;③净尺寸成型,可制备尺寸较大、结构复杂的陶瓷基复合材料部件;④制备过程无需外界压力,纤维预制体不承受机械应力。

化学气相沉积技术的缺点:①采用低压沉积,对设备气密性要求较高;②该工艺沉积速率较低,且前驱体浪费严重,导致复合材料的生产周期较长,生产成本较高;③气相前驱体在纤维预制体孔隙入口处浓度较高,复合材料内部与外部沉积速率不一致,易导致前驱体入口过早封闭及复合材料密度不均匀;④陶瓷基体制备的过程中产生的气体副产物具有强烈的腐蚀性,不仅对设备腐蚀比较严重,同时会造成环境污染,因此需要加装尾气处理装置。

7.3.1.5 固相复合技术

固相复合是将抗烧蚀组元以固相颗粒的形式引入C/C复合材料中,抗烧蚀组元可能是单质元素,如Si、Ti、Zr等,也可能是碳化物(如ZrC、TaC和SiC)、硼化物(如HfB_2和ZrB_2)、硅化物(如$TiSi_3$和$MoSi_2$),还可能是有机硼硅烷聚合物等。汤素芳等人将ZrB_2、TaC、HfC陶瓷粉末加入碳纤维预制体中,然后采用等温化学气相渗透(ICVI)工艺制备出C/C-ZrB_2、C/C-SiC-ZrB_2、C/C-SiC-ZrB_2-TaC和C/C-SiC-ZrB_2-HfC等复合材料,研究了超高温陶瓷粉末的加入对材料烧蚀性能的影响。结果表明,当氧乙炔热流密度为3 920 kW/m^2时,C/C-ZrB_2复合材料的抗烧蚀性能优于C/C-SiC-ZrB_2、C/C-SiC-ZrB_2-TaC和C/C-SiC-ZrB_2-HfC复合材料。当热流减小时,SiC的添加有助于烧蚀性能的提高。HfC的加入可提高C/C-SiC-ZrB_2复合材料的抗烧蚀性能,而TaC的引入则导致C/C-SiC-ZrB_2复合材料烧蚀性能降低。Erica L. Corral等人采用料浆浸渗法制备了C/C-B_4C和C/C-ZrB_2-B_4C复合材料,氧化测试结果表明,B_4C和ZrB_2-B_4C的引入可提升C/C复合材料的抗氧化能力。孙燊等人选用2D针刺碳毡为预制体,首先采用ICVI工艺在碳毡上沉积热解碳层,随后采用负压溶液浸渍法对沉积热解碳层后的试样浸渍

ZrSiO$_4$ 悬浊液，最后采用 TCVI 致密化工艺制备出 ZrSiO$_4$ 改性 C/C 复合材料。氧乙炔烧蚀测试结果表明，ZrSiO$_4$ 可有效提升 C/C 复合材料的烧蚀性能，烧蚀 120 s 后，试样的质量烧蚀率和线烧蚀率分别为 5.91 $\mu m \cdot s^{-1}$ 和 1.13 $mg \cdot s^{-1}$。魏连峰等人首先采用超声波振荡法将 SiC 微粉添加到二维针刺碳毡预制体中，再利用 TCVI 工艺沉积热解碳制备了 SiC 改性 C/C 复合材料。氧乙炔烧蚀 30 s 后材料的线烧蚀率和质量烧蚀率分别为 4.0×10^{-3} $mm \cdot s^{-1}$ 和 3.19×10^{-3} $g \cdot s^{-1}$，分别相当于 C/C 复合材料的 47.1% 和 70.6%。A. Paul 等人采用料浆浸渗法制备了 C/C-ZrB$_2$、C/C-ZrB$_2$-SiC、C/C-ZrB$_2$-SiC-LaB$_6$、C/C-HfC 和 C/C-HfB$_2$ 复合材料，氧乙炔烧蚀测试结果表明，相比于 Zr 基复合材料，Hf 基复合材料具有更好的抗烧蚀性能。

此方法虽然操作简单，但并不适合制备形状复杂的构件，陶瓷相以颗粒形式加入 C/C 复合材料中，分布不均匀并且随着渗入深度的增加而减少（见图 7-5），使得试样表面易形成陶瓷颗粒的堆积。

图 7-5 料浆法制备的改性 C/C 复合材料
(a)试样截面陶瓷粉末的分布状态； (b)表面放大； (c)底部放大

7.3.1.6 热压法

热压法是指将陶瓷和碳纤维增强体通过高温热压烧结工艺结合在一起。Guo 等人通过热压法制备了短切碳纤维增强 ZrB$_2$-SiC 陶瓷基复合材料。研究表明，随着碳纤维含量的增加，材料的比热容未出现明显变化，但材料的热导率因纤维/基体界面增加而下降。Yang 等人通过热压法制备了短切碳纤维增强 ZrB$_2$-SiC 复合材料，力学测试表明，短切纤维的添加使得材料的断裂韧性提高约 54%，性能提高主要归因于纤维脱黏、拔出和裂纹偏转，但由于纤维/基体界面处的碳纤维发生了石墨化，所以材料的弯曲强度下降。氧乙炔烧蚀后试样形貌未发生明显变化,其烧蚀率呈现负值。

7.3.1.7 微波水热法

微波水热法是用微波对水热体系直接进行加热,其可有效利用水热反应温度低,反应过程中气-液-固相扩散、传质速度快,渗透能力强的特点,同时借助微波加热速度快、均匀且没有温度梯度的特性来缩短反应时间,提高反应效率。李翠艳等人采用此方法制备了 ZrC 改性 C/C 复合材料。曹丽云等人采用此方法制备了 C/C-SiC-MoSi$_2$ 复合材料。但是该方法尚需要朝着低成本、高效率的方向发展。

7.3.1.8 薄膜沸腾化学气相渗透工艺

薄膜沸腾化学气相渗透(Film Boiling Chemical Vapor Infiltration, FBCVI)又称化学液相汽化渗透(Chemical Liquid Vapor Infiltration, CLVI),是法国原子能协会(CEA)于 1984 年提出的一种快速沉积 C/C 复合材料的工艺。由于 FBCVI 工艺是通过预制体内部的温度梯度来控制热解碳的沉积,并且预制体始终浸泡在液态前驱体中,因此缩短了反应的扩散路径,使得热解碳的沉积过程仅受控于化学反应动力学,因此 FBCVI 相比于传统的 CVI 工艺,沉碳速率提高了 1~2 个数量级,有望大大缩短制备周期,从根本上降低 C/C 复合材料的制备成本。至今,该工艺已在美国与法国等发达国家得到了迅速的发展,被成功用于制造与修复飞机刹车盘。

7.3.1.9 其他工艺

CVI+PIP 混合工艺充分利用了 CVI 气相反应和 PIP 液相反应前期致密化速率快的特点,制备周期比单一 CVI 法或 PIP 法缩短 50%,是一种高效快速制备连续碳纤维增强陶瓷基复合材料的方法。航天四院 43 所的余惠琴等人采用该工艺制备的 C/C-SiC 复合材料在 1 500 ℃ 以内具有优良的抗氧化能力。同时他们还研究了 B、Cr 对 CVI+PIP 工艺制备 C/C-SiC 性能的影响,认为 B 不仅可以提高材料的弯曲强度,而且可以改善材料在 500~1 000 ℃ 温度范围的抗氧化性能,其抗烧蚀性能也明显提高。中国科学院金属研究所的汤素芳等人开发了一种粉末渗透技术,把 SiC 粉渗入碳纤维预制体中,然后经过等温 CVI 工艺进行热解碳致密化得到 C/C-SiC 复合材料,SiC 添加后材料的力学和抗烧蚀性能得到了大幅度提高,C/C-SiC 与 C/C 复合材料相比,其线烧蚀率和质量烧蚀率分别降低了 15.2% 和 51.7%。西北工业大学的魏连峰等人采用超声振荡法将 SiC 微粉添加到针刺整体毡中,借助热梯度化学气相渗透(TCVI)快速致密化工艺制备了 C/C-SiC 复合材料。氧乙炔烧蚀结果表明,C/C-SiC 复合材料的线烧蚀率、质量烧蚀率分别为 C/C 复合材料的 47.1% 和 70.6%,即 SiC 的引入提高了 C/C 复合材料的抗烧蚀性能。

7.3.2 基体改性碳基复合材料的抗烧蚀性能

改性 C/C 复合材料具有良好的氧化防护和抗烧蚀性能,主要应用于先进飞行器的热防护结构部件,需要承受长时间、高密度热流的冲刷。因此,改性 C/C 复合材料优异的抗烧蚀性能是飞行器耐热部件在高温苛刻环境中长时间服役的重要保障。材料的烧蚀性能是评价和衡量先进飞行器热防护材料的重要指标,直接影响热防护材料在高温环境中的使用寿命。因此,若使改性 C/C 复合材料应用于航空航天领域热防护结构部件,需要经过一系列的地面模拟高温环境测试。根据高温环境气氛的特点,可分为氧气-氢气火焰、氧气-乙炔火焰、高能激光束、电弧等离子风洞、高温燃气风洞和火箭发动机羽流环境等高温环境。目前大多数研究人员利用氧乙炔火焰测试其抗烧蚀性能,分析其烧蚀机理。

国外关于 UHTC 改性 C/C 复合材料的研究较早,早在 1976 年,美国宇航局 NASA Glenn 研究中心的 Choury 就指出,在 C/C 复合材料中引入难熔金属化合物,有望研制出能承受 3 700 ℃ 以上高温的喉衬材料。2009 年印度国防冶金实验室的 Padmavathi 等人报道了使用无机盐溶液浸渗蔗糖,引入碳源后通过 1 600 ℃ 和 1 700 ℃ 碳热还原反应制备 C/ZrB_2-SiC 复合材料的方法,陶瓷含量为 5%～20%,结果显示,1 600 ℃ 下制得的材料力学性能较好,未见氧化、烧蚀方面的相关报道。2011 年英国帝国理工学院 Jayaseelan 等人将 ZrB_2 前驱体的无机盐溶液和 ZrB_2 粉料制成料浆,通过真空浸渗引入 C/C 复合材料的空心管中,微观形貌分析显示引入的陶瓷相主要分布在材料表面,2 190 ℃ 烧蚀 60 s 后表面有 ZrO_2 聚集,性能一般,仍需进一步改进。2013 年 Paul 等人通过料浆浸渗制备了多种 C/C-UHTC 复合材料,氧乙炔环境 30 s 和 60 s 烧蚀显示 Hf 基复合材料的抗烧蚀性能优于 Zr 基复合材料,SiC 和 LaB_6 的添加对于材料的抗烧蚀性能并无益处,C/HfB_2 的抗烧蚀性能优于 C/HfC。

国内相关研究起步较晚,近年来,中国科学院、西北工业大学、国防科学技术大学和中南大学等单位积极参与了相关研究工作中。汤素芳等人通过料浆浸渗法制备了包括 C/C-$4ZrB_2$、C/C-$4ZrB_2$-1SiC、C/C-$2ZrB_2$-1SiC、C/C-$2ZrB_2$-1SiC-1HfC、C/C-$2ZrB_2$-1SiC-1TaC 等的多种 C/C-UHTC 复合材料,氧乙炔环境下不同热流密度考核发现:C/C-ZrB_2 的抗烧蚀性能优于 C/C 和其他 C/C-UHTC 复合材料;随着热流密度减小,SiC 在 C/C-ZrB_2 中的添加逐步呈现出有益作用;HfC 能够提高 C/C-$2ZrB_2$-1SiC 的抗烧蚀性能,而 TaC 则起到相反作用。王一光等人和童明德等人独立使用反应熔渗法成功制备了 C/C-ZrC、C/C-ZrC-SiC 等复合材料,所制得的材料力学和抗烧蚀性能优良。曾毅等人通过反应熔渗法向低密度 C/C 复合材料熔渗 Zr-Ti,研究发现,预制体结构、Zr-Ti 两相比例等对材料最终结构和抗烧蚀性能有明显影响。沈学涛等人和姚栋嘉等人分别通过无机盐溶液浸渗法制得 ZrC 和 HfB_2 改性的 C/C 复合材料,氧乙炔环境烧蚀,发现材料的烧蚀率随 ZrC/HfB_2 含量的增加而降低。Zhang 等人通过前驱体浸渍裂解工艺制备了 C/ZrC、C/SiC 和 C/ZrC-SiC 复合材料,氧乙炔环境烧蚀显示 C/C-ZrC 的抗烧蚀性能最好,C/ZrC-SiC 次之,C/SiC 最差。封波等人通过有机前驱体浸渍裂解工艺制备了不同 SiC-ZrC 比例的 C/C-SiC-ZrC 复合材料,氧乙炔环境烧蚀发现,SiC-ZrC 质量比为 2∶3 时材料抗烧蚀性能最好。陈思安等人通过化学气相沉积法在碳纤维表面制备了不同厚度的 SiC 涂层,再通过前驱体浸渍裂解法向材料中引入 ZrC 制得 C/ZrC-SiC 复合材料,发现 SiC 界面层的厚度不仅对材料的力学性能存在影响,当 SiC 较薄时还可提高材料抗烧蚀性能,太厚时则会加剧材料烧蚀。姚西媛等人通过有机前驱体浸渍裂解工艺制备了 C/C-ZrB_2-SiC 复合材料,发现材料烧蚀率随烧蚀环境热流密度的增大而增大,机械剥蚀的加剧是烧蚀率增大的主要原因。李克智等人通过前驱体浸渍裂解法使用不同密度 2D 针刺预制体增强的低密度 C/C 复合材料制备了 C/C-ZrC-SiC 复合材料,发现材料初始密度对陶瓷相的引入和抗烧蚀性能都有明显影响。李翠艳等人依托 C/C 复合材料表面的孔隙制备了一层厚 80～

100 μm 的富 ZrC 层，研究发现，该富 ZrC 层能够在烧蚀过程中形成熔融的 ZrO_2 层从而有效减小材料的烧蚀率。

根据引入的陶瓷相的组元不同，可将基体改性碳基复合材料分为单组元改性、双组元改性和多组元改性 C/C 复合材料。

7.3.2.1 单组元改性碳基复合材料

(1) SiC 改性碳/碳复合材料

SiC 改性碳/碳复合材料（C/C-SiC）综合了碳纤维、SiC 基体以及纤维增强陶瓷基复合材料的优势，除具有密度小、热膨胀系数小、比强度高及高温力学性能良好等优点外，还克服了碳/碳复合材料在 500 ℃ 以上会迅速氧化的缺点，是一种结合了热防护、结构承载、防氧化和抗烧蚀的新型功能一体化复合材料。

汤素芳等人通过向 2 D 碳纤维预制体预浸含有 SiC 颗粒的料浆，之后采用等温化学气相沉积热解碳制得 C/C-SiC 复合材料，经 12 MW/m^2 热流密度的发动机焰流 10 s 烧蚀，发现烧蚀表面温度约为 2 000 ℃，相较于 C/C 复合材料，其线烧蚀率和质量烧蚀率出现明显下降。吴市等人通过 PIP 工艺向 C/C 复合材料中引入 SiC，经 H_2-O_2 焰 180 s 烧蚀，发现随 SiC 含量的增加，材料的烧蚀率逐步下降。然而，尹健等人通过反应熔融渗 Si 法制得的 C/C-SiC 复合材料在电弧烧蚀时发现 C/C-SiC 的烧蚀率比 C/C 复合材料高约一个数量级。西北工业大学刘磊对 C/C-SiC 复合材料在不同热流密度环境、单次往复加载环境中的烧蚀行为探究发现：C/C 中引入 SiC 后，在氧乙炔环境 2.38 MW/m^2 热流密度中抗烧蚀性能提高，而在 4.18 MW/m^2 热流密度中抗烧蚀性能下降；C/C-SiC-1 在氧乙炔环境 2.38 MW/m^2 热流密度中往复烧蚀过程中继承了 C/C 复合材料的烧蚀行为，且在往复烧蚀过程中其有益作用进一步凸显；烧蚀过程中试样的表面温度对 C/C 和 C/C-SiC 复合材料的抗烧蚀性能具有重要影响，表面温度较高时材料的烧蚀率较大；SiC 在不同层的分布对改性 C/C 复合材料的抗烧蚀性能具有明显影响，在热流密度较小的氧乙炔环境 2.38 MW/m^2 热流密度中，当 SiC 主要聚集于网胎层时，抗烧蚀性能更优，而在热流密度较大的氧乙炔环境 4.18 MW/m^2 热流密度中，当 SiC 主要聚集于无纬布层时，抗烧蚀性能下降较少。

(2) ZrC 改性碳/碳复合材料

ZrC 具有高的熔点（3 540 ℃）和相对较小的密度（6.59 g/cm^3），高的强度/硬度和良好的力学性能，良好的抗热震性能和化学稳定性，是一种先进的超高温陶瓷材料，其烧蚀产物 ZrO_2 是一种优秀的热障材料，熔点高达 2 770 ℃，热导率仅为 2.3 $W/(m·K)$，烧蚀过程中 ZrO_2 膜的形成，可起到阻止氧扩散和热量传递的作用。此外物 ZrO_2 的蒸发会带走大量的热量，提高碳/碳复合材料的抗烧蚀性能。因此，把 ZrC 引入 C/C 复合材料制备成 ZrC 改性的 C/C 材料，是提高 C/C 复合材料抗烧蚀性能的一种有效方法。

西北工业大学李贺军课题组发明了一种难熔金属盐溶液浸渍法，原位合成了 ZrC 改性 C/C 复合材料，主要是采用氧氯化锆（$ZrOCl_2$）溶液浸渍碳纤维预制体，然后对含锆预制体进行致密化处理，高温石墨化得到 ZrC 改性的 C/C 复合材料。西北工业大学的王一光等人采用反应熔体浸渗法把低密度 C/C 复合材料浸渍到锆溶液中制备了 C/C-ZrC 复合材料，氧乙炔烧蚀结果表明，生成的 ZrO_2 液膜起到了阻止氧扩散的作用。中国科学院过程工程研究所的武海棠等人以聚合有机锆和 PCS 为原料，采用 PIP 工艺制备了 C/C-ZrC-SiC 复合材料,2 200 ℃等离子焰烧蚀 300 s 后,复合材料的质量烧蚀率和线烧蚀率随着 ZrC 含量的增加先减小后增大,其中 ZrC 含量为 17.45%(体积分数)的复合材料具有最优的抗烧蚀性能,即在表面温度 2 200 ℃等离子焰烧蚀 300 s 后,其质量烧蚀率仅为 1.77 mg/s,线烧蚀率为 0.55 μm/s。研究发现,材料表层的 ZrC 氧化生成的 ZrO_2 溶于 SiC 氧化生成的 SiO_2 中,形成黏稠的二元玻璃态混合物,有效阻止氧化性气氛进入基体内部,对抗超高温烧蚀,起到协同作用。北京化工大学的石岳以氧氯化锆为锆源,正丙醇为溶剂,乙酰丙酮为配位剂,加入无水乙醇合成了含锆液相溶液,并以此溶液浸渍低密度 C/C,高温处理后得到 C/C-ZrC 材料;以氧氯化锆为锆源合成苯甲酸氧锆,采用此苯甲酸氧锆、醋酸锆以及沥青制备出两种含锆沥青,用此沥青浸渍低密度 C/C,经热处理后制备出 C/C-ZrC 复合材料。北京化工大学的李国明以醋酸锆为原料,合成锆溶胶,然后用锆溶胶浸渍低密度 C/C 复合材料,高温热处理得到 C/C-ZrC 复合材料,电弧驻点烧蚀环境下材料的线烧蚀率为 5.07 mm/s。

(3)HfC 改性碳/碳复合材料

HfC 陶瓷作为超高温陶瓷的重要成员之一,除具有超高温陶瓷的一般特性,如高的熔点(3 890 ℃)、较小的热膨胀系数($6.73×10^{-6}$/℃)和热导率[0.21 W/(cm·K)]、较高的硬度等外,其氧化产物 HfO_2 的性能也较为优异,同样具有高熔点(2 758 ℃)、较小的热膨胀系数和低蒸气压等特性。因此,将 HfC 作为 C/C 复合材料添加相的研究极为普遍。

西北工业大学李淑萍等人研究了 HfC 改性 C/C 复合材料在不同烧蚀环境(氧乙炔烧蚀、固体火箭发动机模拟烧蚀以及等离子烧蚀)下的烧蚀性能。结果发现,HfC 的引入大大提高了 C/C 复合材料的抗烧蚀性能。与 C/C 复合材料相比,在固体火箭发动机模拟烧蚀条件下,HfC 改性 C/C 复合材料整体喉衬(HfC 的质量分数为 8.7%)的线烧蚀率减小了 34.0%,质量烧蚀率减小了 13.2%;在氧乙炔烧蚀条件下,HfC 改性 C/C 复合材料(HfC 的质量分数为 8.7%)的线烧蚀率减小了 57.1%,质量烧蚀率减小了 21.1%;而在等离子烧蚀条件下,HfC 改性 C/C 复合材料(HfC 的质量分数为 8.7%)的线烧蚀率增加了 23.1%,质量烧蚀率增加了 12.4%。L. Pienti 等人研究了 HfC 基复合材料在 1 300~1 900 ℃的氧气/丁烷/丙烷烧蚀环境中的抗烧蚀性能,与纯石墨相比,其抗烧蚀性能显著提高。中南大学薛亮等人采用 PIP 工艺,将 HfC 陶瓷前驱体引入低密度 C/C 预制体中,经过高温裂解得到 C/C-HfC 复合材料,并对其显微结构、力学性能以及烧蚀行为等进行了研究。

(4)TaC 改性碳/碳复合材料

崔红等人将研磨好的金属 Ta_2O_3 粉末采用超声振荡法使其均匀分散于树脂中,然后利用此树脂对碳毡进行浸渍、固化、碳化烧结等工艺制备了 TaC 改性 C/C 复合材料。对复合材料进行驻点烧蚀性能测试,结果表明在驻点压力为 2 MPa 的电弧烧蚀性能测试中,仅含 0.67%(体积分数)TaC 的复合材料的线烧蚀率和未添加 TaC 的 C/C 相比下降了 50%。赵磊等人将 TaC 粉末添加到碳纤维预制体中,然后通过 CVI、树脂浸渍-碳化、石墨化工艺制备了 TaC 改性 C/C 复合材料。研究结果表明,TaC 的添加使得 C/C 复合材料石墨化度增加,但力学性能和抗烧蚀性能降低。国防科技大学杨国威将酚醛树脂溶于丙酮溶液,添加 TaC 颗粒配置成料浆涂于碳布上,然后经叠层、模压和热处理工艺,最后经致密化过程制得 C/C-TaC 复合材料。复合材料的密度随 TaC 含量的增大而增大,力学性能和烧蚀性能呈现先升高后降低的趋势。当 TaC 含量为 15%(体积分数)时,复合材料在 1 200 ℃氧化

30 min 后质量保持率为 92.12%,强度保持率为 75.03%。质量烧蚀率和线烧蚀率分别为 0.025 10 g/s 和 0.029 0 mm/s。陈招科等人采用 CVI 结合树脂碳浸渍裂解工艺制备了含 PyC-TaC-PyC 复合界面的 C/C-TaC 复合材料,并对其进行氧乙炔烧蚀测试。与 C/C 复合材料相比,14%(体积分数)TaC 的改性 C/C 复合材料表现出较好的长时间抗烧蚀性能。氧乙炔焰烧蚀后,复合材料表面由 C、TaC、(Ta_2O) 及 Ta_2O_5 相组成。

相华等人采用先驱体转化法制备 C/C-TaC 复合材料,研究了材料的氧乙炔烧蚀性能。所制备的 C/C-TaC 复合材料的抗烧蚀性能受气孔率和 TaC 增强体的综合作用,与相同烧蚀条件气孔率相仿的 C/SiC 相比,表现出更优异的抗烧蚀性能。

(5)HfB_2 改性碳/碳复合材料

HfB_2 高温合金具有熔点高(3 540 ℃)、高温强度高、硬度高、耐腐蚀、化学稳定性良好等特点,HfB_2 的引入会提高 C/C 复合材料的热扩散率,使得 HfB_2 改性碳/碳复合材料具有良好的抗烧蚀性能。

西北工业大学张豫丹采用 PIP 工艺对 HfB_2 改性碳/碳复合材料进行研究发现,C/C-HfB_2 和 C/C-HfB_2-SiC 在低热流密度下烧蚀 60 s 后的质量损失率为 0.11 mg/s 和 0.10 mg/s,烧蚀过程中 HfB_2 氧化形成 HfO_2 结构层,结构层分布不均匀,形成较大孔隙,加入 SiC 以后,SiC 相的存在可细化 HfO_2 生长形成的晶粒,并促进 HfO_2 烧结,形成均匀的 HfO_2 结构层,孔隙分布均匀,且孔径较小,同时,SiC 在低热流密度下的反应速率较小,可在一定程度上保护材料纤维的烧蚀。在高热流密度下,C/C-HfB_2 和 C/C-HfB_2-SiC 烧蚀 60 s 后的质量损失率为 2.68 mg/s 和 2.11 mg/s,HfO_2 结构层在焰流冲刷及热物理腐蚀作用下被烧蚀,结构层被破坏,局部纤维裸露,改性陶瓷相起到延缓烧蚀作用。

(6)ZrB_2 改性碳/碳复合材料

ZrB_2 具有高熔点(超过 3 000 ℃)和良好的抗热震性能,而且其氧化物(ZrO_2)也具有足够高的熔点(2 770 ℃)和相对低的蒸气压,在超高温下可在基体表面形成抗氧化膜,减小氧气向基体中的扩散速度;并且在材料的制备过程中对碳具有较强的催化石墨化作用,提高材料的综合性能,以满足采用新型高能推进剂的新一代战略战术导弹固体火箭发动机高效、高冲质比喷管的低烧蚀率、高强度、高效率、高可靠性的使用要求。

西北工业大学孙慧慧等人以 $ZrOCl_2 \cdot 8H_2O$、硼酸和酚醛树脂分别作为 Zr 源、B 源和 C 源溶解到无水乙醇中,采用超声振荡浸渍 2D 碳纤维预制体后进行热处理得到含 ZrB_2 的碳毡,然后进行热梯度化学气相沉积(Thermal Chemical Vapor Infiltration,TCVI)致密化和高温石墨化制得 C/C-ZrB_2 复合材料。他们研究了不同 ZrB_2 含量对材料氧乙炔烧蚀性能的影响。结果表明,添加了 6.87%(质量分数)的 ZrB_2 后,C/C 复合材料的线烧蚀率和质量烧蚀率分别下降了 64.9% 和 67.5%。ZrB_2 烧蚀产物 ZrO_2 和 B_2O_3 在烧蚀过程中的挥发带走了大量热量,从而减小了烧蚀火焰对烧蚀表面的热冲击。杨国威利用酚醛树脂、呋喃树脂和沥青为 C 源,以 ZrB_2 粉涂刷在碳布上,经叠层、模压和热处理工艺制备 C/C-ZrB_2 复合材料,氧乙炔烧蚀结果表明,以酚醛树脂为 C 源制备的复合材料烧蚀性能最优,利用相同工艺制备的 C/C-TaC、C/C-ZrC 复合材料的烧蚀性能均低于 C/C-ZrB_2 复合材料。碳布叠层穿刺后,复合材料的密度和层间剪切强度提高,从而提高了复合材料的抗火焰冲刷能力。

7.3.2.2 双组元改性碳/碳复合材料材料体系

(1) HfC-SiC 改性碳/碳复合材料

HfC 具有很多优于其他难熔金属碳化物的一些性质,如超高熔点、较小的热膨胀系数和热导、较高的硬度等,其氧化产物也具有高熔点、较小的热膨胀系数和低蒸气压,以及蒸发速率等优点。西北工业大学李翠艳等人采用金属盐溶液浸渍法制备了 HfC 改性碳/碳复合材料。通过氧乙炔实验测试了不同含量 HfC 改性 C/C 复合材料的抗烧蚀性能。结果表明:HfC 具有抑制氧化及弥补缺陷的作用,从而降低了 C/C 复合材料的热化学烧蚀和机械剥蚀,提高了材料的抗烧蚀性能。SiC 的加入一方面可以缓解 HfC 与基体碳之间的热膨胀系数差异过大的问题,另一方面利用其氧化产物 SiO_2 在高温下的流动性,可以填充或者包覆材料的缺陷,进一步提高材料的抗烧蚀性能。严敏等人采用先驱体转化法制备出了 HfC-SiC 改性 C/C 复合材料,研究了不同 HfC、SiC 配比对材料在氧乙炔烧蚀环境下的抗烧蚀性能的影响,并证实其抗烧蚀性能较未添加 HfC 陶瓷相的 C/C-SiC 复合材料优异。

西北工业大学李贺军课题组研究了高温浸渍-裂解工艺、表层陶瓷含量和孔隙率对 HfC-SiC 改性 C/C 复合材料抗烧蚀性能的影响。研究发现,采用高温浸渍-裂解工艺制备 HfC-SiC 改性 C/C 复合材料的陶瓷相在碳基体中分布均匀,孔洞等缺陷较少,材料整体较为致密,弯曲强度较高,约为 180 MPa 左右。其在热流密度为 2.38 MW/m^2 的氧乙炔烧蚀环境中烧蚀 60 s 后形成了较为完整、致密的玻璃保护层,呈现出较好的抗烧蚀性能。在热流密度为 2.38 MW/m^2 的氧乙炔烧蚀环境下烧蚀 120 s 后,陶瓷含量较低,碳纤维排布整齐的无纬布层作为烧蚀面(HS-Wu 试样),材料抗烧蚀性能较为优异,其线烧蚀率为 2.06×10^{-3} mm/s。在热流密度为 4.18 MW/m^2 的氧乙炔烧蚀环境下烧蚀 60 s 后,陶瓷含量较高的网胎层作为烧蚀面(HS-Wang 试样),材料抗烧蚀性能较为优异,其线烧蚀率为 5.91×10^{-3} mm/s。对于 HfC-SiC 改性的 C/C 复合材料,浸渍最终密度过小或过大均不利于材料抗烧蚀性能的提高,当浸渍最终密度适中时,无论在低热流密度还是高热流密度的烧蚀环境中,材料表面均可形成较为完整的玻璃保护层,对碳基体进行有效的保护,材料整体抗烧蚀性能较好。

(2) ZrC-SiC 改性碳/碳复合材料

武海棠等人以聚碳硅烷和有机锆为前驱体,通过前驱体转化法制备了 ZrC-SiC 改性的 C/C 复合材料,经 2 200 ℃ 等离子烧蚀 300 s 后,复合材料的线烧蚀率为 0.55 $\mu m/s$,质量烧蚀率为 1.77 mg/s,表现出良好的抗烧蚀性能。

西北工业大学李贺军课题组对 ZrC-SiC 改性碳/碳复合材料在不同热流密度的焰流环境、循环热载环境以及设计成楔形构件的烧蚀行为和烧蚀机制进行了研究。结果发现:在热流密度 2.38 MW/m^2 的焰流环境下烧蚀 60 s 后,C/C-ZrC-SiC 复合材料表面以多孔 ZrO_2 为主,而 C/C-ZrC 复合材料表面生成的 ZrO_2 具有高的致密性,其抗烧蚀性能优于 C/C-ZrC-SiC 复合材料。在热流密度 4.18 MW/m^2 的焰流环境下烧蚀 60 s 后,两种复合材料表面 ZrO_2 的剥落和基体的消耗明显增多,两者均表现出较高的烧蚀率,C/C-ZrC-SiC 复合材料的质量烧蚀率较 C/C-ZrC 复合材料升高,但线烧蚀率较 C/C-ZrC 复合材料有所降低。RMI 制备的 C/C-ZrC-SiC 复合材料在热流密 2.38 MW/m^2 和 4.18 MW/m^2

的焰流环境下表现出明显的差异。在热流密度 2.38 MW/m² 的焰流烧蚀后，C/C-ZrC-SiC 烧蚀表面上形成了具有防烧蚀热和氧扩散的岛状 ZrO_2 和 SiO_2 层，其质量烧蚀率和线烧蚀率较 C/C 分别降低了 76.8% 和 88.4%，较 C/C-SiC 分别降低了 66.9% 和 58.3%。在热流密度 4.18 MW/m² 的焰流环境下，高温和强焰流冲刷作用下 C/C-ZrC-SiC 复合材料表面中心区域形成的多孔 ZrO_2 层发生剥落；相比于 C/C 和 C/C-SiC 复合材料，C/C-ZrC-SiC 复合材料的质量烧蚀率分别降低了 60.8% 和 44.8%，而其线烧蚀率较 C/C 高出 7.3%，但比 C/C-SiC 复合材料降低了 13.5%。PIP 结合 RMI 工艺制备的 C/C-ZrC-SiC 复合材料显微结构显示：PIP 生成的 ZrC 优先富集在无纬布层纤维之间的间隙，RMI 生成的 ZrC-SiC 主要分布在纤维网胎层，具有高的致密度且 ZrC 和 SiC 分布相对均匀。在热流密度为 4.18 MW/m² 的焰流测试 60 s 后，PIP 结合 RMI 制备的 C/C-ZrC-SiC 复合材料的线烧蚀率较单一 RMI 制备的 C/C-ZrC-SiC 复合材料明显降低。烧蚀表面形成的网状 ZrO_2，具有高的结构稳定性，能够有效抵抗高温和高速焰流的冲刷而不发生剥落。由于温度梯度的存在，从中心区域到边缘区域，ZrO_2 晶粒尺寸出现了从小到大的改变。RMI 制备的 C/C-ZrC-SiC 和 C/C-ZrC 复合材料在 2.38 MW/m² 的焰流环境下测试时，单一烧蚀 120 s 的表面温度要高于循环烧蚀 30 s×4 次模式，而表面氧化物的剥落量低于 30 s×4 次模式。当循环烧蚀时，相比于 C/C-ZrC 复合材料，C/C-ZrC-SiC 复合材料表面生成的 ZrO_2 镶嵌在 SiO_2 层中，这一结构比单一 ZrO_2 具有更高的抗焰流冲刷性能，使得 C/C-ZrC-SiC 复合材料比 C/C-ZrC 复合材料具有更小的线烧蚀率。

(3) ZrB_2-SiC 改性碳/碳复合材料

王琴等人采用先驱体浸渍工艺制备了 ZrB_2 改性 C/C-SiC 复合材料，并对复合材料的热物理性能和抗烧蚀性能进行了研究。结果表明，C/C-ZrB_2-SiC 复合材料的导热性能相比于 C/C-SiC 复合材料有了大幅提高，经过 600 s 的 2 200 ℃ 风洞测试后，C/C-ZrB_2-SiC 复合材料的质量烧蚀率为 0.04 mg/s，明显低于 C/C-SiC 复合材料。西北工业大学研究了 ZrB_2 的不同含量和不同热流密度对 ZrB_2-SiC 改性碳/碳复合材料的抗烧蚀性能的影响。结果发现，ZrB_2 改性 C/C-SiC 复合材料的抗烧蚀性能随着 ZrB_2 含量的增加而增加。当 ZrB_2 含量为 17.7%（质量分数）时，氧乙炔焰烧蚀 120 s 后复合材料的线烧蚀率和质量烧蚀率分别为 2.45 μm/s 和 0.067 mg/s，相比 C/C-SiC 复合材料分别下降了 66.8% 和 85.1%；随着烧蚀热流密度的提高，改性复合材料的质量烧蚀率和线烧蚀率快速增大，在 4 200 kW/m² 下，其线烧蚀率为 12.74 μm/s，约为在 2 400 kW/m² 烧蚀环境的 5 倍；当热流密度为 2 400 kW/m² 时，随着 ZrB_2 含量的增加，复合材料烧蚀中心逐渐形成 ZrO_2-SiO_2 保护膜，ZrO_2 为 SiO_2 提供框架，SiO_2 能够愈合烧蚀过程中的 ZrO_2 等固体界面，同时能够部分阻挡氧气通过烧蚀孔洞等缺陷向复合材料内部扩散，从而对复合材料提供一定的烧蚀保护。

(4) HfB_2-SiC 改性碳/碳复合材料

HfB_2 的引入能有效提高 C/C 复合材料的抗氧化和抗烧蚀性能。C/C-HfB_2 复合材料抗烧蚀性能的提高主要依赖于表面 HfO_2 的生成及其在试样表面的稳定存在，由于 HfO_2 和基体的热失配，在较强的燃气冲刷作用下 HfO_2 层极易脱落，弱化了其防护性能。研究表明，HfB_2-SiC 具有良好的协同抗氧化性能。在烧蚀环境下，SiC 的氧化产物 SiO_2 能够有效愈合裂纹、弥补缺陷,因此将 SiC 引入 C/C－HfB_2 复合材料中,有望进一步提高其氧化烧蚀性能。

西北工业大学李贺军课题组采用 PIP 法和 PIP＋RMI 法制备了含有碳-陶多元基体的 C/C－HfB_2－SiC 复合材料。借助其氧化产物 SiO_2 高温下的自愈合功能,SiC 的引入可以降低材料对烧蚀热流变化的敏感度,提高试样表面 HfO_2 高温烧蚀环境下的稳定性。相比于 PIP＋RMI 法制备的 C/C－HfB_2－Si 复合材料,因有效避免了碳纤维的损伤,PIP 法制备的复合材料力学性能较高。采用不同烧蚀热流考核了鼻锥形 C/C－HfB_2－SiC 复合材料的抗烧蚀性能。当烧蚀热流为 2.38 MW/m^2 时,由于烧蚀温度和燃气剥蚀的差异,试样底部到顶部覆盖着硼硅酸盐玻璃层、HfO_2＋玻璃混合层和均匀完整的 HfO_2 层,有效增强了复合材料的抗烧蚀性能。当烧蚀热流升高至 4.18 MW/m^2,SiO_2 和 B_2O_3 的蒸气压随温度升高而快速上升,从试样底部到顶部,烧蚀温度的升高和燃气剥蚀的增强加速了 SiO_2 和 B_2O_3 玻璃相的消耗,特别是在试样顶部,烧蚀形成的 HfO_2 保护层在燃气流的剧烈冲刷下局部区域发生破裂。

7.3.2.3 多组元改性碳/碳复合材料

意大利研究人员采用三元复合陶瓷对 C/C 复合材料进行改性,通过研究发现,当 ZrB_2、ZrC 和 SiC 的体积比为 64∶20∶16 时,改性材料具有较好的抗烧蚀性能,并且该材料已用在了无人机的热防护部件上。Tang 等人采用 ZrB_2 基陶瓷料浆浸渗结合等温化学气相渗透工艺制备了 C/C－1ZrB_2－2SiC－2HfC、C/C－1ZrB_2－2SiC－2TaC、C/C－1ZrB_2－2SiC、C/C－4ZrB_2－1SiC 和 C/C－ZrB_2 复合材料。陶瓷相主要分布在外表面及第二层的纤维网,这五种材料在热流密度为 3.92 MW/m^2 的氧乙炔焰中被烧蚀后,虽然 C/C－ZrB_2 的暴露面出现了小的剥蚀坑,但形成的 ZrO_2 层均匀且致密,这使得其质量烧蚀率明显低于其他 4 种复合材料;热流密度为 3.2 MW/m^2 和 2.38 MW/m^2 时,C/C－4ZrB_2－1SiC 烧蚀性能有所提高,而 C/C－1ZrB_2－2SiC 中加入 HfC 比加入 TaC 具有更好的抗烧蚀性能。Paul 等人采用超高温陶瓷料浆浸渗热解法结合 CVI 制备了碳纤维预制体增强的 ZrB_2、ZrB_2－20%(体积分数,下同) SiC、ZrB_2－20% SiC－10% LaB_6、HfB_2 和 HfC 复合材料,氧-乙炔焰烧蚀结果表明,所制备的 5 种复合材料均表现出优异的抗烧蚀性能,Hf 基超高温陶瓷粉末相比于 Zr 基超高温陶瓷具有更好的抗氧化作用。谢昌明等人采用 CVI 结合 ZrC、ZrB_2 和 SiC 前驱体浸渍热解法制备了 C/C－ZrB_2－ZrC－SiC 复合材料,在 1 800～2 200 ℃ 的等离子弧中烧蚀 1 000 s 后的质量烧蚀率低于 1.66 mg/s,线烧蚀率低于 1.67 μm/s。魏玺等人采用真空浸渍法将 HfB_2－HfC－SiC 和 HfC－SiC 复相陶瓷前驱体引入到低密度 C/C 预制体中,经过 14 次浸渍热解后得到 C/C－HfB_2－HfC－SiC 和 C/C－HfC－SiC 复合材料。C/C－HfB_2－HfC－SiC 和 C/C－HfC－SiC 复合材料在等离子焰烧蚀 300 s 后表面形成的 HfO_2－SiO_2 膜能够同时抵抗高速气流的冲蚀以及氧化气体向基体内部的扩散,两种材料均表现出优异的抗烧蚀性能,线烧蚀率分别为 $1.38×10^{-3}$ mm/s 和 $1.54×10^{-3}$ mm/s。

西北工业大学李贺军课题组在热流密度 2.38 MW/m^2 和 4.18 MW/m^2 的焰流环境下,考核了采用 RMI 结合 B_4C/酚醛树脂料浆浸渗-热解法和 CVI 制备的 C/C－ZrC－SiC－ZrB_2 复合材料的抗烧蚀性能。在热流密度为 2.38 MW/m^2 和 4.18 MW/m^2 的焰流环境循环烧蚀时,30 s×4 次模式下的表面温度要低于 60 s×2 次模式。C/C-ZrC-SiC-ZrB$_2$ 复合材料中心区域和过渡区域形成了由外层 ZrO$_2$ 和亚表层 ZrO$_2$-SiO$_2$ 构成的层状结构。当循环烧蚀 30 s×4 次时,表面 ZrO$_2$ 因大的温度梯度以及相变,在焰流的冲刷下更容易剥落,导致产生了较 60 s×2 次模式要大的质量损失和厚度损失,表面中心区域的基体以氧化-氧化物剥落-基体再氧化的机制进行着;C/C-ZrC-SiC-ZrB$_2$ 和 C/C-ZrC-SiC 复合材料楔形构件在烧蚀过程中经历了大的温度梯度、超高的尖端温度(分别为 2 536 ℃ 和 2 485 ℃)以及高速焰流的冲刷后,仍旧保持着完整的形状,烧蚀率明显低于 C/C 复合材料。C/C-ZrC-SiC-ZrB$_2$ 和 C/C-ZrC-SiC 构件的尖端和表面距离尖端附近区域为熔化和再结晶的 ZrO$_2$,构件表面的中间区域为外表层 ZrO$_2$ 和亚表层 ZrO$_2$-SiO$_2$ 形成的层状结构,尾部为 SiO$_2$ 层。特别是中间区域,亚表层由于温度的降低,有利于部分 SiO$_2$ 保留,形成了致密的 ZrO$_2$-SiO$_2$ 层,且层内的 ZrO$_2$ 晶粒尺寸较外表层 ZrO$_2$ 尺寸有所减小。

7.4 碳基复合材料抗烧蚀性能测试

7.4.1 氧乙炔烧蚀

涂层的抗烧蚀性能采用氧乙炔烧蚀设备来评价。氧乙炔烧蚀实验是以氧乙炔焰流为热源,对材料进行烧蚀测试的实验方法。它是将氧气和乙炔按一定比例进行混合后通入烧蚀枪,然后在喷枪出口处点火产生焰流,其中心对准试样进行烧蚀。氧乙炔烧蚀测试系统主要由控制系统、支撑结构、冷却系统、试样夹具等装置组成。控制系统主要用于调节氧气和乙炔流量、压强以及烧蚀过程持续的时间。实验装置示意图及试样测试中的照片如图 7-6 所示。

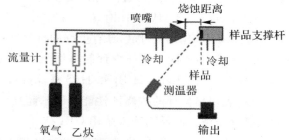

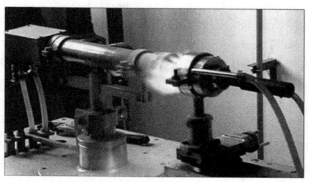

图 7-6 氧乙炔烧蚀测试装置

实验参照中华人民共和国国家军用标准《烧蚀材料烧蚀试验标准》(GJB 323A—1996)来对试样进行烧蚀测试。实验后采用质量烧蚀率(或质量变化率)和线烧蚀率来表征试样的抗烧蚀性能。质量烧蚀率(或质量变化率)是指试样烧蚀前后质量的变化,线烧蚀率是指试样烧蚀前后厚度的变化,其烧蚀测量区域为试样的烧蚀中心,因为在这一区域烧蚀最为严重,而试样的其他区域为非烧蚀区域或氧化区域。烧蚀率按下式计算:

$$R_m = (m_0 - m_1)/t \tag{7-6}$$

$$R_d = (d_0 - d_1)/t \tag{7-7}$$

式中:R_m 为质量烧蚀率(mg/s);R_d 为线烧蚀率(mm/s);m_0 为试样初始质量(mg);m_1 为烧蚀后试样质量(mg);d_0 为试样烧蚀前厚度(mm);d_1 为在烧蚀中心区测得的试样厚度(mm);t 为烧蚀时间(s)。

氧乙炔焰由焰心、内焰和外焰组成,火焰在轴向和径向温度分布都是不均匀的,温度沿轴向先增后减,沿径向从焰心至外焰递减,氧化焰的焰心前端温度高达 3 000 ℃ 以上,而外焰温度则较低。烧蚀测试开始前首先点燃火焰,调节氧气乙炔流量(氧和乙炔混合比为 1.35,未燃烧气体总流量是 0.73 L/s),待火焰稳定后旋转氧乙炔烧蚀枪将氧乙炔焰加载到试样表面并开始计时,烧蚀结束后旋转氧乙炔烧蚀枪退离火焰。测试过程中试样卡装在铜质水冷壳中,材料表面与氧乙炔焰成 90°角。氧乙炔喷嘴直径为 2 mm,距离烧蚀试样表面 10 mm,试样质量称量精确到 0.1 mg,厚度测量精确到 0.01 mm。

采用氧化焰,固定氧乙炔的压力和流量比,通过调节气流速率选用两种热流密度(采用水冷量热器法测定)对材料进行烧蚀,具体参数见表 7-1,分析材料在不同热流环境中的烧蚀差异。当烧蚀过程中试样距离烧蚀枪为 10 mm 时,试样中心区域直接受到氧乙炔焰心前端的烧蚀,且氧乙炔焰的燃烧特性主要受氧气乙炔比控制,因此认为试样中心区域在两种热流密度下都受到 3 000 ℃ 的燃气烧蚀,热流密度差异主要由燃气加载速率不同所致,即认为热流密度差异由对流换热差异引起。因氧乙炔比固定,燃气成分主要为 43.02%(摩尔分数,下同)O_2,15.38% CO_2,12.04% CO,10.75% O,8.45% OH 和 7.83% H_2O。

表 7-1 氧乙炔焰热流密度所对应的参数

条件	压力/MPa		流量/(L·s^{-1})		热流密度/(MW·m^{-2})
	O_2	C_2H_2	O_2	C_2H_2	
低	0.4	0.095	0.24	0.18	2.38
高	0.4	0.095	0.42	0.31	4.18

烧蚀过程中材料表面温度通过 MR1SCSF 双色红外测温仪测定。误差不超过 ±0.75%,探测器波长对为 0.9 μm 和 1.0 μm。双色测温的测量结果靠近测量视场中的最高温度而非平均温度。被测区域的直径等于测量距离(D)除以测温仪的距离系数 130。烧蚀测试前通过可见光将测量域设定在试样表面中心,因此测量到的表面温度为烧蚀过程中试样表面中心区的温度。

7.4.2 固体火箭羽流烧蚀

固体火箭发动机选用复合材料,最准确可信的方法是在小型发动机实际工作条件下进行测试,即固体火箭羽流烧蚀。这种方法不但能真实反映固体火箭发动机的真实烧蚀情况,而且可以利用火箭发动机燃气射流产生的高温、高压、高速热环境进行模拟超声速飞行器端头的烧蚀实验。图 7-7 为西北工业大学航天学院固体火箭发动机烧蚀实验示意图。采用含铝复合推进剂端羟基聚丁二烯/高氯酸铵(含铝 17.5%),设计燃烧室压强为 6~8 MPa,工作时间 4~6 s。实验前,将试样固定在火箭发动机喉衬 20 mm 处,并与喉衬的中心保持一致,燃气在喉衬处的具体详细参数见表 7-2。

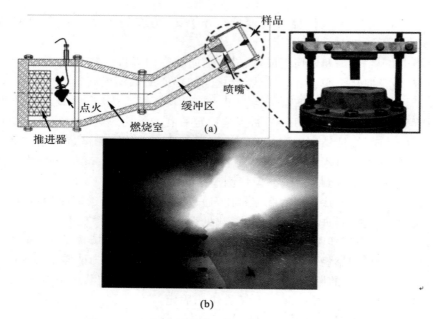

图 7-7 固体羽流烧蚀装置示意图及烧蚀现场图片
(a)固体羽流烧蚀装置; (b)烧蚀现场图片

表 7-2 喉衬处燃气射流的参数

参　数	值
喉衬温度/℃	~3 200
燃气室压力/MPa	6—8
Al 含量/%	17.5
质量损失率/(kg·s^{-1})	0.38
燃气速率/(m·s^{-1})	1 100~1 500

7.4.3 燃气风洞

C/C 复合材料一般应用于高温燃气冲刷条件下,因此优异的抗氧化涂层体系不仅要在静态空气下具有良好的抗氧化性能,还必须能够承受住发动机中高温燃气气流(除了 O_2

外,还有燃料燃烧生成的气体 H_2O、CO_2 和 CO 等)的冲刷作用,不完全燃烧残留下来的碳粒子的侵蚀作用,还有吸进的外部微粒子以及高速气体等高质流的冲刷作用。此外,在燃气冲刷环境下,涂层 C/C 复合材料还要承受巨大的热冲击和温度梯度,这些因素均对 C/C 复合材料防氧化涂层提出了更高的要求。测试 C/C 复合材料涂层高温燃气冲刷的抗冲刷性能至关重要,也是涂层在未来开展实际应用的重要理论支持。

高温燃气冲刷氧化实验所用装置为高速燃气风洞系统,其结构示意图如图 7-8 所示。实验时的燃气火焰温度为 1 600 ℃。将涂层 C/C 复合材料试样安装在高温风洞实验装置上(试样伸入风洞出口内的长度为 55 mm),且试样轴向与气流方向垂直。实验参数见表 7-3。试样装夹采用试样轴线与气流方向垂直的方式,以试样的窄面作为迎面,接着迅速向风洞内通入高压空气,加油(航空煤油)、点火、调温至所需实验温度后,开始氧化实验,氧化一定时间后,停机冷却至室温,然后使用分析天平(精度为 0.1 mg)进行称重。图 7-9 为涂层试样在高温风洞中的氧化测试情况。

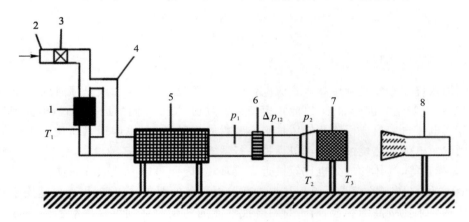

T_1—预热燃烧室出口温度; T_2—试验燃烧室进口温度; T_3—试验温度;
P_1—流孔板前压力; P_2—试验燃烧室进口压力; ΔP_{12}—流孔板前后压力差;
1—燃气加热器; 2—压缩空气入口; 3—电动蝶阀; 4—冷气道;
5—稳压箱; 6—双重流孔板; 7—试验燃烧室; 8—尾气收集器

图 7-8 高温风洞结构示意图

表 7-3 高温风洞实验参数

参　数	值
燃气出口半径/mm	80
燃气温度/℃	~1 600
燃气速率/(m·s^{-1})	220
燃气成分/%	O_2:9.1;N_2:73.8;CO_2:12.1; HO_2:4.9;其他:0.1

图 7-9 涂层 C/C 试样在高温风洞中的氧化测试情况

7.4.4 电弧风洞

电弧加热烧蚀实验是利用高压直流电弧将气体激发,通过喷嘴或是喷管喷出形成自由射流,模型置于射流中进行加热,以此来模拟烧蚀过程,按照不同的运行模式,电弧加热烧蚀实验可分为电弧自由射流模式和低压抽吸实验模式两种类型,也即通常所说的电弧加热器和电弧风洞。电弧加热烧蚀实验可以模拟飞行器实际飞行中的多种参数,包括热流密度、气体总温、马赫数等,气体的成分也比较接近真实环境,因而可以有效表征热防护材料在实际服役环境下的烧蚀性能,但是电弧加热烧蚀实验对设备的要求比较高,因而更适用于对热防护材料评估要求比较高的场合,对于材料烧蚀性能的初步评估则可采用氧乙炔烧蚀等简单实验。电弧风洞主要由电弧加热器、试验段、喷管、冷却器、扩压段、真空系统等部分组成,如图 7-10 所示。

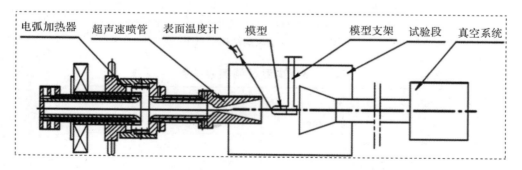

图 7-10 电弧加热器结构示意图

电弧风洞主要实验参数包括冷壁热流密度、气流总焓、模型表面压力、模型表面温度和模型背面温升。其中,冷壁热流密度的测量一般采用塞式量热计,这种量热计由紫铜柱塞量热块和热电偶组成。由于量热响应只与量热块的几何尺寸和物理特性有关,不受其他因素影响,所以测量精度高。在保证紫铜量热块与测热模型绝热、忽略热电偶传热和量热块背面空气对流换热的条件下,热流密度表达式可写为

$$q = c_P \cdot \frac{m}{A} \cdot \frac{\mathrm{d}T}{\mathrm{d}t} \tag{7-8}$$

式中:q 为冷壁热流密度(kW/m^2);c_p 为紫铜比热[$kJ/(kg \cdot K)$];m 为量块质量(kg);A 为量块受热面积(m^2);$\mathrm{d}T/\mathrm{d}t$ 为量热块温升速率(K/s);

气流总焓是指气体在流动过程中所携带的能量。电弧风洞实验中通常采用平衡声速流量法测量喷管喉道前的平均容积焓。模型表面压力是通过在测试模型上开直径很小的测压孔,后面焊接细铜管并连接压力传感器测得的。壁面开静压孔后,对流场的干扰是不可避免的,为了减少干扰,提高测量精度,对静压孔的设计加工有严格的技术要求。模型表面温度测量一般采用非接触式测量方法,如单比色辐射红外辐射计或双比色红外辐射计。如 Raytek 单色红外辐射高温计透过石英玻璃观察窗测量,测温范围为 450~2 250 ℃,双色红外辐射高温计测温范围为 1 000~3 000 ℃。测量材料的背面温升对材料的热响应特性研究是十分重要的,由粘贴在金属背板上的 K 型热电偶测得。实验时通过采集热电偶产生的热电动势,根据热电偶分度表即可得到模型背面的温度变化。K 型热电偶测温范围为 0~1 300 ℃,其灵敏度高、复现性较好、高温下抗氧化能力强,是工业中和实验室里大量采用的一种热电偶。

7.4.5 等离子风洞烧蚀

等离子风洞烧蚀实验是利用高频感应加热原理加热气体形成高焓流场,烧蚀试样置于喷管喷出的等离子体射流中进行烧蚀实验,可用于各种试样的烧蚀考核,模拟试样服役的空天环境。由于采用了感应加热的方式,气流不会像电弧风洞那样受到加热设备材质的污染,等离子风洞产生的气流更加纯净,因此更能模拟真实的气体环境。和电弧风洞实验类似,等离子风洞对设备的要求比较高。

等离子体风洞由等离子体发生器、高频电源、真空系统、冷却水路系统、气路系统、监控系统、喷管、实验段和扩张段组成。等离子体发生器是等离子体风洞的核心设备。图 7-11 所示为等离子体发生器的常态和激发态。高频电源为整个等离子体风洞提供高频交流电,用于等离子发生器激发气体。真空系统通过提前对真空罐进行抽真空操作,使烧蚀流场内维持极低的真空度。当烧蚀时,气体介质在极低的真空度影响下产生较高流速,使流场内气流维持在稳定的亚声速或超声速状态。同时,真空系统在烧蚀时的持续抽真空操作也可以延长均匀流场的长度。冷却水路系统通过高压水路冷却工作状态的等离子发生器,也可以在烧蚀时通过水路对支架进行冷却降温。烧蚀试样通过直径 10 cm、长 10 cm 的石墨夹具固定于可移动支架上,通过程序控制移动入/出高速流场。气路系统通过管路将高压单质纯净气体导入等离子发生器,搭配不同的单质气体,可以模拟不同的气体环境。通过调配单质气体,模拟空气条件下的环境。实验段是试样接触高焓高速气流的场所,其外形尺寸为 2 m × 2 m。在烧蚀过程中,实验段是整个实验监控烧蚀状态、测量实验数据的核心舱段。它通过喷管与等离子体发生器相连接,可以通过更换不同直径的喷管来获取不同的测试状态。

图 7-12 为等离子风洞中等离子射流从等离子体发生器导入燃烧室。监控系统通过监测各分系统的工作状态,对烧蚀数据进行记录保存。

图 7-11 等离子风洞中的等离子发生器
(a)常态; (b)激发态

图 7-12 等离子射流从等离子体发生器导入实验段

通过调整等离子风洞的输出电压、电流、喷管出口直径和气体压力,可以获得不同的烧蚀状态。在等离子体风洞烧蚀过程中确定风洞烧蚀状态的参数主要有热流密度、驻点压力和焓值,三者相互关联。在真空室的侧壁上留有透明观察窗口,在等离子体风洞烧蚀测试过程中可以使用红外测温仪通过窗口测量试样表面的温度变化。红外测温仪的测量范围为 $500 \sim 2\,500\ ℃$,测量精度为 $\pm 20\ ℃$。同时,高清摄影机也可以透过光学窗口对试样烧蚀过程中的表面宏观变化进行录像分析。

中国空气动力研究与发展中心于 2014 年在四川省绵阳市建设了 1 MW 高频等离子体风洞,该风洞的建成使我国成为继俄罗斯、比利时后第三个拥有大功率高频等离子体风洞的国家,实验能力达到世界一流水平。

参 考 文 献

[1] 杨鑫,黄启忠,苏哲安,等. C/C 复合材料的高温抗氧化防护研究进展[J]. 宇航材料工艺,2014,44(1):1-15.

[2] 李贺军,薛晖,付前刚,等. C/C复合材料高温抗氧化涂层的研究现状与展望[J]. 无机材料学报,2010,25(4):337-343.

[3] 付前刚,石慧伦. C/C复合材料表面耐高温抗氧化硅基陶瓷涂层研究进展[J]. 航空材料学报,2021,41(3):1-10.

[4] 梅宗书,石成英,吴婉娥. C/C复合材料抗氧化性能研究进展[J]. 固体火箭技术,2017,40(6):758-764.

[5] 付前刚,张佳平,李贺军. 抗烧蚀C/C复合材料研究进展[J]. 新型炭材料,2015,30(2):97-105.

[6] 张磊磊,付前刚,李贺军. 超高温材料的研究现状与展望[J]. 中国材料进展,2015,34(9):675-683.

[7] 韩伟,刘敏,邓春明,等. C/C复合材料高温抗烧蚀涂层的研究进展[J]. 腐蚀与防护,2017,38(3):163-167.

[8] BUCHANAN F J, LITTLE J A. Particulate-containing glass sealants for carbon-carbon composites[J]. Carbon,1995,33(4):491-497.

[9] 刘巧沐,许建锋,刘佳. 碳化硅陶瓷基复合材料基体和涂层改性研究进展[J]. 硅酸盐学报,2018,46(12):1700-1706.

[10] ISOLA C, APPENDINO P, BOSCO F, et al. Protective glass coating for carbon-carbon composites[J]. Carbon,1998,36(7/8):1213-1218.

[11] SMEACETTO F, FERRARIS M, SALVO M. Multilayer coating with self-sealing properties for carbon-carbon composites[J]. Carbon,2003,41(11):2105-2111.

[12] 付前刚,李贺军. 碳/碳复合材料磷酸盐涂层的抗氧化性能研究[J]. 材料保护,2005(3):52-54.

[13] FU Q G, LI H J, SHI X H, et al. Double-layer oxidation protective SiC/glass coatings for carbon/carbon composites[J]. Surface and Coatings Technology,2006,200(11):3473-3477.

[14] ZHANG J P, FU Q G, LI H J, et al. Ablation behavior of Y_2SiO_5/SiC coating for C/C composites under oxyacetylene torch[J]. Corrosion Science,2014,87:472-478.

[15] 王佳文,刘敏,邓春明,等. 离子喷涂制备ZrB_2-SiC复合涂层及其静态烧蚀性能[J]. 装备环境工程,2016,13(3):43-47.

[16] YANG Y, LI K, ZHAO Z, et al. HfC-ZrC-SiC multiphase protective coating for SiC-coated C/C composites prepared by supersonic atmospheric plasma spraying[J]. Ceramics International,2017,43(1):1495-1503.

[17] XIE J, JIA Y, ZHAO Z, et al. A ZrC SiC/SiC multilayer anti-ablation coating for ZrC modified C/C composites[J]. Vacuum,2018,157:324-331.

[18] ZHANG Y, WANG H, LI T, et al. Ultra-high temperature ceramic coating for carbon/carbon composites against ablation above 2 000 K[J]. Ceramics International,2018,44(3):3056-3063.

[19] ZHANG Y L, ZENG W Y, LI H J, et al. C/SiC/Mo-Si-Cr multilayer coating for carbon/carbon composites against oxidation at high temperature[J]. Corrosion Science, 2012, 63:410-414.

[20] LI K Z, HOU D S, LI H J, et al. Si-W-Mo coating for SiC coated carbon/carbon composites against oxidation[J]. Surface and Coatings Technology, 2007, 201(24):9598-9602.

[21] ZHANG K, ZHU L, BAI S, et al. Ablation behavior of an Ir-Hf coating:a novel idea for ultra-high temperature coatings in non-equilibrium conditions[J]. Journal of Alloys and Compounds, 2020, 818:152829.

[22] WANG Y, LI H, FU Q, et al. Ablation behaviour of a TaC coating on SiC coated C/C composites at different temperatures[J]. Ceramics International, 2013, 39(1):359-365.

[23] WANG P, LI H, YUAN R, et al. A $CrSi_2$-HfB_2-SiC coating providing oxidation and ablation protection over 1 973 K for SiC coated C/C composites[J]. Corrosion Science, 2020, 167:108536.

[24] ZHANG Y, HU Z, LI H, et al. Ablation resistance of ZrB_2-SiC coating prepared by supersonic atmosphere plasma spraying for SiC-coated carbon/carbon composites[J]. Ceramics International, 2014, 40(9):14749-14755.

[25] LI J, ZHANG Y, WANG H, et al. Long-life ablation resistance ZrB_2-SiC-$TiSi_2$ ceramic coating for SiC coated C/C composites under oxidizing environments up to 2 200 K[J]. Journal of Alloys and Compounds, 2020, 824:153934.

[26] SAVAGE G. Carbon-carbon Composites [M]. London:Chapman & Hall, 1993.

[27] FENG G, CHEN L, YAO X, et al. Design and characterization of zirconium-based multilayer coating for carbon/carbon composites against oxyacetylene ablation[J]. Corrosion Science, 2021, 192:109785.

[28] WANG P, LI S, WEI C, et al. Microstructure and ablation properties of SiC/ZrB_2-SiC/ZrB_2/SiC multilayer coating on graphite [J]. Journal of Alloys and Compounds, 2019, 781:26-36.

[29] HU D, FU Q, Tong M, et al. Multiple cyclic ablation behaviors of multilayer ZrC-TaC coating with ZrC-SiC interface layer [J]. Corrosion Science, 2022, 200:110215.

[30] 宋永忠,李国栋,程家,等. CVD法制备ZrC涂层与ZrC-TaC共沉积涂层的烧蚀性能[J]. 粉末冶金材料科学与工程, 2016, 21(6):952-960.

[31] 贾瑜军. 稀土改性C/C复合材料ZrC涂层体系烧蚀防护研究[D]. 西安:西北工业大学, 2017.

[32] 黄剑锋. 碳/碳复合材料高温抗氧化SiC/硅酸盐复合涂层的制备、性能及机理研究[D]. 西安:西北工业大学, 2004:172-176.

[33] TONG M, FU Q, ZHOU L, et al. Ablation behavior of a novel HfC-SiC gradient

coating fabricated by a facile one-step chemical vapor co-deposition[J]. Journal of the European Ceramic Society, 2018, 38(13):4346 - 4355.

[34] YAO D J, LI H J, WU H, et al. Ablation resistance of ZrC/SiC gradient coating for SiC-coated carbon/carbon composites prepared by supersonic plasma spraying [J]. Journal of the European Ceramic Society, 2016, 36(15):3739 - 3746.

[35] HU C, NIU Y, HUANG S, et al. In-situ fabrication of ZrB_2-SiC/SiC gradient coating on C/C composites[J]. Journal of Alloys and Compounds, 2015, 646:916 - 923.

[36] BAI Y, WANG Q, MA Z, et al. Characterization and ablation resistance of ZrB_2-xSiC gradient coatings deposited with HPPS[J]. Ceramics International, 2020, 46(10):14756 - 14766.

[37] NISAR A, HASSAN R, AGARWAL A, et al. Ultra-high temperature ceramics: aspiration to overcome challenges in thermal protection systems[J]. Ceramics International, 2022, 48(7):8852 - 8881.

[38] ZHANG Y, WANG H, LI T, et al. Ultra-high temperature ceramic coating for carbon/carbon composites against ablation above 2 000 K[J]. Ceramics International, 2018, 44(3):3056 - 3063.

[39] CHEN S, QIU X, ZHANG B, et al. Advances in antioxidation coating materials for carbon/carbon composites[J]. Journal of Alloys and Compounds, 2021, 886:161143.

[40] JIN X, FAN X, LU C, et al. Advances in oxidation and ablation resistance of high and ultra-high temperature ceramics modified or coated carbon/carbon composites [J]. Journal of the European Ceramic Society, 2018, 38(1):1 - 28.

[41] SUN X, ZHANG J, PAN W, et al. Research progress in surface strengthening technology of carbide-based coating[J]. Journal of Alloys and Compounds, 2022, 905:164062.

[42] 于多, 殷杰, 张步豪, 等. 碳化物超高温陶瓷材料研究进展[J]. 航空制造技术, 2019, 62(19):53 - 64.

[43] 解齐颖, 张祎, 朱阳, 等. 碳化物超高温陶瓷改性碳/碳复合材料工艺进展[J]. 炭素, 2020(2):34 - 38.

[44] 杨文惠. Zr、Hf 系超高温陶瓷抗氧化烧蚀性能研究[D]. 北京:北京理工大学, 2016.

[45] 彭易发, 李争显, 陈云飞, 等. 硼化物超高温陶瓷的研究进展[J]. 陶瓷学报, 2018, 39(2):119 - 126.

[46] AGUIRRE T G, LAMM B W, CRAMER C L, et al. Zirconium-diboride silicon-carbide composites:a review[J]. Ceramics International, 2022, 48(6):7344 - 7361.

[47] GOLLA, B R, MUKHOPADHYAY A, BASU B, et al. Review on ultra-high temperature boride ceramics[J]. Progress in Materials Science, 2020, 111:100651.

[48] ZHANG G J, NI D W, ZOU J, et al. Inherent anisotropy in transition metal

diboides and microstructure/property tailoring in ultra-high temperature ceramics: a review[J]. Journal of the European Ceramic Society, 2018, 38(2):371-389.

[49] LI S, NIU L, ZHU Y, et al. Mechanical and thermal properties of ZrC/ZTA composites prepared by spark plasma sintering[J]. Ceramics International, 2022, 48(5):6453-6460.

[50] FAHRENHOLTZ W G, HILMAS G E. Ultra-high temperature ceramics: Materials for extreme environments[J]. Scripta Materialia, 2017, 129:94-99.

[51] CHARPENTIER L, BALAT-PICHELIN M, SCITI D, et al. High temperature oxidation of Zr-and Hf-carbides: influence of matrix and sintering additive[J]. Journal of the European Ceramic Society, 2013, 33(15/16):2867-2878.

[52] XU Y, SUN W, XIONG X, et al. Ablation characteristics of mosaic structure ZrC-SiC coatings on low-density, porous C/C composites[J]. Journal of Materials Science & Technology, 2019, 35(12):2785-2798.

[53] JIA Y, LI H, SUN J, et al. Ablation resistance of SiC-modified ZrC coating prepared by SAPS for SiC-coated carbon/carbon composites[J]. International Journal of Applied Ceramic Technology, 2017, 14(3):331-343.

[54] BURGER N, LAACHACHI A, FERRIOL M, et al. Review of thermal conductivity in composites: mechanisms, parameters and theory[J]. Progress in Polymer Science, 2016, 61:1-28.

[55] 刘兴亮,戴煜,王卓健,等.基于碳化钽涂层改性碳基材料的研究进展[J].新型炭材料, 2021, 36(6):1049-1061.

[56] 沈小松,王松,李伟,等.碳基材料表面TaC涂层的研究进展[J].人工晶体学报, 2017, 46(6):1154-1159.

[57] CHEN Z K, LI X G D, SUN W, et al. Texture structure and ablation behavior of TaC coating on carbon/carbon composites[J]. Applied Surface Science, 2010, 257:656-661.

[58] WANG Y J, LI H J, FU Q G, et al. Ablation behavior of a TaC coating on SiC coated C/C composites at different temperatures[J]. Ceramics International, 2013, 39:359-365.

[59] 李浩,王松,余艺平,等.Ta-Hf体系材料研究进展[J].中国陶瓷, 2020, 56(11):10-18.

[60] 杨文惠,朱时珍,王子剑,等.HfC系超高温陶瓷抗氧化烧蚀性能研究[J].人工晶体学报, 2015, 44(11):3301-3305.

[61] YANG Y, LI K, LIU G, et al. Ablation mechanism of HfC-HfO_2 protective coating for SiC-coated C/C composites in an oxyacetylene torch environment[J]. Journal of Materials Science & Technology, 2017, 33(10):1195-1202.

[62] VERDON C, SZWEDEK O, ALLEMAND A, et al. High temperature oxidation of two-and three-dimensional hafnium carbide and silicon carbide coatings[J].

Journal of the European Ceramic Society, 2014, 34:879 - 887.

[63] 宋学智,李长德. 固体火箭发动机喷管用烧蚀隔热材料研究进展[J]. 弹箭技术, 1998, 9(4):11 - 21.

[64] 张瑞涛,杨鑫,王秀飞,等. HfC-SiC 复合涂层的制备及高温耐烧蚀性能研究[J]. 炭素技术, 2021, 40(6):38 - 42.

[65] ZHANG J, ZHANG Y, CHEN R, et al. Effect of microstructure on the ablation behavior and mechanical properties of CVD-HfC coating[J]. Corrosion Science, 2021, 192:109815.

[66] LIU X, ZHANG G J. Recent research progress on ZrB_2- and HfB_2-based ceramics [J]. China's Refractories, 2015, 24(3):40 - 48.

[67] 叶长收,孟凡涛. ZrB_2 基超高温陶瓷烧蚀性研究进展[J]. 中国陶瓷, 2016, 52(3):6 - 10.

[68] 刘子京,樊坤阳,黄淙,等. C/C 复合材料 ZrB_2 基超高温陶瓷涂层的研究进展[J]. 材料科学与工艺, 2022, 30(5):69 - 81.

[69] 王凯凯,李争显,汪欣,等. 石墨和 C/C 复合材料表面 ZrB_2-SiC 陶瓷涂层的研究进展[J]. 表面技术, 2020, 49(1):103 - 112.

[70] 崔宇航,马玉夺,孙文韦,等. 硼化锆基复合涂层的研究进展[J]. 表面技术, 2019, 48(11):36 - 44.

[71] ZHANG Y, HU Z, LI H, et al. Ablation resistance of ZrB_2-SiC coating prepared by supersonic atmosphere plasma spraying for SiC-coated carbon/carbon composites [J]. Ceramics International, 2014, 40(9):14749 - 14755.

[72] ZHANG J P, FU Q G. The effects of carbon/carbon composites blasting treatment and modifying SiC coatings with SiC/ZrB_2 on their oxidation and cyclic ablation performances[J]. Corrosion Science, 2018, 140:134 - 142.

[73] ZHOU L, ZHANG J, HU D, et al. High temperature oxidation and ablation behaviors of HfB_2-SiC/SiC coatings for carbon/carbon composites fabricated by dipping-carbonization assisted pack cementation[J]. Journal of Materials Science & Technology, 2022, 111:88 - 98.

[74] LI K, LIU G, ZHANG Y. Ablation properties of HfB_2 coatings prepared by supersonic atmospheric plasma spraying for SiC-coated carbon/carbon composites [J]. Surface and Coatings Technology, 2019, 357:48 - 56.

[75] REN X R, LI H J, FU Q G, et al. TaB_2-SiC-Si multiphase oxidation protective coating for SiC-coated carbon/carbon composites [J]. Journal of the European Ceramic Society, 2013, 33:2953 - 2959.

[76] 李浩,王松,余艺平,等. Ta-Hf 体系材料研究进展[J]. 中国陶瓷, 2020, 56(11):10 - 18.

[77] 张健,蒋进明,周永刚,等. $Ta_xHf_{1-x}C(x=0\sim1)$ 超高温陶瓷材料的研究进展[J]. 稀有金属材料与工程, 2022, 51(2):752 - 764.

[78] ZHANG B, YIN J, ZHENG J, et al. High temperature ablation behavior of pressureless sintered $Ta_{0.8}Hf_{0.2}C$-based ultra-high temperature ceramics [J]. Journal of the European Ceramic Society, 2020, 40(4):1784-1789.

[79] FENG G, LI H, YANG L, et al. Investigation on the ablation performance and mechanism of HfC coating modified with TaC [J]. Corrosion Science, 2020, 170:108649.

[80] XU J, SUN W, XIONG X, et al. Microstructure and ablation behaviour of a strong, dense, and thick interfacial $Zr_xHf_{1-x}C$/SiC multiphase bilayer coating prepared by a new simple one-step method[J]. Ceramics International, 2020, 46(8):12031-12043.

[81] TONG K, ZHANG M, SU Z, et al. Ablation behavior of $(Zr,Ta)B_2$-SiC coating on carbon/carbon composites at 2 300 ℃ [J]. Corrosion Science, 2021, 188:109545.

[82] JIANG Y, LIU T, RU H, et al. Oxidation and ablation protection of multiphase $Hf_{0.5}Ta_{0.5}B_2$-SiC-Si coating for graphite prepared by dipping-pyrolysis and reactive infiltration of gaseous silicon[J]. Applied Surface Science, 2018, 459:527-536.

[83] 新型耐3 000 ℃烧蚀陶瓷涂层研发成功[J]. 居业, 2017(9):25.

[84] 张天助, 陈招科, 熊翔. C/C复合材料ZrB_2-SiC基陶瓷涂层制备及烧蚀性能研究[J]. 中国材料进展, 2013, 32(11):659-664.

[85] 李淑萍, 李克智, 郭领军. 碳/碳复合材料SiC-$HfSi_2$-$TaSi_2$抗烧蚀复合涂层[J]. 硅酸盐学报, 2009, 37(5):804-807.

[86] 李淑萍, 李克智, 袁秦鲁. 碳/碳复合材料SiC-$HfSi_2$抗烧蚀复合涂层[J]. 硅酸盐学报, 2010(2):352-356.

[87] ABDOLLAHI A, VALEFI Z, EHSANI N. Erosion mechanism of ternary-phase SiC/ZrB_2-$MoSi_2$-SiC ultra-high temperature multilayer coating under supersonic flame at 90° angle with speed of 1 400 m/s[J]. Journal of the European Ceramic Society, 2020, 40:972-987.

[88] TONG M D, CHEN C J, FU Q G, et al. Exploring Hf-Ta-O precipitation upon ablation of Hf-Ta-Si-C coating on C/C composites[J]. Journal of the European Ceramic Society, 2022, 42(6):2586-2596.

[89] WANG P P, LI H J, YUAN R M, et al. An oxidation and ablation protective WSi_2-HfB_2-SiC coating for SiC coated C/C composites at 1 973 K and above[J]. Corrosion Science, 2020, 177:108964.

[90] LI J H, ZHANG Y L, WANG H H, et al. Long-life ablation resistance ZrB_2-SiC-$TiSi_2$ ceramic coating for SiC coated C/C composites under oxidizing environments up to 2 200 K[J]. Journal of Alloys and Compounds, 2020, 824:153934.

[91] PAN X H, NIU Y R, LIU T, et al. Ablation resistance and mechanism of ZrC-SiC-Yb_2O_3 ternary composite coatings fabricated by vacuum plasma spray[J].

Journal of the European Ceramic Society,2019,39(13):3604-3612.

[92] WANG C C, LI K Z, HE Q C, et al. Oxidation and ablation protection of plasma sprayed LaB_6-$MoSi_2$-ZrB_2 coating for carbon/carbon composites [J]. Corrosion Science,2019,151:57-68.

[93] 付前刚. SiC 晶须增韧硅化物及 SiC/玻璃高温防氧化涂层的研究[D]. 西安:西北工业大学,2005.

[94] 李贺军,付前刚. 碳/碳复合材料[M]. 北京:中国铁道出版社,2017.

[95] BUCHAN F J, LITTLE J A. Particulate-containing glass sealants for carbon-carbon composites[J]. Carbon,1995,33:491-497.

[96] 庄磊. ZrC-SiC 改性 C/C 复合材料及其表面硅基陶瓷涂层的研究[D]. 西安:西北工业大学,2020.

[97] ZHANG J S, LUO R Y, YANG C L, et al. A multi-wall carbon nanotube-reinforced high-temperature resistant adhesive for bonding carbon/carbon composites [J]. Carbon,2012,50(13):4922-4925.

[98] FRIEDRICH C, GADOW R, SPEICHER M. Protective multilayer coatings for carbon-carbon composites [J]. Surface & Coatings Technology,2002,151/152:405-411.

[99] DHAMI T, BAHL O, AWASTHY B. Oxidation-resistant carbon-carbon composites up to 1 700 ℃ [J]. Carbon,1995,33(4):479-490.

[100] 方海涛,朱景川. 碳/碳复合材料抗氧化陶瓷涂层研究进展[J]. 高技术通讯,1999,9(8):54-58.

[101] STRIFE J, SHEEHAN J. Ceramic coatings for carbon-carbon composites [J]. American Ceramic Society Bulletin,1988,67(2):369-374.

[102] 李贺军,薛辉,付前刚,等. C/C 复合材料高温抗氧化涂层的研究现状与展望[J]. 无机材料学报,2010,25(4):337-343.

[103] 黄海明,杜善义,吴林志. C/C 复合材料烧蚀性能分析[J]. 复合材料学报,2001,18(3):76-80.

[104] 李淑萍,李克智,郭领军. HfC 改性 C/C 复合材料整体喉衬的烧蚀性能研究[J]. 无机材料学报,2008,23(6):1154-1158.

[105] HUANG H M, WU L, WAN J X. Thermochemical ablation of spherical cone during re-try [J]. Journal of Harbin Institute of Technology,2001,18(1):18-22.

[106] 易法军. 碳基防热材料的超高温性能与烧蚀性能[D]. 哈尔滨:哈尔滨工业大学,1997.

[107] 李照谦. 不同密度碳/碳复合材料改性工艺及抗烧蚀性能研究[D]. 西安:西北工业大学,2012.

[108] 刘建军,苏君明,陈长乐. 碳/碳复合材料烧蚀性能影响因素分析[J]. 炭素,2003,114(2):15-19.

[109] WU H, LI H J, FU Q G, et al. Microstructure and ablation resistance of ZrC coating for SiC coated carbon/carbon composites prepared by supersonic plasma spraying [J]. Journal of Thermal Spray Technology, 2011, 20(6):1286-1291.

[110] HUANG J F, LI H J, ZENG X R, et al. A new SiC/yttrium silicate/glass multilayer oxidation protective coating for carbon/carbon composites [J]. Carbon, 2004, 42(11):2356-2359.

[111] HUANG J F, LI H J, ZENG X R, et al. Yttrium silicate oxidation protection coating for SiC coated carbon/carbon composites [J]. Ceramics International, 2006, 32(4):417-421.

[112] 黄敏, 李克智, 付前刚, 等. 等离子喷涂碳/碳复合材料 Cr-Al-Si 涂层显微结构及高温抗氧化性能[J]. 复合材料学报, 2007, 24(5):109-112.

[113] 黄敏, 李克智, 李贺军, 等. 等离子喷涂法制备碳/碳复合材料硅酸钇涂层研究[J]. 新型碳材料, 2010, 25(3):117-121.

[114] SUN C, LI H J, FU Q G, et al. $ZrSiO_4$ oxidation protective coating for SiC-coated carbon/carbon composites prepared by supersonic plasma spraying [J]. Journal of Thermal Spray Technology, 2013, 22(4):525-530.

[115] TSOU H T, KOWBEL W. A hybrid PACVD B_4C/CVD Si_3N_4 coating for oxidation protection of composites [J]. Carbon, 1995, 33(9):1289-1292.

[116] 舒武炳, 郭海明, 乔生儒, 等. 化学气相沉积法制备 TiC 涂层的相组成和表面形貌[J]. 西北工业大学学报, 2000, 18(2):229-232.

[117] LI G D, XIONG X, HUANG K L. Ablation mechanism of TaC coating fabricated by chemical vapor deposition on carbon-carbon composites [J]. Transactions of Nonferrous Metals Society of China, 2009, 19:689-695.

[118] LIU Q M, ZHANG L T, JIANG F R, et al. Laser ablation behaviors of SiC-ZrC coated carbon/carbon composites [J]. Surface and Coatings Technology, 2011, 205:4299-4303.

[119] CHENG L F, XU Y D, ZHANG L T, et al. Preparation of an oxidation protection coating for C/C composites by low pressure chemical vapor deposition [J]. Carbon, 2000, 38:1493-1498.

[120] VERDON C, SZWEDEK O, JACQUES S, et al. Hafnium and silicon carbide multilayer coatings for the protection of carbon composites [J]. Surface and Coatings Technology, 2013, 230:124-129.

[121] SHI X H, HUO J H, ZHU J L, et al. Ablation resistance of SiC-ZrC coating prepared by a simple two-step method on carbon fiber reinforced composites [J]. Corrosion Science, 2014, 88:49-55.

[122] CAIRO C A A, GRACEA M L A, SILVA C R M, et al. Functionally gradient ceramic coating for carbon-carbon antioxidation protection [J]. Journal of the European Ceramic Society, 2001, 21:325-329.

[123] REN X R, LI H J, CHU Y H, et al. Ultra-high-temperature ceramic HfB_2-SiC coating for oxidation protection of SiC-coated carbon/carbon composites [J]. International Journal of Applied Ceramic Technology, 2015, 12(3):560 – 567.

[124] Ren X R, Li H J, Fu Q G, et al. TaB_2-SiC-Si multiphase oxidation protective coating for SiC-coated carbon/carbon composites [J]. Journal of the European Ceramic Society, 2013, 33:2953 – 2959.

[125] Zhang Y L, Ren J C, Tian S, et al. HfC nanowire-toughened $TaSi_2$-TaC-SiC-Si multiphase coating for C/C composites against oxidation [J]. Corrosion Science, 2015, 90:554 – 561.

[126] ZOU X, FU Q G, LIU L, et al. ZrB_2-SiC coating to carbon/carbon composites against ablation [J]. Surface and Coatings Technology, 2013, 226:17 – 21.

[127] 李瑞珍,郝志彪,李贺军,等. CVR 法抗氧化处理对炭/炭复合材料氧化行为的影响[J]. 复合材料学报, 2005, 22(5):125 – 129.

[128] 李瑞珍,马拯,李贺军,等. 化学气相反应法在 C/C 复合材料抗氧化处理中的应用[J]. 固体火箭技术, 2004, 27(3):220 – 223.

[129] 余惠琴,陈长乐,邹武,等. C/C-SiC 复合材料的制备与性能[J]. 宇航材料工艺, 2001(2):28 – 32.

[130] 余惠琴,陈长乐,邹武. 活性添加剂 B、Cr 对 C/C-SiC 复合材料性能的影响[J]. 宇航材料工艺, 2002, 32(4):36 – 40.

[131] TANG S F, DENG J Y, LIU W C, et al. Mechanical and ablation properties of 2D-carbon/carbon composites pre-infiltrated with a SiC filler[J]. Carbon, 2006, 44(14):2877 – 2882.

[132] 魏连锋,李克智,吴恒,等. SiC 改性 C/C 复合材料的制备及其烧蚀性能[J]. 硅酸盐学报, 2011, 39(2):251 – 255.

[133] 崔红,苏君明,李瑞珍,等. 添加难熔金属碳化物提高 C/C 复合材料抗烧蚀性能的研究[J]. 西北工业大学学报, 2000, 18(4):669 – 673.

[134] GAO X, LIU L, GUO Q, et al. The effect of zirconium addition on the microstructure and properties of chopped carbon fiber/carbon composites[J]. Composites Science and Technology, 2007, 67(3/4):525 – 529.

[135] 史景利,刘朗,张东卿,等. 含锆沥青制备工艺条件和性能的研究[J]. 新型炭材料, 2003, 18(4):286 – 290.

[136] 李秀涛,史景利,郭全贵,等. 含钽炭基复合材料前驱体的制备及表征[J]. 新型炭材料, 2007, 22(2):115 – 120.

[137] 王俊山,许正辉,史景利,等. 精细分散含锆碳基复合材料及其烧蚀表面形貌[J]. 宇航材料工艺, 2007, 37(1):23 – 27.

[138] 李江鸿,张红波,熊翔,等. 含钽树脂先驱体转变生成 TaC 的过程研究[J]. 无机材料学报, 2007, 22(5):973 – 978.

[139] 闫志巧,熊翔,肖鹏,等. 液相浸渍 C/C 复合材料反应生成 TaC 的形貌及其形成机

制[J]. 无机材料学报, 2005, 20(5):1195-1200.

[140] 相华, 徐永东, 张立同, 等. 液相先驱体转化法制备 TaC 抗烧蚀材料[J]. 无机材料学报, 2006, 21(4):893-898.

[141] 王毅, 徐永东, 张立同, 等. 液相先驱体制备 C/C-TaC 复合材料[J]. 固体火箭技术, 2007, 30(6):541-543.

[142] 熊翔, 张红波, 肖鹏, 等. C/C-TaC 复合材料制备技术研究[J]. 航天器环境工程, 2010, 27(1):45-49.

[143] 王雅雷. 化学气相渗透 TaC、SiC/TaC 改性 C/C 复合材料的制备及其力学性能[D]. 长沙: 中南大学, 2008.

[144] 赵磊. 添加碳化钽炭/炭复合材料的制备及其性能研究[D]. 长沙: 中南大学, 2007.

[145] 王俊山, 李仲平, 敖明, 等. 掺杂难熔金属碳化物对炭/炭复合材料烧蚀机理的影响[J]. 新型炭材料, 2006, 21(1):9-13.

[146] 王俊山, 李仲平, 敖明, 等. 掺杂难熔金属碳化物对炭/炭复合材料烧蚀微观结构的影响[J]. 新型炭材料, 2005, 20(2):97-102.

[147] 王俊山, 李仲平, 许正辉, 等. 难熔金属及其化合物与 C/C 复合材料相互作用研究[J]. 宇航材料工艺, 2006, 36(2):50-55.

[148] 王俊山, 党嘉立, 刘朗. 混杂难熔金属 C/C 复合材料中金属与碳反应初步研究[J]. 宇航材料工艺, 2001, 31(6):34-39.

[149] 陈强. 原位合成 ZrC 改性碳/碳复合材料的制备及烧蚀性能研究[D]. 西安: 西北工业大学, 2006.

[150] WANG Y, ZHU X, ZHANG L, et al. Reaction kinetics and ablation properties of C/C-ZrC composites fabricated by reactive melt infiltration [J]. Ceramics International, 2011, 37(4):1277-1283.

[151] 武海棠, 魏玺, 于守泉, 等. 整体抗氧化 C/C-ZrC-SiC 复合材料的超高温烧蚀性能研究[J]. 无机材料学报, 2011, 26(8):852-856.

[151] 石岳. 锆掺杂 C/C 复合材料的制备及微观结构研究[D]. 北京: 北京化工大学, 2010.

[152] 李国明. 利用溶胶-凝胶法制备耐烧蚀 C/C 复合材料的研究[D]. 北京: 北京化工大学, 2010.

[153] 李翠艳, 李克智, 欧阳海波, 等. HfC 改性炭/炭复合材料的烧蚀性能[D]. 稀有金属材料与工程. 2006, 35(增刊2):365-368.

[154] LI S P, LI K Z, LI H J, et al. Effect of HfC on the ablative and mechanical properties of C/C composites[J]. Materials Science and Engineering: A, 2009, 517(1/2):61-67.

[155] 李淑萍, 李克智, 郭领军, 等. HfC 改性 C/C 复合材料整体喉衬的烧蚀性能研究[J]. 无机材料学报, 2008, 23(6):1155-1158.

[156] BANSAL N P, BOCCACCINI A R. Ceramics and Composites Processing

Methods[M]. Hoboken:John Wiley & Sons, 2012.

[157] BANSAL N P, BOCCACCINI A R. Reactive Melt-infiltration Processing of Fiber-reinforced Ceramic Matrix Composites[M]. Hoboken:John Wiley & Sons, Inc., 2012.

[158] FITZER E, GADOW R. Fiber-reinforced silicon carbide[J]. American Ceramic Society Bulletin, 1986, 65(2):326-335.

[159] KRENKEL W. Cost Effective Processing of CMC Composites by Melt Infiltration (Lsi-process)[M]. Hoboken:John Wiley & Sons, 2001.

[160] ESFEHANIAN M, GüNSTER J, MOZTARZADEH F, et al. Development of a high temperature Cf/XSi$_2$-SiC (X = Mo, Ti) composite via reactive melt infiltration[J]. Journal of the European Ceramic Society, 2007, 27(2): 1229-1235.

[161] ESFEHANIAN M, GUENSTER J, HEINRICH J G, et al. High-temperature mechanical behavior of carbon-silicide-carbide composites developed by alloyed melt infiltration[J]. Journal of the European Ceramic Society, 2008, 28(6): 1267-1274.

[162] JAYASEELAN D D, GUIMARAES D S R, BROWN P, et al. Reactive infiltration processing (RIP) of ultra high temperature ceramics (UHTC) into porous C/C composite tubes[J]. Journal of the European Ceramic Society, 2011, 31(3):361-368.

[163] KUMAR S, KUMAR A, SAMPATH K, et al. Fabrication and erosion studies of C-SiC composite Jet Vanes in solid rocket motor exhaust[J]. Journal of the European Ceramic Society, 2011, 31(13):2425-2431.

[164] WANG Y G, ZHU X J, ZHANG L T, et al. Reaction kinetics and ablation properties of C/C-ZrC composites fabricated by reactive melt infiltration[J]. Ceramics International, 2011, 37(4):1277-1283.

[165] WANG Y G, ZHU X J, ZHANG L T, et al. C/C-SiC-ZrC composites fabricated by reactive melt infiltration with Si$_{0.87}$Zr$_{0.13}$ alloy[J]. Ceramics International, 2012, 38(5):4337-4343.

[166] LI Z Q, LI H J, ZHANG S Y, et al. Effect of reaction melt infiltration temperature on the ablation properties of 2D C/C-SiC-ZrC composites[J]. Corrosion Science, 2012, 58:12-19.

[167] YANG X, SU Z A, HUANG Q Z, et al. Microstructure and mechanical properties of C/C-ZrC-SiC composites fabricated by reactive melt infiltration with Zr, Si mixed powders[J]. Journal of Materials Science & Technology, 2013, 29(8):702-710.

[168] TONG Y G, BAI S X, CHEN K. C/C-ZrC composite prepared by chemical vapor infiltration combined with alloyed reactive melt infiltration[J]. Ceramics

International, 2012, 38(7):5723-5730.

[169] LUO L, WANG Y G, DUAN L Y, et al. Ablation behavior of C/SiC-HfC composites in the plasma wind tunnel[J]. Journal of the European Ceramic Society, 2016, 36(15):3801-3807.

[170] ZENG Y, XIONG X, LI G D, et al. Microstructure and ablation behavior of carbon/carbon composites infiltrated with Zr-Ti[J]. Carbon, 2013, 54(2):300-309.

[171] MARSHALL D B, OLIVER W C. Measurement of interfacial mechanical properties in fiber-reinforced ceramic composites[J]. Journal of the American Ceramic Society, 2010, 70(8):542-548.

[172] SHETTY D K. Shear-Lag analysis of fiber push-out (indentation) tests for estimating interfacial friction stress in ceramic-matrix composites[J]. Journal of the American Ceramic Society, 2010, 71(2):107-109.

[173] BUCKLEY J D, EDIE D D. Carbon-Carbon Materials and Composites[M]. Noyes: Elsevier Inc., 1993.

[174] CAO X Y, YIN X W, FAN X M, et al. Effect of PyC interphase thickness on mechanical behaviors of SiBC matrix modified C/SiC composites fabricated by reactive melt infiltration[J]. Carbon, 2014, 77:886-895.

[175] NASLAIN R. Design, preparation and properties of non-oxide CMCs for application in engines and nuclear reactors:an overview[J]. Composites Science & Technology, 2004, 64(2):155-170.

[176] NASLAIN R, GUETTE A, REBILLAT F, et al. Boron-bearing species in ceramic matrix composites for long-term aerospace applications[J]. Journal of Solid State Chemistry, 2004, 177(2):449-456.

[177] NASLAIN R. Recent advances in the field of ceramic fibers and ceramic matrix composites[J]. Journal De Physique IV, 2005, 123:3-17.

[178] JACQUES S, LOPEZ M A, VINCENT C, et al. SiC/SiC minicomposites with structure-graded BN interphases[J]. Journal of the European Ceramic Society, 2000, 20(12):1929-1938.

[179] JACQUES S, GUETTE A, LANGLAIS F, et al. Preparation and characterization of 2D SiC/SiC composites with composition-graded C(B) interphase[J]. Journal of the European Ceramic Society, 1997, 17(9):1083-1092.

[180] MARTÍNEZ-FERNÁNDEZ J, MORSCHER G N. Room and elevated temperature tensile properties of single tow Hi-Nicalon, carbon interphase, CVI SiC matrix minicomposites[J]. Journalof the European Ceramic Society, 2000, 20(14):2627-2636.

[181] NASLAIN R R. The design of the fibre-matrix interfacial zone in ceramic matrix

composites[J]. Composites Part A: Applied Science & Manufacturing, 1998, 29 (9/10):1145-1155.

[182] TRESSLER R E. Recent developments in fibers and interphases for high temperature ceramic matrix composites[J]. Composites Part A: Applied Science & Manufacturing, 1999, 30(4):429-437.

[183] REBILLAT F, GUETTE A, BROSSE C R. Chemical and mechanical alterations of SiC Nicalon fiber properties during the CVD/CVI process for boron nitride[J]. Acta Materialia, 1999, 47(5):1685-1696.

[184] MORSCHER G N. Tensile stress rupture of SiCf/SiCm minicomposites with carbon and boron nitride interphases at elevated temperatures in air[J]. Journal of the American Ceramic Society, 2010, 80(8):2029-2042.

[185] MORSCHER G N, BRYANT D R, TRESSLER R E. Environmental durability of BN-based interphases (for SiCf/SiCm composites) in H_2O containing atmospheres at intermediate temperatures[J]. Ceramic Engineering & Science Proceedings, 1997, 18(3):525-534.

[186] CHEN Z K, XIONG X, HUANG B Y, et al. Phase composition and morphology of TaC coating on carbon fibers by chemical vapor infiltration[J]. Thin Solid Films, 2008, 516(23):8248-8254.

[187] 王雅雷, 熊翔, 李国栋, 等. 新型C/C-TaC复合材料的微观结构及其力学性能[J]. 中国有色金属学报, 2008, 18(4):608-613.

[188] 熊翔, 王雅雷, 李国栋, 等. CVI-SiC/TaC改性C/C复合材料的力学性能及其断裂行为[J]. 复合材料学报, 2008(5):91-97.

[189] 谢昌明, 钱扬保, 魏玺, 等. C/C-ZrB2-ZrC-SiC超高温复相陶瓷基复合材料的性能[J]. 过程工程学报, 2012, 12(5):864-869.

[190] 魏玺, 李捷文, 张伟刚. HfB_2-HfC-SiC改性C/C复合材料的超高温烧蚀性能研究[J]. 装备环境工程, 2016, 13(3):12-17.

[191] PIENTI L, SCITI D, SILVESTRONI L, et al. Ablation tests on HfC- and TaC-based ceramics for aeropropulsive applications[J]. Journal of the European Ceramic Society, 2015, 35(5):1401-1411.

[192] XUE L, SU Z A, YANG X, et al. Microstructure and ablation behavior of C/C-HfC composites prepared by precursor infiltration and pyrolysis[J]. Corrosion Science, 2015, 94:165-170.

[193] HOUDAYER M, SPITZ J, TRAN-VAN D. Process for the densification of a porous structure: US 4472454[P]. 1984-09-18.

[194] BRUNETON E, NANCY B, OBERLIN A. Carbon/carbon composites prepared by a rapid densification process Ⅰ: synthesis and physico-chemical data [J]. Carbon, 1997, 35(10/11):1593-1598.

[195] BRUNETON E, NANCY B, OBERLIN A. Carbon/carbon composites prepared

[195]   by a rapid densification process Ⅱ: structural and textural characterizations [J]. Carbon, 1997, 35(10/11):1598-1611.

[196]   DELHAES P. Chemical vapor deposition and infiltration of carbon materials [J]. Carbon, 2002, 40(5):641-657.

[197]   ROVILLAIN D, TRINQUECOSTE M, BRUNETON E, et al. Film boiling chemical vapor infiltration: an experimental study on carbon/carbon composite materials [J]. Carbon, 2001, 39(9):1355-1365.

[198]   THURSTON G S, SUPLINSKAS R J, CARROLL T J, et al. Apparatus for densification of porous billets: US 5389152[P]. 1995-02-14.

[199]   CARROLL T J, JR D F, SUPLINSKAS R J, et al. Method of densifying porous billets: US 5397595[P]. 1995-03-14.

[200]   THURSTON G S, SUPLINSKAS R J, CARROLL T J, et al. Method and apparatus for densification of porous billets: European Patent, 0592239 A2[P]. 1994-04-21.

[201]   SCARINGELLA D T, CONNORS D E, THURSTON G S. Method for densifying and refurbishing brakes: US 5547717[P]. 1996-08-20.

[202]   THURSTON G S, SUPLINSKAS R J, CARROLL T J, et al. Method for densification of porous billets: US 5733611[P]. 1998-05-13.

[203]   MIN B, CALABRESE M. Effect of 1 600 ℃ heat treatment on C/SiC composites fabricated by polymer infiltration and pyrolysis with allylhydridopolycarbosilane [J]. Journal of the American Ceramic Society, 2010, 85(7):1891-1893.

[204]   NECHANICKY M A, CHEW K W, SELLINGER A, et al. α-Silicon carbide/β-silicon carbide particulate composites via polymer infiltration and pyrolysis (PIP) processing using polymethylsilane[J]. Journal of the European Ceramic Society, 2000, 20(4):441-451.

[205]   CHEW K W, SELLINGER A, LAINE R M. Processing aluminum nitride-silicon carbide composites via polymer infiltration and pyrolysis of polymethylsilane, a precursor to stoichiometric silicon carbide[J]. Journal of the American Ceramic Society, 2010, 82(4):857-866.

[206]   解静, 李克智, 付前刚, 等. 聚合物浸渍裂解法制备 C/C-ZrC-SiC-ZrB$_2$ 复合材料及其性能研究[J]. 无机材料学报, 2013, 28(6):605-610.

[207]   庄磊, 付前刚, 李贺军, 等. 聚合物浸渍裂解法制备 C/C-ZrC-SiC 复合材料的氧化行为及抗烧蚀性能研究[J]. 中国材料进展, 2015, 34(6):425-431.

[208]   XIE J, LI K Z, LI H J, et al. Ablation behavior and mechanism of C/C-ZrC-SiC composites under an oxyacetylene torch at 3 000 ℃[J]. Ceramics International, 2013, 39(4):4171-4178.

[209]   XIE J, LI K Z, LI H J, et al. Cyclic ablation behavior of C/C-ZrC-SiC composites under oxyacetylene torch[J]. Ceramics International, 2014, 40(4):5165-5171.

[210] LI K Z, XIE J, FU Q G, et al. Effects of porous C/C density on the densification behavior and ablation property of C/C-ZrC-SiC composites[J]. Carbon, 2013, 57(3):161-168.

[211] LIU L, LI H J, FENG W, et al. Ablation in different heat fluxes of C/C composites modified by ZrB_2-ZrC and ZrB_2-ZrC-SiC particles[J]. Corrosion Science, 2013, 74:159-167.

[212] LIU L, LI H J, FENG W, et al. Effect of surface ablation products on the ablation resistance of C/C-SiC composites under oxyacetylene torch[J]. Corrosion Science, 2013, 67:60-66.

[213] LIU L, LI H J, SHI X H, et al. Influence of SiC additive on the ablation behavior of C/C composites modified by ZrB_2-ZrC particles under oxyacetylene torch[J]. Ceramics International, 2014, 40(1):541-549.

[214] 杨国威. C/C-ZrB_2(ZrC、TaC)超高温陶瓷基复合材料制备工艺及性能研究[D]. 长沙:国防科学技术大学, 2008.

[215] SCHMIDT S, BEYER S, KNABE H, et al. Advanced ceramic matrix composite materials for current and future propulsion technology applications[J]. Acta Astronautica, 2004, 55(3):409-420.

[216] HEIDENREICH B. Manufacture and Applications of C/SiC and C/C-SiC Composites[M]. Hoboken: John Wiley & Sons, 2012.

[217] UHLMANN F, WILHELMI C, SCHMIDT-WIMMER S, et al. Preparation and characterization of ZrB_2 and TaC containing Cf/SiC composites via polymer-infiltration-pyrolysis process[J]. Journal of the European Ceramic Society, 2017, 37(5):1955-1960.

[218] LU J H, HAO K, LIU L, et al. Ablation resistance of SiC-HfC-ZrC multiphase modified carbon/carbon composites[J]. Corrosion Science, 2016, 103:1-9.

[219] BRENNAN J J. Interfacial characterization of a slurry-cast melt-infiltrated SiC/SiC ceramic-matrix composite[J]. Acta Materialia, 2000, 48(18/19):4619-4628.

[220] TAI N H, CHEN C F. Nanofiber formation in the fabrication of carbon/silicon carbide ceramic matrix nanocomposites by slurry impregnation and pulse chemical vapor infiltration[J]. Journal of the American Ceramic Society, 2010, 84(8):1683-1688.

[221] MAGNANT J, PAILLER R, PETITCORPS Y L, et al. Fiber-reinforced ceramic matrix composites processed by a hybrid technique based on chemical vapor infiltration, slurry impregnation and spark plasma sintering[J]. Journal of the European Ceramic Society, 2013, 33(1):181-190.

[222] ZHU Y Z, HUANG Z R, DONG S M, et al. Manufacturing 2D carbon-fiber-reinforced SiC matrix composites by slurry infiltration and PIP process[J]. Ceramics International, 2008, 34(5):1201-1205.

[223] WANG Z, DONG S M, DING Y S, et al. Mechanical properties and microstructures of C/SiC-ZrC composites using T700SC carbon fibers as reinforcements[J]. Ceramics International, 2011, 37(3):695-700.

[224] 崔红,苏君明,李瑞珍,等. 添加难熔金属碳化物提高C/C复合材料抗烧蚀性能的研究[J]. 西北工业大学学报, 2000, 18(4):669-673.

[225] 赵磊. 添加碳化钽炭/炭复合材料的制备及其性能研究[D]. 长沙:中南大学, 2007.

[226] TANG S F, DENG J Y, WANG S J, et al. Comparison of thermal and ablation behaviors of C/SiC composites and C/ZrB$_2$-SiC composites[J]. Corrosion Science, 2009, 51(1):54-61.

[227] TANG S F, DENG J Y, WANG S J, et al. Fabrication and characterization of an ultra-high temperature carbon fiber-reinforced ZrB$_2$-SiC matrix composite[J]. Journal of the American Ceramic Society, 2007, 90(10):3320-3322.

[228] TANG S F, HU C L. Design, preparation and properties of carbon fiber reinforced ultra-high temperature ceramic composites for aerospace applications:a review[J]. Journal of Materials Science & Technology, 2017, 33(2):117-130.

[229] LI L L, WANG Y G, CHENG L F, et al. Preparation and properties of 2D C/SiC-ZrB$_2$-TaC composites[J]. Ceramics International, 2011, 37(3):891-896.

[230] PAUL A, VENUGOPAL S, BINNER J G P, et al. UHTC-carbon fibre composites:preparation, oxyacetylene torch testing and characterisation[J]. Journal of the European Ceramic Society, 2013, 33(2):423-432.

[231] TANG S F, DENG J Y, WANG S J, et al. Ablation behaviors of ultra-high temperature ceramic composites[J]. Mat. Sci. Eng. A:Struct., 2007, 465(1/2):1-7.

[232] SUN C, LI H J, FU Q G, et al. Microstructure and ablation properties of carbon/carbon composites modified by ZrSiO$_4$[J]. Corros. Sci., 2014, 79:100-107.

[233] 魏连锋,李克智,吴恒,等. SiC改性C/C复合材料的制备及其烧蚀性能[J]. 硅酸盐学报, 2011, 39(2):251-255.

[234] PAUL A, VENUGOPAL S, BINNER J, et al. UHTC-carbon fibre composites:preparation, oxyacetylene torch testing and characterisation[J]. J. Eur. Ceram. Soc., 2013, 33(2):423-432.

[235] PIENTI L, SCITI D, SILVESTRONI L, et al. Ablation tests on HfC- and TaC-

[236] XUE L, SU Z A, YANG X, et al. Microstructure and ablation behavior of C/C-HfC composites prepared by precursor infiltration and pyrolysis[J]. Corrosion Science, 2015, 94:165-170.

[237] YANG X, SU Z A, HUANG Q Z, et al. Effects of oxidizing species on ablation behavior of C/C-ZrB_2-ZrC-SiC composites prepared by precursor infiltration and pyrolysis[J]. Ceramics International, 2016, 42(16):19195-19205.

[238] 黄海明,杜善义,吴林志. C/C 复合材料烧蚀性能分析[J]. 复合材料学报, 2001, 18(3):76-80.

[239] 李淑萍,李克智,郭领军. HfC 改性 C/C 复合材料整体喉衬的烧蚀性能研究[J]. 无机材料学报, 2008, 23(6):1154-1158.

[240] HUANG H M, WU L, WAN J X. Thermochemical ablation of spherical cone during re-try[J]. Journal of Harbin Institute of Technology, 2001, 18(1):18-22.

[241] 易法军. 碳基防热材料的超高温性能与烧蚀性能[D]. 哈尔滨:哈尔滨工业大学, 1997.

[242] 李照谦. 不同密度碳/碳复合材料改性工艺及抗烧蚀性能研究[D]. 西安:西北工业大学, 2012.

[243] SINGH S, SRIVASTAVA V K. Effect of oxidation on elastic modulus of C/C-SiC composites[J]. Matererials Science and Engineering:A, 2008, 486:534-539.

[244] LOWE A G, HARTLIEB A T, BRAND J. Diamond deposition in low-pressure acetylene flame:in situ temperature and species concentration measurements by laser diagnostics and molecular beam mass spectrometry[J]. Combustion and Flame, 1999, 118:37.

[245] SHEN X T, LI K Z, LI H J, et al. The effect of zirconium carbide on ablation of carbon/carbon composites under an oxyacetylene flame[J]. Corrosion Science, 2011, 53:105-112.

[246] 尹健,熊翔,张红波,等. 3D C/C 复合材料的电弧驻点烧蚀及机理分析[J]. 中南大学学报(自然科学版), 2007(1):14-18.

[247] TANG S, DENG J, WANG S, et al. Comparison of thermal and ablation behaviors of C/SiC composites and C/ZrB_2-SiC composites[J]. Corrosion Science, 2009, 51(1):54-61.

[248] YIN J, ZHANG H, XIONG X, et al. Ablation properties of C/C-SiC composites tested on an arc heater[J]. Solid State Sciences, 2011, 13(11):2055-2059.

[249] 张宏安. 可重复使用运载器机翼前缘热防护系统设计及性能评估[D]. 哈尔滨:哈尔

滨工业大学,2014.

[250] LUO L, WANG Y, LIU L, et al. Ablation behavior of C/SiC composites in plasma wind tunnel[J]. Carbon, 2016, 103: 73-83.

[251] LUO L, WANG Y, LIU L, et al. Carbon fiber reinforced silicon carbide composite-based sharp leading edges in high enthalpy plasma flows[J]. Composites Part B: Engineering, 2018, 135: 35-42.

[252] 刘丽萍, 王国林, 王一光, 等. 高焓化学非平衡流条件下C/SiC复合材料的催化性能[J]. 航空学报, 2017, 39(5): 421696.

第8章 碳基复合材料的电磁屏蔽

8.1 概　　述

随着现代科技的发展进步,人们生活中处处充满着电磁波,包括无线电波、微波、红外线、可见光、紫外线等。除了自然界本身存在的电磁波外,人们经常使用的手机、电脑等电子产品,也时刻在产生电磁辐射。电磁辐射已成为继水源、大气、噪声之后具有较大危害性而且不易防护的新污染问题(见表8-1)。

表8-1　电磁污染类型及来源

分　类		来　源
自然	大气与空气污染源	自然界的雷电放电、台风、地震、火山喷发等
	太阳电磁场源	太阳黑子活动与黑体辐射等
	宇宙电磁场源	恒星的爆发、宇宙中电子的移动等
人为	放电源	电晕放电、弧光放电、火花放电等
	工频感应源	大功率输电线、电气设备、电磁灶等
	射频辐射源	无线电发射机、移动基站、雷达、对讲机等

这些电磁辐射污染会对人们的日常生活产生不利的影响,主要体现在电子元件之间的电磁干扰、电磁信息泄露以及对人体的危害等。电磁干扰是指频率相近的电磁波影响电子电器设备、传输通道以及系统的性能,使其产生功能障碍的现象。尤其是当大功率高频设备工作的时候,会辐射不同频率的电磁波,这些电磁波会对其周围的其他电子设备、仪器仪表、通信信号等产生严重的干扰,使其工作效率大大降低,甚至会引发事故。例如,在飞机起飞和降落时,都会要求将手机、电脑等设备关机,因为这些电子设备产生的电磁波会对飞机上一些较为敏感的电子器件产生影响,同时也可能会影响飞机与地面之间的通信,可能会产生一系列安全问题。汽车无人驾驶技术能够依据自身对周围环境条件的感知、理解,自行进行运动控制,且能达到人类驾驶员驾驶水平。这时汽车里应用的各类传感器、信号接收器起着重要作用,当汽车在高速行进的过程中受到电磁干扰,引起某些电子元件失灵,极有可能引发严重的交通事故。

现在信息交流方式更加便捷,但是仍然会发生电磁信息泄露,信息以电磁信号的形式泄露出去。如果这些电磁信号被记录下来,就可以根据信号还原出原始信息,从而造成信息失密。信息泄露小到关乎个体,大到关乎国家安全问题,在涉密场合防止电磁辐射尤其重要,即使是很微弱的电磁信号都有可能被收集到。因此,相对于处理电磁干扰,电磁信息的泄露对电磁辐射的消除提出了更为严格的要求。

人体中含量最多的就是水,而水分子是极性分子,在磁场的作用下,分子间便会互相碰撞摩擦产生热量。当电磁辐射强度达到一定强度时,电磁波会使人体细胞或体液内的水分子加热,从而引起人体组织的局部温度升高。这种现象称为热效应,150 MHz~1 GHz 的电磁波波长较长,穿透力较强,会对人体内部的器官造成严重的损伤;1~3 GHz 的电磁波对眼组织、晶状体及生殖器官等具有明显的热效应;3~10 GHz 的电磁波主要影响人的皮肤。此外,电磁辐射对人体的影响还有非热效应,这种效应不会引起温度变化,但会影响人体的循环系统、免疫系统等,甚至引起组织器官病变。总之,电磁辐射对人体的影响也是不容小觑的。

8.2 电磁屏蔽材料

电磁辐射的影响处处可见,但人们又不能不使用产生电磁波的设备,所以就必须想办法解决电磁辐射。于是便有了电磁屏蔽材料,在产生电磁辐射的设备周围包上电磁屏蔽材料可以有效阻止电磁波的泄露,从而减少污染。对于害怕电磁辐射的设备,可以在重要部件使用电磁屏蔽材料,避免外界电磁波的干扰。

常见的电磁屏蔽材料主要有铁磁材料和导电材料两大类。其中铁磁材料需要加入大量的铁氧体才可以达到屏蔽的效果,但是同时也伴随着机械强度的下降。导电材料主要包括金属材料、聚合物基导电材料、碳系材料。金属及合金由于具有优良的导电性,作为电磁屏蔽材料被广泛应用于各个领域,但其密度较大、易腐蚀、加工性差等缺点,限制了其在电磁屏蔽领域的应用。聚合物基导电材料可以分为复合型导电材料和结构型导电材料,复合型导电材料是通过在绝缘的聚合物中加入一定量具有优良导电性能的物质制成的,而结构型导电材料靠分子结构本身提供导电载流子,从而实现导电。聚合物基导电材料具有质量轻、耐化学腐蚀、易加工成型、电导率可调控等优点,在电磁屏蔽领域具有良好的应用前景。但聚合物的机械性能较差,且只能在低温下使用,在高温服役环境下,聚合物基导电材料就显得无能为力了。

碳材料具有良好的导电性能,且密度小、耐腐蚀、耐高温、机械性能优异,具备了金属和导电聚合物的大部分优点,所以也经常被用作电磁屏蔽材料,主要包括炭黑、碳纤维、石墨、膨胀石墨、石墨烯及碳纳米管等。石墨在屏蔽材料家族扮演着重要的角色。石墨是一种独特的多层结构碳材料,层与层之间存在较弱的范德瓦耳斯力。膨胀石墨呈蠕虫状,有大量的网状微孔结构,可由石墨高温膨胀制得。石墨纳米片是石墨片层层数大于 10 层但厚度小于 50 nm 的纳米石墨材料,可由膨胀石墨剥离制得。碳纳米管包括单壁碳纳米管和多壁碳纳米管,单壁碳纳米管是由单层石墨片沿中心弯曲卷成的中空结构,多壁碳纳米管是由若干单壁碳纳米管沿同心轴套叠而成的。石墨烯是由单层碳原子组成的二维六边形蜂窝状晶体,

石墨烯中碳原子以 sp^2 杂化轨道成键,每个碳原子有 4 个价电子,其中 3 个价电子用于杂化成键,剩余的 1 个价电子位于与平面垂直的 p_z 轨道上,参与大 π 键的形成(与苯环类似),于是电子便可以自由移动,因此石墨烯具有优良的导电性。石墨烯是其他维度碳材料的基本结构单元,可组成上述碳材料,如图 8-1 所示。

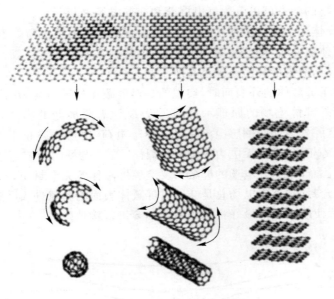

图 8-1　石墨烯及其衍生物

碳基电磁屏蔽材料的主要形式:①通过掺杂的方式引入其他原子代替碳原子,如氮、硼、磷、硫等;②与其他材料进行复合,如铁磁材料、导电聚合物及陶瓷材料等;③将屏蔽材料通过熔融、浸润涂敷的形式负载到织物上,得到电磁屏蔽织物,用于制作电磁防护服等。

8.3　碳基材料的电磁屏蔽原理

随着各种电子、电气设备的发展与普及,其在工作过程中产生的电磁辐射和电磁干扰日益严重,形成了新型的电磁污染,严重影响了人们的正常工作和生活。电磁屏蔽作为抑制电磁干扰、实现电磁辐射防护的有效方式得到了社会各界的广泛关注,而想要合理利用电磁屏蔽,有效减少电磁污染,就需要熟悉掌握电磁屏蔽的基本作用原理。本节将阐述材料的电磁屏蔽的基本原理,并在此基础上对碳基材料的电磁屏蔽原理进行介绍。

8.3.1　电磁屏蔽

电磁屏蔽其实就是利用导电或导磁材料将电磁辐射限制在某一规定的空间范围内。在实际生活中,实现电磁屏蔽的主要方式分为两类,一类是使屏蔽体包围电磁干扰源,抑制电磁干扰源对外界接收器的干扰,另一类是使屏蔽体包围外界接收器,阻碍接收器对电磁干扰源的接收。因此,不难看出电磁屏蔽实质上就是通过控制和影响电磁场在各种具体空间中的分布实现的。

按照所屏蔽的场源,电磁屏蔽可以分为电场屏蔽、磁场屏蔽和电磁场屏蔽。不同屏蔽的原理有所不同,下面将逐一介绍。

8.3.1.1 电场屏蔽

电场屏蔽由电场的状态可以分为静电屏蔽和交变电场屏蔽。

在静电场中,导体处于静电平衡状态,电力线由正电荷指向负电荷。当电力线被屏蔽体截断并终止于屏蔽体表面时,静电场受到了抑制,也就是实现了静电屏蔽。当电力线终止于屏蔽体的不同表面时,静电屏蔽的原理也有所不同。

当电力线终止于屏蔽体的外表面时,实现的是对屏蔽体外部静电场的屏蔽。图8-2为利用导体空腔屏蔽外部静电场的原理示意图。设A为需要屏蔽的物体,S为导体屏蔽空腔。在静电场中,空腔外表面两侧感应出等量的异号电荷,电力线终止于导体的外表面上,整个空腔中各点电势相等,腔内无电力线,腔内物体不受外电场的影响,从而实现对外电场的有效屏蔽。值得注意的是,外电场的屏蔽需要空腔屏蔽体S完全封闭,然而在现实中空腔屏蔽体S不可能完全封闭,外部电场总是会通过屏蔽体表面的孔隙进入屏蔽体内部,造成静电耦合,所以在实际使用过程中最好将空腔屏蔽体S进行接地处理。

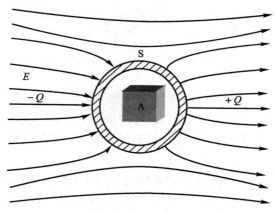

图8-2 外部静电场的原理示意图

当电力线终止于屏蔽体内表面时,实现的是对屏蔽体内部电场的屏蔽。与外部电场屏蔽不同,内部电场的屏蔽需要将空腔屏蔽体接地。当空腔屏蔽体不接地时,如图8-3(a)所示,空腔屏蔽体内外表面分别感应出与带电体等量的负电荷与正电荷。此时,空腔屏蔽体内部没有电力线存在,但空腔屏蔽体外表面的正电荷仍会感应产生静电场影响外部空间。当空腔屏蔽体接地时,如图8-3(b)所示,空腔屏蔽体外表面的感应电荷通过接线流入大地,无法产生感应电场,电力线被限制在空腔屏蔽体内部,实现了内部电场的静电屏蔽。

在交变电场中,可以通过串并联电路模型和电路理论对其屏蔽原理进行说明。交流电场屏蔽原理示意图如图8-4所示。其中,干扰场源为A,接受器为B,屏蔽体为S,干扰源与被干扰对象之间的感应可以用分布电容进行描述。

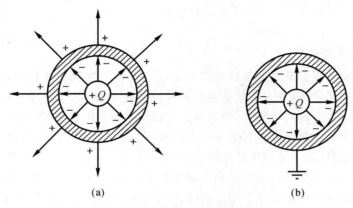

图 8-3 内部静电场的原理示意图
(a)未接地屏蔽腔电场分布; (b)接地屏蔽腔电场分布

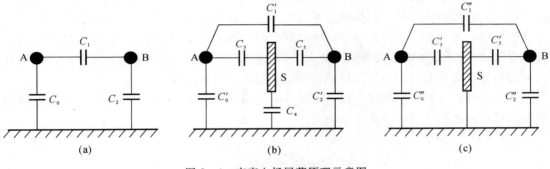

图 8-4 交变电场屏蔽原理示意图

当空间中无屏蔽体时,如图 8-4(a)所示,设交变干扰源为 A 的电压为 V_A,接受器 B 的电压为

$$V_B = C_1 V_A / (C_1 + C_2) \tag{8-1}$$

由式(8-1)可见,A、B 间的耦合电容越大,两者的电场感应越严重。为了减小 A 对 B 的影响,C_1 应尽可能小。

当空间中存在屏蔽体但屏蔽体不接地时,如图 8-4(b)所示。这时图 8-4(a)中 C_1 的作用变为 C_3、C_4、C_5 和 C_1' 的作用,且 $C_1' \ll C_1$,此时接受器 B 的电压为

$$V_B' = C_3 C_5 V_A / (C_3 + C_4)(C_5 + C_2') \tag{8-2}$$

由于 S 与 A 的距离大于 B 与 A 的距离,S 的面积通常大于 B 的面积,因此 C_3、C_5 均大于 C_1。比较式(8-1)和式(8-2)可得,若屏蔽体不接地,则 A、B 间的电场感应会比无屏蔽体时更强。

当空间中存在屏蔽体且屏蔽体接地时,如图 8-4(c)所示,接受器 B 的电压为

$$V_B'' = C_1'' V_A / (C_1'' + C_2'' + C_5') \tag{8-3}$$

由于 $C_1'' \ll C_1$,所以 $V_B'' \ll V_B$,表明场源 A 对接受器 B 的电场感应作用大大减弱,屏蔽体 S 起到了屏蔽作用。如果屏蔽体 S 为无穷大,或者将整个场源 A 包围起来,那么 C_1'' 将趋于

零,B 的感应电压将减小为零,达到了完全屏蔽的作用。因此,对于交变电场的屏蔽,屏蔽体必须良好接地。

8.3.1.2 磁场屏蔽

磁场屏蔽简单来说是通过抑制耦合实现磁场隔离的。在磁场屏蔽中,不同频率的磁场的屏蔽机理有所不同,可以分为低频磁场屏蔽和高频磁场屏蔽。低频磁场屏蔽的机理是利用高导磁材料所具有的低磁阻特性,使磁场通过磁阻小的通路而不扩散到周围空间中去,从而起到磁场屏蔽作用。高导磁材料通常选用铁磁材料(如铁、硅钢片、坡莫合金等),将高导磁材料作为磁屏蔽材料时,屏蔽体越厚,磁阻越小,屏蔽效果也越好。但高频磁场中磁材料的磁性损耗很大,磁导率下降,使得低频磁场屏蔽的屏蔽机理不再适用。

高频磁场屏蔽是利用良导体中感应电流产生的磁场抵消源磁场变化实现的。如图 8-5 所示,线圈为被屏蔽体,产生高频源磁场,屏蔽体在线圈外侧,提供封闭空间,使线圈与外空间隔绝。由法拉第电磁感应定律可知,线圈产生的源磁场会使屏蔽体产生感应电流。进一步通过楞次定律可得屏蔽体产生的感应电流与线圈中的感应电流方向相反,且在屏蔽体以外的空间中线圈磁场和屏蔽体感应电流产生的磁场相互抵消,几乎没有磁力线透出,实现了高频磁场的磁屏蔽。为实现良好的外空间高频磁场屏蔽,必须保证屏蔽体内部产生高频感应电流,同时屏蔽体的感应电流不能太小,否则无法完全抵消线圈磁场的干扰。这意味着当进行高频磁场屏蔽时需选用良导体,例如铜、铝或者铜镀银等。

在磁场屏蔽过程中是否进行接地处理并不影响屏蔽效果,但实际应用中为实现电场和磁场的双重屏蔽往往都将屏蔽体接地。

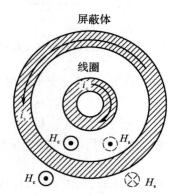

H_c—线圈磁场; H_g—感应电流磁场

图 8-5 高频磁场屏蔽原理示意图

8.3.1.3 电磁场屏蔽

电磁场屏蔽是对电磁波的传播过程进行隔离或阻碍以同时抑制或削弱电场和磁场。电磁场屏蔽一般是指对 10 kHz 以上的交变电磁场的屏蔽。其屏蔽机理可以通过涡流效应法、电磁场理论法和传输线理论法等进行解释。这里我们选取广泛采用和容易理解的传输线理论法进行解释。

传输线理论法是将屏蔽体看作一段传输线,辐射场通过屏蔽体时,在外表面处被发射一部分,剩余部分透入屏蔽体向前传输。在传输过程中,电磁波受到屏蔽体的连续衰减,并在屏蔽体的两个界面多次反射和透射。因此,屏蔽体的电磁屏蔽机理包括屏蔽体表面的反射损耗、屏蔽材料的吸收损耗和屏蔽体内部的多次反射损耗。即对于内部致密、反射率均一的电磁屏蔽材料,当电磁波(P_1)从空气到达材料表面时,一部分能量以反射波(P_R)的形式被反射回空气,一部分穿透材料形成透射波(P_T),剩余能量发生衰减或者损耗转换为热量被吸收,具体过程如图 8-6 所示。

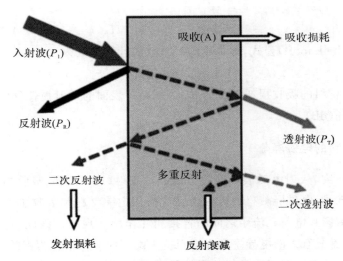

图 8-6　高频磁场屏蔽原理示意图

为对屏蔽效果进行直观表述和定量分析,我们引入了屏蔽效能(SE)、屏蔽系数(η)和传输系数(T)几个物理量,下面对其作以解释。

屏蔽效能(Shielding Effectiveness,SE)表示屏蔽体对电磁干扰的屏蔽能力和效果,它与屏蔽材料的性能、干扰源的频率、屏蔽体到干扰源的距离以及屏蔽体上可能存在的各种不连续因素有关。

屏蔽效能(SE)定义如下:

1)以电场强度表示,不存在屏蔽体时某处的电场强度 E_0 与存在屏蔽体时同一处的电场强度 E_S 之比,用分贝(dB)表示为

$$\mathrm{SE}_E = 20\lg \frac{|E_0|}{|E_S|} \tag{8-4}$$

2)以磁场强度表示,不存在屏蔽体时某处的磁场强度 H_0 与存在屏蔽体时同一处的磁场强度 H_S 之比,用分贝(dB)表示为

$$\mathrm{SE}_H = 20\lg \frac{|H_0|}{|H_S|} \tag{8-5}$$

3)以功率密度 P 表示,不存在屏蔽体时某处的磁场强度 P_0 与存在屏蔽体时同一处的磁场强度 P_S 之比,用分贝(dB)表示为

$$\mathrm{SE}_P = 20\lg \frac{|P_0|}{|P_S|} \tag{8-6}$$

屏蔽系数(η)：被干扰电路加屏蔽体后感应的电压U_s和未加屏蔽体时所感应的电压U_0之比，即

$$\eta = \frac{U_s}{U_0} \tag{8-7}$$

传输系数(T)：有屏蔽体时某处的电场强度E_s（或磁场强度H_s）与无屏蔽体时同一处的电场强度E_0（或磁场强度H_0）之比，即

$$T = \frac{E_s}{E_0} \quad 或 \quad T = \frac{H_s}{H_0} \tag{8-8}$$

谢昆诺夫(Schelkunoff)公式，即常用的屏蔽效能计算公式为

$$SE = SE_A + SE_R + SE_M \tag{8-9}$$

式中：SE_A为屏蔽材料的吸收损耗(dB)；SE_R为屏蔽体表面的反射损耗(dB)；SE_M为屏蔽内部的多次反射损耗(dB)。

8.3.2 碳材料的电磁屏蔽

根据目前的研究，入射电磁波的屏蔽可以通过反射(RL)损耗、吸收损耗和多次反射来实现。根据屏蔽方式，电磁屏蔽材料可分为反射损耗主导材料和吸收主导材料两大类。反射损耗是通过电磁场和电荷载流子之间的直接相互作用实现的。因此，对于反射为主的电磁屏蔽材料，通常需要有大的电导率和界面阻抗失配。而对于吸收为主的电磁屏蔽材料，通常应具有相对较大的趋肤深度和良好的阻抗匹配，这允许大多数入射波进入电磁屏蔽材料(ESM)内部。传统的电弧炉主要材料包括铝箔、铜箔等高导电金属，表面反射是其主要的损耗机制。然而，金属的高密度、易腐蚀和柔韧性差使其难以满足理想的电磁屏蔽材料的要求，电磁屏蔽材料应具有重量轻、屏蔽效率高、带宽宽、耐腐蚀性好等特点。导电聚合物被认为是一种潜在的电磁屏蔽材料。然而，机械性能和热性能差的天然缺点限制了其进一步的应用。近年来，碳材料在电磁屏蔽方面的研究应用不断增加。碳材料(如石墨、石墨烯、碳纳米管、介孔碳、碳纳米纤维等)具有密度小、丰度低、成本低、导电性好、力学性能优异等特点，因而在电磁屏蔽材料领域具有很大的发展潜力。

石墨是层状六边形晶体，每层由无数个碳六圆环组成，层与层之间有较弱的范德瓦耳斯力，容易剥离成石墨纳米片，且层与层之间有较大的空隙，其他粒子容易进入并负载到片层上，使其具有良好的导电性，也对电磁波具有良好的屏蔽效果。

石墨烯是由单层碳原子组成的二维六边形蜂窝状晶体，其中碳原子是以sp^2杂化的方式成键的。石墨烯中的边缘孤对电子和缺陷且未成键π电子在二维平面中自由运动，这使其具有铁磁性和优异的导电性。合理地引入石墨烯，可以有效提高复合材料的屏蔽性能。

碳纳米管是一维纳米碳材料，其内碳原子以sp^2杂化方式成键，碳原子的p电子形成大范围的离域π键，有共轭效应，所以碳纳米管具备特殊的电学性能，可通过调整管径和螺旋角实现碳纳米管金属半导体性的转变。同时，碳纳米管具有长径比大、尺寸为纳米级、体表面积比高的特点，可以在电磁屏蔽领域得到广泛应用。

8.4 碳基复合材料的电磁屏蔽性能

常用的屏蔽材料是导电性好的金属、铁磁材料、铁电材料,但这些材料常常密度大、硬度大、抗腐蚀性能不理想。而在实际应用中,尤其是在航空航天领域,要求材料不仅要有良好的电磁屏蔽效能,较小的密度也是一项重要的技术指标。此时,材料的电磁屏蔽效能往往以比屏蔽效能来衡量(电磁屏蔽效能与密度的比值),在这种情况下,要求材料的密度尽量减小。

针对于以上屏蔽材料的不足,需要一种同时具备导电性能和小密度的电磁屏蔽材料。而碳基复合材料具有良好的高温力学性能和导电性能,这些优异的性能使得碳基复合材料可以作为一种良好的高温电磁屏蔽材料。目前,对于碳系电磁屏蔽材料的研究主要涉及石墨、膨胀石墨、纳米石墨、碳纳米管、石墨烯、炭黑及碳纤维,以下我们主要讲述以碳为基体的复合材料的电磁屏蔽性能。

8.4.1 膨胀石墨基

作为一种新型功能性碳素材料,膨胀石墨(Expanded Graphite,EG)是由天然石墨鳞片经插层、水洗、干燥、高温膨化得到的一种疏松多孔的蠕虫状物质。EG 除了具备天然石墨本身的耐冷热、耐腐蚀、自润滑等优良性能以外,还具有天然石墨所没有的柔软、压缩回弹性、吸附性、生态环境协调性、生物相容性、耐辐射性等特性。除此之外,EG 还具有极大的电导率以及较小的密度,符合电磁屏蔽材料的要求。有研究表明,EG 在高频段具有优良的屏蔽性能,但 EG 没有磁性,如果在 EG 中掺杂磁性材料,则按照电磁屏蔽材料的理论分析,可以提升屏蔽材料对于低频电磁波的吸收。EG 是由鳞片石墨插层化合物急剧受热膨胀而得到的,在 EG 的纳米层间有大量开放的孔道,这些空间可以用来寄居纳米金属颗粒。

以纳米磁性 Fe_xN 颗粒为例,用微波加热硫酸插层鳞片石墨,得到膨胀率约为 250 倍的 EG,将 EG 加入溶解有醋酸铁的乙醇溶液中,搅拌、水浴蒸发溶剂,在 423 K 下干燥 6 h,然后在 723 K 下流动 H_2 中还原 5 h,冷却至室温,除去还原产物中的水,加入干燥剂,然后在流动中 H_2 再次还原 3 h,最后在不同温度下通入 NH_3 和 H_2 的混合气体,反应 5 h 后冷却至室温制得样品。

不同氮化温度的样品形貌(见图 8-7)验证了样品制备的成功,得到了 Fe_xN 颗粒均匀分布在 EG 表面的样品,这也保证了对 Fe_xN/EG 复合材料屏蔽效能测量的准确性,因为 Fe_xN 颗粒的分布不均将会导致屏蔽效能测量时同轴环内 Fe_xN 含量的偏高或偏低,以致测量结果不稳定。

其中 $Fe_xN/EG-300$ 是指氮化温度为 300 ℃ 的样品,同理,$Fe_xN/EG-400$、$Fe_xN/EG-500$、$Fe_xN/EG-600$ 分别代表氮化温度为 400 ℃、500 ℃、600 ℃ 的样品。

对这 4 个样品以及纯 EG 进行电磁屏蔽效能测试,测试结果如图 8-8 所示。从图中可以看出,无论是掺杂了纳米磁性颗粒的样品还是纯 EG,都是在高频段下电磁屏蔽效果更好。结果显示,掺杂纳米磁性颗粒对于提高 EG 的低频段电磁屏蔽效能有帮助,除此之外,纳米磁性颗粒 Fe_xN 的氮化温度对于 Fe_xN/EG 复合材料的电磁屏蔽效能也有较大影响。

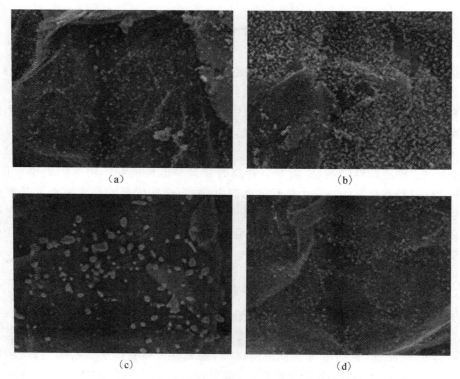

图 8-7　Fe_xN/EG 复合材料的 SEM 照片

(a) $Fe_xN/EG-300$；(b) $Fe_xN/EG-400$；(c) $Fe_xN/EG-500$；(d) $Fe_xN/EG-600$

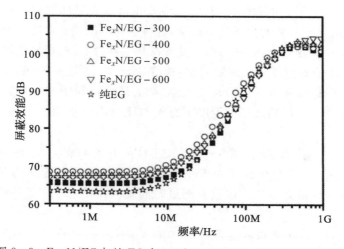

图 8-8　Fe_xN/EG 与纯 EG 在 300 kHz～1 GHz 频段屏蔽效能对比

以上数据可以说明，在 EG 这种良导体基体中加入一些磁性材料可以提高屏蔽材料在低频段(频段取决于磁性材料的磁谱)的吸收损耗，并降低反射损耗。但在实际应用中，还有一些问题需要注意：

1)制备成型的磁性/EG 复合屏蔽板需要达到一定的厚度,屏蔽效能才能优于相同厚度、相同电导率的其他屏蔽板。这是因为吸收损耗 SE_A 与屏蔽板厚度 d 正相关:

$$SE_A = 8.7d\sqrt{\pi f \mu \sigma} \quad (8-10)$$

式中:f 为频率;μ 为磁导率常数;σ 为材料的电导率。

2)Fe_xN/EG 复合材料的有效屏蔽性能也与磁性颗粒的体积分数有关。

除了在 EG 纳米层间孔洞中掺杂纳米磁性颗粒提升低频段电磁屏蔽效能外,还可利用其他材料与 EG 基体复合,以提高 EG 在中低频段的电磁屏蔽效能。

竹炭由于其固有的理化特性,在中低频段的电磁屏蔽效能尚可,但在高频段不够理想,而 EG 在高频段具有优异的电磁屏蔽性能,竹炭与 EG 的屏蔽性能如图 8-9 所示。因此,可以考虑将二者复合,探索二者复合后的电磁屏蔽效能以及二者的最佳复合比例。将竹炭用粉碎机粉碎后使用标准筛筛选,得到不同目数的竹炭粉末,再把竹炭粉末与 EG 按不同质量分数配比,采用环氧树脂作为黏结剂,制样测试电磁屏蔽性能。

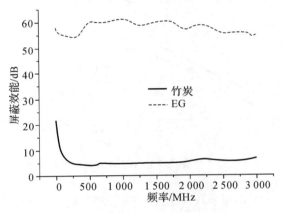

图 8-9 竹炭粉末及 EG 电磁屏蔽曲线

将不同质量配比的竹炭/EG 复合材料进行电磁屏蔽效能测试,所得结果如图 8-10 所示。竹炭/EG 复合材料随着 EG 含量的增加,无论在低频段还是在高频段其整体屏蔽效能(SE)趋势均为不断提高。这是因为:EG 具有优异的导电性,竹炭/EG 复合材料随着 EG 含量的增加,复合材料电导率也随之不断增大,反射损耗和吸收损耗也在不断增加,另外,EG 具有层状孔隙结构,其比表面积大,容易形成多重散射;EG 的层片状结构也有利于电磁波连续反射、透射的形成,造成多重反射和吸收损耗。但是,材料的电导率升高会导致电流的趋肤效应减弱,吸收损耗不能持续增加,因此竹炭/EG 复合材料的屏蔽效能提升到一定值之后趋于稳定。

8.4.2 泡沫碳基

泡沫碳是一种由孔泡和相互连接的孔泡壁组成的具有三维网状结构的轻质多孔材料。除具有碳材料的常规性能外,泡沫碳还具有密度小、强度高、抗热震、易加工等特性和良好的导电、导热、吸波等物理和化学性能,通过与金属或非金属复合,可以获得高性能的结构材料。这些优异的性能使泡沫碳在化工、航空航天、电子等诸多技术领域极具应用潜力。与膨胀石墨类似,泡沫碳的良好导电性使之具备作为电磁屏蔽材料的潜力,同时,泡沫碳的微小孔泡结构也有利于电磁波的连续反射、增加反射与吸收损耗。

SiC 是一种极具吸引力的高温结构材料,具有优异的抗氧化性能、稳定的化学性能和高强度。由于纳米尺度上的一维结构,碳化硅纳米线(SiCNWs)表现出比 SiC 颗粒更高的电导率,这可以极大地提高载流子浓度和高饱和载流子移动速度,从而得到更高的电导率。此外,由于其化学惰性、更大的表面积和更好的抗辐射能力,这种半导体特别适合高温和高频电磁波的屏蔽应用。

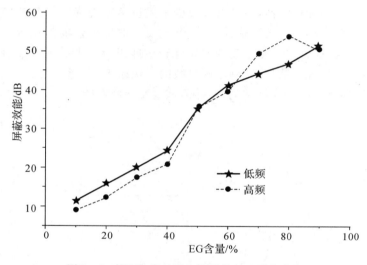

图 8-10 竹炭/EG 复合材料的电磁屏蔽曲线

为了得到性能更为优异的电磁屏蔽材料,将两种均具备电磁屏蔽性能的材料复合在一起,即以泡沫碳为基体,在泡沫碳的孔洞中原位生长 SiC 纳米线。泡沫碳利用 PU 泡沫塑料、酚醛树脂、煤焦油和沥青制备,再磨成粉末,与 SiCNWs 混合,其中,酚醛和沥青提供 C 源,根据 Si 质量分数的不同,将粉末分成 5 份,见表 8-2。将粉末缓慢升温至 1 000 ℃保温 4 h,慢速升温最大限度地减少了由于样品挥发出的挥发物、各种添加剂与碳前体的反应以及热解气体原位形成纳米线和其他化合物而产生裂纹的风险。

表 8-2 不同 Si 含量原位生长 SiCNWs 的泡沫碳组成

样 品	IP/g	AC/g	二茂铁/g	Si/g
IPSi0	100	0	0	0
IPSi5	100	3	2	5
IPSi10	100	6	4	10
IPSi15	100	9	6	15
IPSi20	100	12	8	20

观察制备好的样品表面形貌(见图 8-11),从图中可以看出样品 IPSi0 表面形貌为不规

则的球形孔洞,且孔洞大小不一、分布不均匀。在1 500 ℃热处理后,气孔被海绵状的网状物覆盖,网状物中含有数千个碳化硅纳米线。从IPSi5到IPSi20的样品中,随着配方中硅含量的增加,碳化硅纳米线的含量也增加。在Si含量高的样品中,许多原位生长的碳化硅纳米线缠结在一起,形成了一些块状结构,生成的碳化硅纳米线直径为30~100 nm。

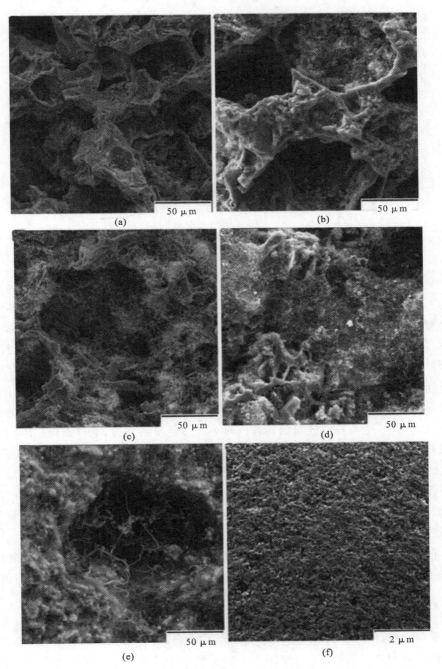

图8-11　1 500 ℃热处理后泡沫碳的表面形貌的低倍率视图
(a)IPSi0; (b)IPSi5; (c)IPSi10; (d)IPSi15; (e)IPSi20; (f)IPSi20

一般来说，屏蔽性能要求材料具有导电性，但是高导电性的材料并不适合用来制作电磁屏蔽材料，中等电导率的材料可以获得更好的电磁屏蔽效能。对不同 Si 含量的泡沫碳进行电导率测量（见图 8-12）可以发现，不含碳化硅纳米线的泡沫碳电导率最高，而随着碳化硅纳米线含量的增加，复合材料的电导率也在逐渐降低。

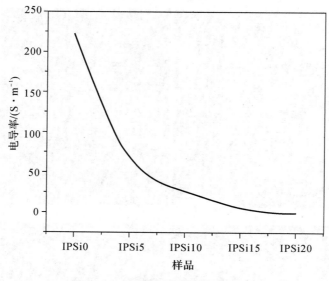

图 8-12 不同泡沫碳样品的电导率

复合材料的电导率发生变化是因为所制备的含有碳化硅纳米管的泡沫碳本质上是非均质的，所以每一相的相对含量也可能对电导率有很大的影响。在 IPSi5～IPSi20 样品中，半导体相（SiC 和 NWs）与导电相的混合以及导电相相对含量的减少导致了复合材料整体电导率的降低。但是，电导率会降低材料的吸收损耗，影响电磁屏蔽材料的屏蔽效能，提高电导率能使反射损耗和吸收损耗同时增加，提高材料的屏蔽效能。而碳化硅纳米线却降低了复合材料的电导率，这与我们的目的相悖。对于大多数材料来说，电导损耗是影响吸收损耗的重要因素，但除了电导损耗，极化损耗也会影响材料的电磁屏蔽性能。在泡沫碳中，碳化硅纳米线的增加会导致偶极极化的增加，偶极极化会使电磁波发生极化损耗，即增加了复合材料的吸收损耗。此外，随着碳化硅纳米线的生长，纳米线与泡沫碳基体间的界面面积也在增大，再加上泡沫碳原有的大量孔洞，使得入射的电磁波能在这些界面与孔洞之间不断反射并逐渐消散，增大了复合材料的反射损耗。

碳具有抗磁性，因此未复合磁性粒子的碳基电磁屏蔽复合材料无法依靠磁损耗来消耗电磁波，只能通过介电损耗即电导损耗和极化损耗增加吸收损耗来达到电磁屏蔽的目的。

8.4.3 热解碳基

热解碳（Pyrolytic Carbon，PyC）是碳氢化合物在固体表面发生热分解并在该固体表面沉积得到的碳素材料，反应温度一般低于 1 800 ℃。过量的热解碳基体是电磁波的强反射体，必须对其含量和石墨化度进行有效控制才具有优异的电磁屏蔽特性。以热解碳为基体，碳纤维、碳布或者碳毡为增强体复合形成C/C复合材料,C/C复合材料具有良好的高温力学性能和导电性能,这些优异的性能使得C/C复合材料可以用作一种良好的高温电磁屏蔽材料。通常,C/C复合材料的制备方法有PIP和CVD两种。在材料的制备过程中,气孔(开气孔和闭气孔)以及裂纹会在材料内部形成。尤其是使用PIP的方法制备材料时,基体内部会形成大量的气孔,而纤维和基体之间由于先驱体裂解时发生体积收缩而形成环形间隙。尽管这些气孔的形成会减小材料的密度,但大量的气孔会降低材料的电导率,从而导致较低的电磁屏蔽效能。

CNTs作为一种新兴的纳米材料,与传统的吸波剂相比,结构上具有很大的比表面积和长径比,性能上具有很好的导电、导热性能。同时,大量研究显示,CNTs还具有质量轻、机械强度高、高温抗氧化性能强和稳定性好等特点。同时,CNTs是一种非常有前途的微波吸收剂,可用于电磁屏蔽或暗室吸波,将CNTs加入碳纤维增强材料中,能够改善C/C复合材料中热解碳的微观结构,增强热解碳与碳纤维之间的连接,提高复合材料的导热性和力学性能。CNTs与其他吸波剂相比,最重要的优势是添加量少,易于得到轻质复合材料,对电磁波的吸收强且吸波频带宽。

CNT-C/C复合材料的制备工艺和分析流程如图8-13所示,将酚醛树脂和无水乙醇混合均匀,并按酚醛树脂质量的0、0.5%、0.75%、1.25%称取纳米Ni粉。Ni粉的主要作用是催化CNTs原位生长,将Ni粉分散在混合液体中,加入固化剂。将三维针刺碳毡在含有催化剂的酚醛树脂溶液中浸渍30 min后放入烘箱中固化。将固化好的试样放入裂解炉中,通入氩气保护,裂解,得到不同CNTs含量的CNT-C/C复合材料。CNT-C/C复合材料各组分含量如表8-3所示。

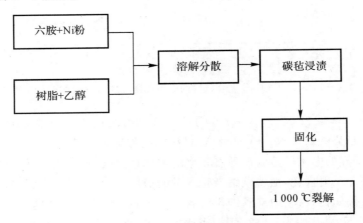

图8-13 CNT-C/C复合材料制备工艺流程图

表8-3 CNT-C/C复合材料各组分的质量百分比

样品	Cf	PyC	CNTs	Ni	开气孔率/%	密度/(g·cm^{-3})
0.00%Ni	61.3	38.7	0.0	0.0	43.3	0.88
0.50%Ni	59.9	37.8	1.9	0.4	42.4	0.90

续表

样 品	Cf	PyC	CNTs	Ni	开气孔率/%	密度/(g·cm^{-3})
0.75%Ni	58.6	37.0	3.8	0.6	41.1	0.92
1.25%Ni	57.7	36.4	5.0	0.9	40.5	0.93

CNTs的生成有利于提高CNT-C/C复合材料的石墨化,同时,碳纳米管的生成会导致材料电导率提高。CNT-C/C复合材料的电阻率随CNTs含量的变化规律如图8-14所示。随着催化剂含量的不断增加,CNTs的生成量不断增加,此时材料的电阻率不断降低。CNTs的大量生成使得导电网络在材料内部形成,导电网络的形成为电流提供了更好的导电通道,所以材料的电导率提高。

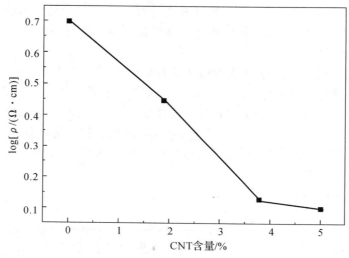

图8-14 CNT-C/C复合材料的电阻率随CNTs含量的变化规律

在X波段(8.2～12.4 GHz),CNT-C/C复合材料的电磁屏蔽效能如图8-15所示。与电导率的变化趋势一致,CNT-C/C复合材料的电磁屏蔽效能随CNTs含量的增加而增加。此外,同一试样的电磁屏蔽效能随着频率的增加,电磁屏蔽效能略微降低。复合材料的吸收损耗总是高于反射损耗,随着碳纳米管含量的增加,材料的吸收损耗与反射损耗之间的差距逐渐增大。例如,当材料内部碳纳米管含量为0时,总的屏蔽效能为29.3 dB,吸收损耗为18.1 dB,而反射损耗为11.2 dB。当碳纳米管的含量为5.0%时,总的EMI SE为72.8 dB,CNTs-C/C复合材料的吸收损耗为57.4 dB,而反射损耗为15.4 dB。随着复合材料电导率的增加,材料的反射能力逐渐增强而吸收能力却逐渐减弱。因此,在这种情况下,CNT-C/C复合材料还不适合应用于要求低反射的环境中。为了降低C/C复合材料的反射能力,可以通过设计多层结构的材料来改变材料的性能。此外,多孔材料相对于致密材料比表面积较大,增大了反射概率。碳纳米管具有较大的比表面积,所以碳纳米管的生成有利于提高材料的比表面积,而较大的比表面积会增大材料对电磁波的反射概率。随着碳纳米管含量的增加，SE_A 的理论值与实验值之间的差异越来越大。这种差异主要来自于 CNTs 和 PyC 之间形成的纳米界面，这种界面会导致比较强的界面极化损失，界面越多，极化损失越大，而材料的吸收性能也越好，电磁屏蔽性能也越好。

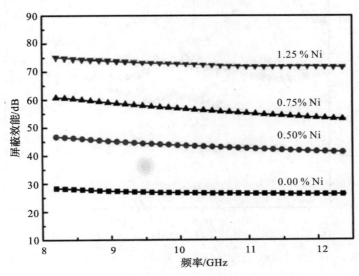

图 8-15　CNTs 含量为 0、1.9%、3.8% 和 5.0% 的 CNT-C/C 复合材料的电磁屏蔽效能随频率的变化规律

上述 CNT-C/C 复合材料中原位生长 CNTs 需要用到金属 Ni 作为催化剂，而金属颗粒的存在会对 C/C 复合材料的力学性能造成严重的负面影响（因为金属催化剂会高温侵蚀碳纤维）。此外，高密度碳纳米管的存在会在随后的致密化过程中诱导无序热解碳的形成，这会降低基体的导电性，削弱复合材料的电磁屏蔽能力。要实现 C/C 复合材料力学性能和电磁兼容性能的同步提高，必须从两个方面入手。首先，应选择合适的二次填料，在后续的致密化过程中不应减少基质的结晶。其次，应考虑一种较为温和的引入二次填料的方法，以避免纤维强度下降。

碳化硅纳米线是一种径向尺寸小于 100 nm、长度方向上尺寸远大于径向尺寸的单晶纤维，以其优异的高温强度、高热导率、高耐磨性和耐腐蚀性，已在航空航天、汽车机械、化工、电子等工业领域广泛应用。研究表明，碳化硅纳米线（SiCNWs）可以促进更高结晶度的热解碳的形成，此外，SiCNWs 与碳基体复合也有较好的电磁屏蔽性能。因此，在增强 C/C 复合材料的电磁屏蔽性能方面，SiCNWs 是比碳纳米管更好的候选材料。

利用电泳法在增强体碳布上沉积 SiCNWs，根据不同的放电时间，将样品分为 SiCNWs-2-C/C、SiCNWs-4-C/C 和 SiCNWs-6-C/C。随着放电时间的增加，碳布上的 SiCNWs 含量也在增加。在热解碳基体沉积过程中，当碳纤维表面有 SiCNWs 沉积时，由于其较大的比表面积，热解碳首先在 SiCNWs 周围生长。因此，纤维周围的径向层状热解碳被直径较小的 SiCNWs/热解碳同轴结构所取代。研究还发现，SiCNWs/热解碳共轴结构的直径与 SiCNWs 的初始尺寸无关，主要由 SiCNWs 的密度决定。经过电磁屏蔽效能测试后，测试结果如图 8-16 所示。

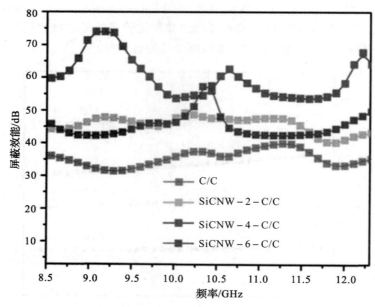

图 8-16 X 波段频率范围内不同含量的 SiCNWs 的总电磁屏蔽效能

从图 8-16 可以看出,相对于纯 C/C 复合材料,沉积了 SiCNWs 的 C/C 复合材料具有更优异的电磁屏蔽效能,此外,还存在一个最佳的 SiCNWs 含量,使 C/C 复合材料的电磁屏蔽效能达到最高,即 SiCNWs-4-C/C。对于 SiCNWs-C/C 复合材料,SiCNWs 的主要贡献在于其诱导的 SiCNWs/热解碳共轴结构提高了复合材料内部的局域连通性和导电性。随着 SiCNWs 含量的增加,导电路径的数量增加,这是导致电磁波反射增强的主要因素,而 SiCNWs-6-C/C 电磁屏蔽效能降低可能是基体的结晶度和电导率的变化造成的。

除了用碳纳米管、碳化硅纳米线来改善碳纤维,增强热解碳基复合材料的电磁屏蔽性能外,也有学者采用碳化铪纳米线来提高 C/C 复合材料的屏蔽性能,并得到了不错的结果。

由于航空航天领域对屏蔽材料的需求,碳基电磁屏蔽复合材料以其优异的性能成为研究热点,但在 2 500 ℃以上的超高温下,温度对 C/C 复合材料的微观结构有较大影响,进而会影响到复合材料整体的电磁屏蔽性能。

利用 CVI 在三维碳纤维预制体中沉积热解碳,经过 PIP 致密化后固化、碳化,再分别在 2 500 ℃、2 700 ℃和 3 000 ℃下热处理 1 h,得到所需的 C/C 复合材料。测定热处理后样品的孔隙率和密度,有研究表明,孔隙率对电磁波的吸收损耗影响较大。随着热处理温度的升高,C/C 复合材料的孔隙率不断增大,气孔增多可能会导致碳纤维与碳基体之间产生裂纹。此外,随着热处理温度的升高,热解碳基体的层化现象也更加明显。

测量不同热处理温度下 C/C 复合材料的电导率,发现电导率也与热处理温度有关,随着热处理温度的不断升高,复合材料的电导率也逐渐增加,而材料的电导率又影响着材料的电磁屏蔽性能,电导率越高,材料的吸收损耗越大,电磁屏蔽性能越好。

电磁屏蔽效能如图 8-17 所示,经 2 500 ℃热处理后,电磁屏蔽效能大于 30 dB(最大可达 99.9%的电磁频带)。3 000 ℃的热处理大大提高了电磁屏蔽性能,最大电磁屏蔽效能达到了约 80 dB(99.999 999%)。这是因为高温热处理后的复合材料织构排列更加规则,有序性提高,孔隙率增大。整齐的织构排列提高了电导率,进一步增强了电磁波的强反射。此外,材料内部许多孔隙处的内部多次反射延长了电磁波的传播路径,有助于进一步吸收更多的电磁波。当气孔率增加不大时,纤维排列方向对电磁屏蔽效果有很大的影响。当电磁波(EMW)入射到 C/C 复合材料表面时,它们首先在空气材料界面反射。一些 EMW 通过表面进入 C/C 材料内部,不断被反射和吸收,导致进一步衰减。除了纤维之间的反射,电磁波在孔隙中也有多次反射,而这些反射在材料内部作为热能被吸收或消散。这些波的相互作用、吸收和反射总是由波传播所通过的介质和材料的磁性和电性决定的。对于 C/C 复合材料,当入射电磁波到达复合材料表面时,由于材料本身的导电路径和自由电子的数量较多,大量的 EMW 被反射,促进了 EMW 与电子之间的相互作用。只有小部分 EMW 进入材料并被吸收。因此,反射是 C/C 复合材料的主要电磁干扰屏蔽机制。

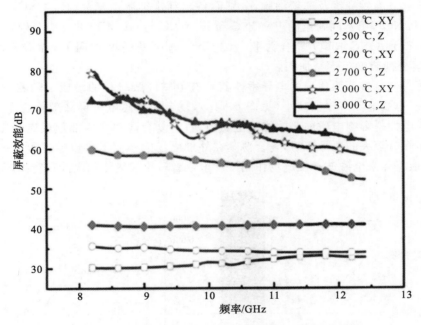

图 8-17 不同热处理温度 C/C 复合材料的电磁屏蔽效能

8.4.4 石墨烯基

石墨烯作为一种新型的二维纳米碳材料,具有极其优异的电学、力学和热力学性能,这些优异的性能使得石墨烯在与高分子材料形成复合材料后具有极佳的作为电磁屏蔽材料的潜质,特别是在飞机、航空航天和快速增长的柔性电子等领域。然而,石墨烯之间存在的较强的范德瓦耳斯力,限制了其作为超薄电磁干扰屏蔽材料的应用。当石墨烯含量较高时,石墨烯大量聚集,难以分散,同时会降低石墨烯为基体的复合材料力学强度。石墨烯含量较低时,尽管其分散性有所改善,但以石墨烯为基体的复合材料导电性明显下降。因此,为达到理想的电磁干扰屏蔽性能,大部分石墨烯基复合材料的厚度较大,达几毫米或更大。比如,以 10%（质量分数）浓度的石墨烯与聚乙烯亚胺混合形成的复合材料,厚度需 2.3 mm 才能满足实际应用的要求,即在 X 波段电磁屏蔽效能达 20 dB,而以 1.8%（体积分数）的石墨烯与聚甲基丙烯酸甲酯形成的复合材料厚度需 2.4 mm 才能满足要求。氧化石墨烯（GO）作为石墨烯最易获得的前驱体,由于其潜在的导电性、高加工性和在水介质中良好的分散性,成为制备上述石墨烯高负载材料的理想选择。

纤维素纳米晶（CNC）具有可降解、可再生、生物相容性好等特点,近年来在电子及能源存储行业逐渐引起学者们的兴趣。此外,CNC 具有优异的力学强度,可明显提高复合材料机械强度;同时,CNC 表面含有大量羟基,具有较大的比表面积,在复合材料中可作为分散剂,改善材料的团聚问题及复合材料界面的结合性能。

利用纤维素纳米晶（CNC）作为分散剂与增强体,与 GO 复合并还原后得到 CNC/RGO 柔性导电薄膜,通过 CNC 防止石墨烯聚集,来提高复合材料强度,同时提高复合材料的电磁屏蔽性能。分离竹纤维及薄壁细胞,分别制备出纤维细胞纳米晶（F-CNC）和薄壁细胞纳米晶（P-CNC）,用不同含量的 F-CNC 和 P-CNC 与 GO 混合并超声分散,再使用蒸汽还原、干燥,得到 CNC/RGO 复合薄膜。纯 CNC 薄膜是高度透明的,随着 GO 的加入,CNC/GO 复合薄膜颜色逐渐加深。

CNC/RGO 复合薄膜优异的电导率使其具有电磁屏蔽材料的潜质。随着绝缘性 CNC 含量的增加,薄膜电导率逐渐减小（见图 8-18）,复合薄膜总电磁屏蔽效能也呈下降趋势。这是因为导电性是影响电磁屏蔽效能的主要因素,当复合薄膜在内部形成比较完整连续的导电通路而具有较大的电导率时,复合薄膜在外加磁场的作用下可以通过形成高速运转的涡流,有效地将外来电磁波在反电场作用下反射或者转化成热能和电能进行损耗。

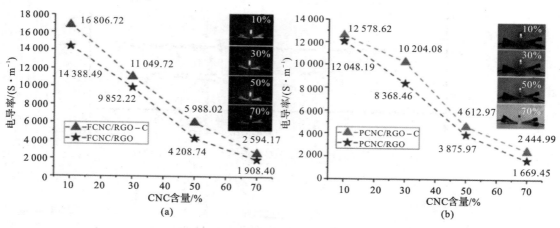

图 8-18 CNC/RGO 复合薄膜电导率
(a)FCNC/RGO 薄膜电导率随 CNC 含量变化图; (b)PCNC/RGO 薄膜电导率随 CNC 含量变化图

CNC/RGO 复合薄膜的电磁屏蔽效能如图 8-19 所示。当 CNC 含量为 30%～50% 时,FCNC/RGO-C 及 FCNC/RGO 复合薄膜电磁屏蔽效能均低于 PCNC/RGO-C 及 PCNC/RGO 复合薄膜,这是因为除电导率外,薄膜厚度也影响电磁屏蔽效能。CNC/RGO 复合薄膜的主要屏蔽机制是以微波吸收为主导。这种结果可归因于 CNC 与 RGO 内部组成的"砖-泥"层状 3D 互连导电结构,密实有序的 RGO 导电层中存在大量的载流子对电磁波产生欧姆损耗,从而将吸收的电磁波转化为热能散失,产生高效的电磁干扰屏蔽性能。这种高吸收、低反射电磁屏蔽材料不会在仪器内部产生太多反射辐射,从而将反射的辐射引起的伤害降到最低,在精密电子仪器设备以及便携式电子产品中具有很大应用前景。

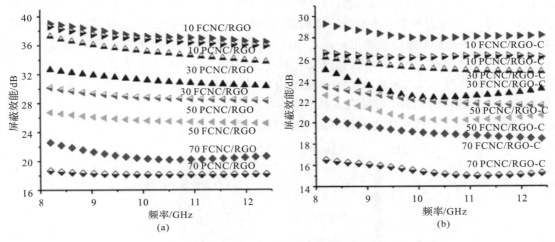

图 8-19　CNC/RGO 复合薄膜电磁屏蔽效能图

复合材料中的界面有利于电磁波的连续反射与吸收,多层结构或者泡沫状结构能有效提升复合材料的电磁屏蔽性能。而将层状石墨烯薄膜发泡成多孔石墨烯泡沫以增加石墨烯与其他材料复合的界面,或增加石墨烯接收电磁波时的反射界面,有利于石墨烯的电磁屏蔽性能的提升,使石墨烯在更多领域释放潜力。

以 GO 薄膜为原料,采用肼发泡法制备了石墨烯(G)-泡沫材料,其 SEM 图片如图 8-20 所示。G-泡沫材料的横截面扫描电镜图清楚地显示出了尺寸超过几十微米的交联型微孔结构。

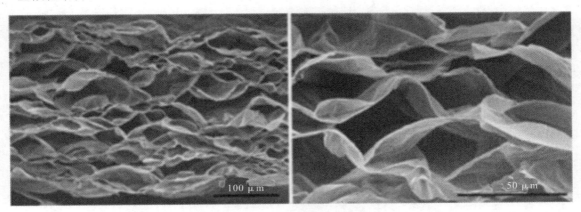

图 8-20　G-泡沫材料的 SEM 照片

由于微孔结构的存在会破坏导电网络,影响材料的电导率,因此 G-泡沫材料的电导率小于层状石墨烯,但在相同频段内,G-泡沫材料的电磁屏蔽性能要优于层状石墨烯,因此可以说明,泡沫状的多孔结构增加了石墨烯材料内部的连续反射,如图 8-21 所示。与层状 G-膜相比,具有微孔结构的 G-泡沫材料可以具有更大的细胞基质界面面积。由于空气和石墨烯之间大的阻抗失配,进入泡沫材料的入射电磁波可能会在这些蜂窝界面反复反射,从而加强电磁能量的传递,这些能量将以热的形式分散,导致电磁波吸收损耗的增强。另外,预计在这些界面反射的电磁波不能完全消散,其中一小部分,特别是靠近样品输入表面的电磁波,可能会穿过石墨烯层逃逸出样品。因此,应该在 G-泡沫材料的输入界面检测到更有效的电磁反射。然而,实际观察到的是变化很小的 SE 反射。这可能是因为发泡过程还可以减少 G-泡沫与空气之间输入界面的阻抗失配,从而减少其电磁反射。在上述两方面的作用下,G-泡沫塑料的 SE 反射值基本保持不变。

进入泡沫的入射波可以在基体界面之间重复反射和散射。

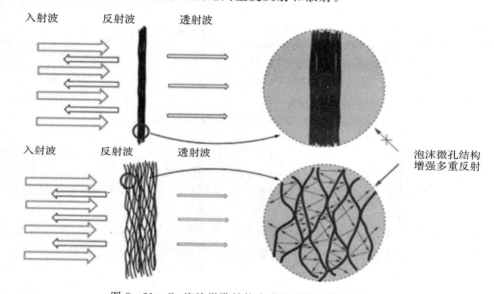

图 8-21　G-泡沫微孔结构中多次反射的示意图

在此基础上,将多层 G-泡沫材料叠在一起,形成多层 G-泡沫材料,由于联结在一起后进一步增加了整体的界面,因此也能适当提高材料的电磁屏蔽性能,但这种提高是非线性的,随着多层 G-泡沫材料厚度的增加,泡沫材料的反射损耗变化不大,吸收损耗逐渐达到最大值,材料的整体电磁屏蔽性能便不再上升。与膨胀石墨类似,如果在 G-泡沫材料的空洞中掺杂磁性纳米颗粒,或许能够提高 G-泡沫材料低频段的电磁屏蔽性能。

8.4.5　碳纳米管基

碳纳米结构制成的毡类物质,具有一定力学性能和柔性,同时还具有导电性。有研究者采用多壁碳纳米管薄片制成碳纳米结构(Carbon Nanostructures,CNS)毡,这些碳纳米管薄片都朝向一个方向,因而使得材料具有较好的导电性,因此可以作为电磁屏蔽材料的候选材料。此外,这种材料的导电性还与材料的厚度有一定的关系,材料越薄,电导率越大。如图

8-22所示,70 kN CNS、50 kN CNS 和 20 kN CNS 分别是采用不同压力,处理后的 CNS 材料,代表着不同厚度的材料,其中材料越薄,其电导率越大。在施加不同的压力改变 CNS 毡的厚度时,内部碳纳米管薄片更加密实,从而增加了材料内部的纳米结构的接触点,使得材料的导电性有所提升。

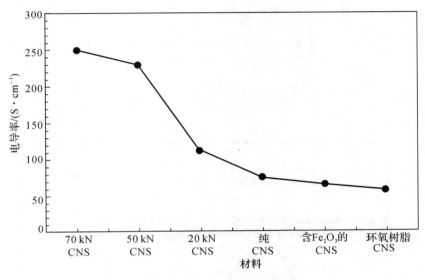

图 8-22 不同 CNS 毡的电导率

电导率越大不能说明其总的屏蔽效能越好,材料的电磁屏蔽性能主要由三方面决定,即反射损耗、吸收损耗和多重反射损耗。当材料的 SE 超过 15 dB 时,多重反射损耗通常忽略不计。反射损耗与材料的厚度无关,吸收损耗与材料的电导率和厚度有关,当电导率增加或材料的厚度增加,则材料的吸收损耗增加。实验表明,如图 8-23 所示,在 10 GHz 下测得的不同厚度 CNS 毡的电磁屏蔽效能随着厚度的减小而降低。但主要引起总屏蔽效能降低的是吸收损耗的减少,而反射损耗随着材料厚度的变化没有显著变化。这是因为 CNS 毡由许多排列整齐的层状结构组成,电磁波经过这些层状结构时由于多次反射和散射直至被材料彻底吸收。当施加压力改变材料的厚度时,一部分层状结构合并,从而导致材料内部的界面面积减小,因而对电磁波的反射和散射减少,使得吸收损耗下降。从这也可以看出减小材料厚度对 CNS 毡屏蔽效能的影响大于电导率对屏蔽效能的影响。因此,我们在设计电磁屏蔽材料时要从多种因素去考虑材料的屏蔽性能。我们还可以采用多种屏蔽效应结合(如将电导损耗和磁损耗相结合),在这里可以给这种 CNS 毡中加入磁性 Fe_2O_3 纳米颗粒,如图 8-24 所示,加入 Fe_2O_3 纳米粒子后材料的屏蔽效能显著提高,其增强的原因是基体中形成许多界面层和间隙,在这种微界面较多的体系中,电荷容易在界面附近积累,从而引起大量的界面极化,增加对电磁波的极化损耗,而且大量的界面也可以使进入材料的电磁波进行多次反射而被损耗。此外,由于加入磁性材料,使整个材料的初始磁导率增加,也增加了材料对电磁波的吸收损耗。

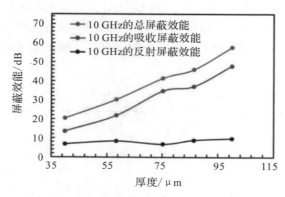

图 8-23 不同厚度 CNS 毡在 10 GHz 的电磁屏蔽效能

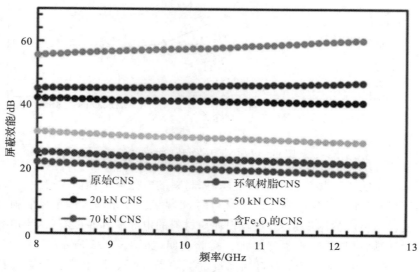

图 8-24 不同材料的屏蔽效能

8.5 电磁屏蔽的表征

根据测试距离和波长的相关关系,屏蔽材料的屏蔽性能测试方法可以分为远场法、近场法及屏蔽室法;根据电磁波导波模式的不同,又可以分为同轴测试法和波导测试法。

8.5.1 远场法

远场是指 $\frac{\lambda}{2\pi} \ll r$ 的磁场,其中 λ 为电磁波波长,r 为测试距离。此时电磁波为平面波,如果在开放空间中测量,则需要足够大的样品尺寸与空间,现实中很难满足要求。而电磁波在同轴线中的传播是平面波,因此远场法常用的测试方法有 ASTM-ES-7 同轴传输线法和法兰同轴测试法。

ASTM-ES-7 同轴传输线法是早期美国国家材料实验协会(ASTM)推荐的一种屏蔽材料测试方法。该方法根据电磁波在同轴传输线内传播的主模是横电磁波这一原理,模拟自由空间远场的传输过程。

图 8-25 为同轴传输线法装置示意图,其内导体连续,外导体可拆,待测试样被制成圆环状放在中间,在整个腔体的两端各接有衰减器和信号发生器及测量仪器。

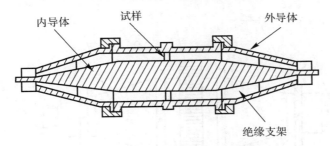

图 8-25 同轴传输线法装置示意图

电磁屏蔽材料的屏蔽效能用 SE(dB)来表示,其计算方法为

$$SE = 20\log\frac{V_0}{V_1} = 10\log\frac{P_0}{P_1} \tag{8-11}$$

式中:V_0 和 V_1 分别是采用无电磁屏蔽材料和有电磁屏蔽材料时的接受电压;P_0 和 P_1 分别是采用无电磁屏蔽材料和有电磁屏蔽材料时的接受功率。

图 8-26 为其等效电路图,其中 Z_0 为传输线特性阻抗,Z_L 为试样阻抗,Z_C 为试样与传输线的接触阻抗。由式(8-11)及欧姆定律可以得出

$$SE = 20\log\left|1 + \frac{Z_0}{2(Z_L + Z_C)}\right| \tag{8-12}$$

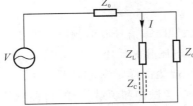

图 8-26 同轴传输线法等效电路

当试样与传输线的接触电阻很小时,Z_C 可以忽略不计,电磁屏蔽效能 SE 可以简化为

$$SE = 20\log\left|1 + \frac{Z_0}{2Z_L}\right| \tag{8-13}$$

采用该方法测电磁屏蔽效能过程较为简单,速度快,但也存在不足之处,就是试样与同轴线内导体和外导体之间的接触阻抗会影响测试效果,所以该方法的重复性较差。

对此,后续提出了法兰同轴测试法,该方法与同轴线传输法类似,所不同之处是将内外

导体全部断开,测试时以螺钉将两法兰固定,目的是减小试样与内外导体之间的接触阻抗。下面将具体介绍这种方法。

法兰同轴测试法也是现在使用最多的电磁屏蔽效能测试方法,其可以测量在 30 MHz～1.5 GHz 或 30 MHz～3 GHz[根据法兰同轴测试装置(见图 8-27)的不同]频率范围内电磁屏蔽材料的电磁屏蔽效能,适用于电磁屏蔽织物、电磁屏蔽金属板、电磁屏蔽金属网、电磁屏蔽薄膜、电磁屏蔽橡胶、电磁屏蔽玻璃、电磁屏蔽塑料等平面型电磁屏蔽材料的电磁屏蔽效能的测量。

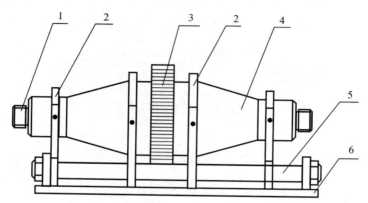

1—同轴连接器; 2—锥形同轴线支架; 3—连接器紧固螺母; 4—锥形同轴线腔体;
5—导轨; 6—底座

图 8-27 法兰同轴测试装置

与同轴线传输线法类似,在测试装置的两端也有相应的衰减器、信号发生器以及测试仪器等设备。各设备的技术指标满足要求如下:

1)信号发生器,频率范围根据测试需求而定,特性阻抗为 50 Ω,驻波比小于 2.0,最大输出功率不小于 13 dBm。

2)衰减器,频率范围根据测试需求而定,特性阻抗为 50 Ω,驻波比小于 1.2,衰减量不小于 6 dB(额定功率不小于 1 W)。

3)测量仪器有频谱分析仪、带跟踪信号源的频谱分析仪和网络分析仪,频率范围根据测试需求而定,特性阻抗为 50 Ω,电压驻波比小于 2.0,最小分辨率带宽不大于 1 kHz。

在使用法兰同轴测试法时,待测试样要满足以下条件:

1)进行测试的试样分别为参考试样和负载试样(待测试样),参考试样和负载试样应为电薄材料(试样的厚度远小于试样的导电波长);图 8-28 是一种测试频率范围在 30 MHz～1.5 GHz 的试样尺寸(单位 mm)要求,试样的最大厚度不超过 5 mm。其中参考试样分为两部分,测量时,中间圆形部分安装在装置的中心导体上,环形部分安装在装置的外导体法兰上。

2)参考试样和待测试样的材质应当相同,材料厚度也应当相同。

3)待测试样应在温度为 23 ℃±5 ℃,相对湿度 40%～70%的条件下存放 48 h 后,实验时取出立即开展测量。

第8章 碳基复合材料的电磁屏蔽

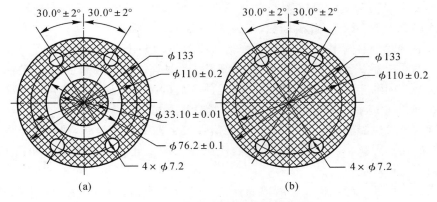

图8-28 参考试样和负载试样尺寸
(a)参考试样；(b)负载试样

4)在法兰同轴测试装置中夹放待测试样时,应当尽量夹紧,使待测试样与装置法兰面紧密的接触,避免因接触不良引起较大的误差。对于屏蔽效能高或较脆的导电试样,在同轴法兰的法兰面上应当加上导电衬垫。

5)若测量多个厚度相同的同一类试样时,应使待测试样与法兰同轴装置紧密接触,记下紧固螺母侧面刻度的方位值,以后各片待测试样均以此读数为准,这样就保证了每个待测试样的压紧力相同,提高了测量的重复性,避免因压力不同引起的测量误差。

6)由于噪声电平会影响接收机的灵敏度,因此测量屏蔽效能值高于60 dB以上的待测试样时应当使用双层屏蔽或半刚性电缆。

测量的步骤根据测量仪器的不同也有所不同。当使用频谱分析仪/信号发生器时,测量步骤如下:

1)按照图8-29连接各设备,在法兰同轴装置的一侧连接衰减器与信号发生器,另一侧则连接衰减器和频谱分析仪,应注意连接时尽可能减小连接电缆的长度,以减小阻抗。

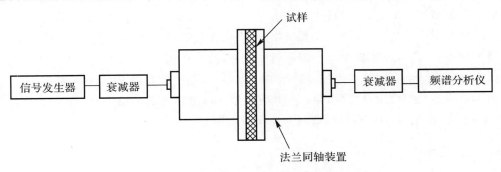

图8-29 信号发生器/频谱分析仪测试系统

2)接通测量设备的电源,待设备工作稳定后进行测量。

3)先将参考试样固定于法兰同轴装置中,不同的法兰装置紧固方式有所区别,所以固定的时候参照物有所不同,当采用30 MHz～1.5 GHz的法兰同轴装置时,用力矩改锥拧紧螺钉,当采用30 MHz～3 GHz法兰同轴装置时,拧紧旋钮固定并标记至某一刻度。

4)信号发生器调到 30 MHz 频率点上,输出电平置于 0 dBm,调节频谱分析仪频率至 30 MHz,读取最大值,并记下此时读数,记为 P_1(dBm)。

5)保持信号发生器输出电平不变,改变信号发生器的输出频率,观察频谱分析仪,记下参考试样在不同频率点上的 P_1(dBm),便于测量待测试样在不同频率下的屏蔽效能。

6)调松法兰同轴装置,取出参考试样,将提前存放的待测试样放入法兰同轴装置,然后再调紧装置,调紧时应注意保持和第 3)步中调紧时状态相同。

7)保持信号发生器的电平输出不变,改变信号发生器的输出频率,观察频谱发生仪,记下待测试样的在不同频率点上的 P_2(dBm),应当注意的是此步中的频率应和第 5)步中选取的不同频率点相对应。

8)按照下式计算待测试样的屏蔽效能,图 8-30 为一种屏蔽涂料的测试结果,从图中可以读出该材料在某一频率对应的屏蔽效能。

$$\mathrm{SE}_{\mathrm{dB}} = P_1 - P_2 \tag{8-14}$$

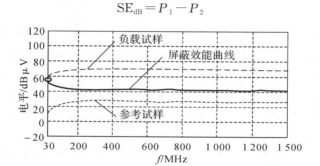

图 8-30 屏蔽效能曲线

使用带跟踪信号源的频谱分析仪和网络分析仪时的测量步骤大体与上面的步骤类似,不同的地方在于设备的连接方式,将带跟踪信号源的频谱分析仪或网络分析仪的输入与输出端,分别与法兰同轴装置的两端的衰减器相连接,测量前应对测量系统进行传输校准。带跟踪信号源的频谱分析仪,可以看成一个信号源和一个频谱分析仪的组合,但两者是自动关联的。信号源产生的信号频率完全与频谱分析仪的调谐频率一致,也就是当频谱分析仪扫描到哪个频率时,信号源就发出哪个频率的电磁波,此时就相当于一台标量网络分析仪。

网络分析仪是测量网络参数的一种新型仪器,可直接测量有源或无源、可逆或不可逆的双口和单口网络的复数散射参数,并以扫频方式给出各散射参数的幅度、相位频率特性。图 8-31 和图 8-32 是使用这两种仪器时的连接示意图。

8.5.2 近场法

近场是指 $\dfrac{\lambda}{2\pi} \gg r$ 的磁场,测试方法主要有双屏蔽盒法和改进的 MIL-STD-285 法。

8.5.2.1 双屏蔽盒法

图 8-33 为双屏蔽盒法的测试装置示意图,双盒法广泛应用于近场电磁屏蔽效能的测量,双屏蔽盒的两个腔体内分别安装了一个输入天线和一个接收天线,用来连接信号发生器

和测量仪器来发射和接受辐射功率。基本测量方法是:不加试样时接收天线接收到的功率为 P_0,加入试样后接收到的功率为 P_1,则材料的屏蔽效能 SE 可用式(8-11)计算得到。该方法一般规定屏蔽盒尺寸为 180 mm×120 mm×160 mm,试样尺寸为(76.2±3.2) mm×(152.4±3.2) mm,试样的厚度不超过 4 mm。

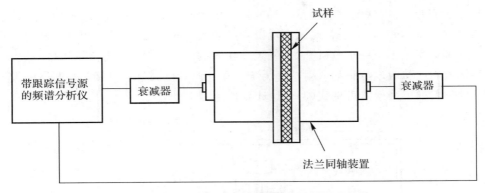

图 8-31 带跟踪信号源的频谱分析仪测试系统

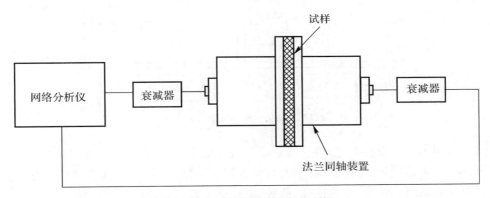

图 8-32 网络分析仪测试系统

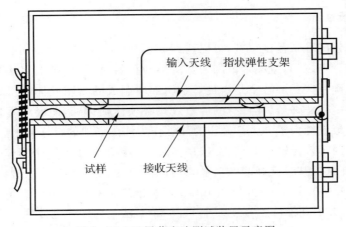

图 8-33 双屏蔽盒法测试装置示意图

双盒法的优点是不需要昂贵的屏蔽室、辅助夹具或其他设施，测量快速、简单、方便，但该方法的缺点是腔体工作频率将随腔体的物理尺寸而产生谐振，并且该方法测量结果的重复性易受指状弹性支架衬垫的状态影响。

8.5.2.2 改进的 MIL-STD-285 测试法

MIL-STD-285 法测试装置是一种改进型近场测试装置，如图 8-34 所示。该法测试原理与双盒法基本相同，只是将测试环境由双屏蔽盒换成屏蔽室，其发射和接收设备也基本相同。在屏蔽室壁上开一个测试孔，发射天线在孔的一边，接收天线在孔的另一边，孔上不放置待测材料时接收端测得的入射功率为 P_0，孔上放置待测材料时接收端测得的投射功率为 P_1，则材料的屏蔽效能可按式(8-11)计算得到。

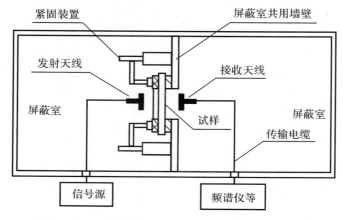

图 8-34 改进的 MIL-STD-285 法测试装置示意图

该装置引入了一个屏蔽室环境，增加了装置的成本，同时对孔的边缘与试样的电接触要求较严格。该方法能较好地反映材料对近场的屏蔽效能，不足之处在于试样要和开孔有很好的密封性，而试样表面电阻的变化、孔径、电缆的连接、多次反射等都会影响测量结果。但是，该方法运用得当的话可以得出较好的测试结果。

8.5.3 屏蔽室法

屏蔽室法测量的频带范围很宽，可以达到 9 kHz～40 GHz，低频可拓展至 50 Hz，所以对于介于远场和近场之间，或频带范围较宽的屏蔽材料时，使用屏蔽室法来测量屏蔽效能，结果就会更加准确一些。屏蔽室是由良好金属导体制成的封闭腔体，可以有效地屏蔽外界电磁干扰。屏蔽室搭建好后，其自身的屏蔽效能必须达到标准，即屏蔽室良好封闭后，将屏蔽室各频段的屏蔽效能大于 90 dB 判定为能够作为测试场地的指标要求。

根据电磁波的等效传输线原理，要求在屏蔽室一侧墙面上开一个窗口，将待测试样紧贴在测量窗口上，并保证其有良好的电接触。测试窗口为正方形，边长不小于 0.6 m，适用频率范围为 10k Hz～40 GHz，正方形孔中心距离屏蔽地面高度不小于 1 m，方形孔边界距侧墙不小于 0.5 m，方形孔沿法兰宽度不小于 25 mm，法兰应做导电处理。屏蔽室法测试装置如图 8-35 所示。

第8章 碳基复合材料的电磁屏蔽

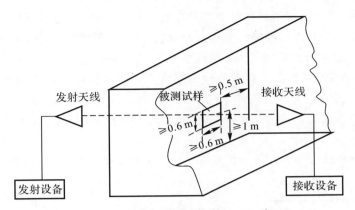

图 8-35 屏蔽室法测试装置(0.6 m 窗口)

待测试样应满足以下两个要求：一是待测试样的面积应大于屏蔽室测试窗口的尺寸,待测试样表面平整；二是应保证待测试样安装时四周边沿与测试窗口有良好的导电连接。如果待测试样表面不导电,应将待测试样边沿不导电部分切掉或打磨掉,露出导电表面。

屏蔽室法测量方法如下：

1) 按图 8-35 连接好测试设备。
2) 打开屏蔽测试窗口。
3) 发射设备设置合适的输出电平,读取频谱分析仪上所有测量频率点的电平指示值。
4) 将待测试样安装在测试窗口上,并将所有的螺钉拧紧。
5) 保持信号发生器各频率点输出电平与第 3) 步相同,读取频谱分析仪上所有测量频率点的电平指示值。
6) 根据公式(8-11)计算各测量频率点待测试样的屏蔽效能。

在测试过程中应注意,将待测试样放置在屏蔽室测试窗口的时候,测试窗口的法兰面上应安装导电衬垫,导电衬垫的屏蔽效能应大于试样屏蔽效能 10 dB 以上。待测试样的边沿用导电胶带封贴,将待测试样贴在测试窗口上,用压力钳夹紧待测试样或用螺钉固定待测试样,保证待测试样与屏蔽室测试窗口良好的电连接,避免因接触不良引起测量误差。发射天线放置在屏蔽室外部,接收天线放置在屏蔽室内部,屏蔽室内部尽量不放置与测量无关的金属物体。在测量过程中,天线、仪器以及屏蔽室内的其他物品位置保持不变。

8.5.4 波导管法

波导管法一般用于电磁波频率大于 1.5 GHz 时屏蔽材料屏蔽效能的测试。其原理是由网络分析仪产生一定频率范围的微波,通过高方向性耦合器进入矩形波导管,将试样插入波导管中,微波一部分透过试样,一部分被试样反射,在波导管的频率范围内测量规定频率点下微波经过试样的透射功率和反射功率,并将测量信号返回网络分析仪,由网络分析仪给出插入损耗和回波损耗,并计算相应的透射率、反射率、吸收率和屏蔽效能。

图 8-36 为矩形波导管测试系统,其中网络分析仪的 A、B、C 分别为反射信号测量端口、微波信号发射端口和透射信号测量端口。其测试方法为：

1) 开启网络分析仪,按测试频率范围设置测量起始频率和终止频率。

2) 仪器进行预热后进行校准。先校对全反射,在波导管试样架中插入校准件,使校准件非开口部位于波导管试样通道中,在网络分析仪回波损耗测量窗口中执行归一化操作。再校对直通,移动校准件使其开口部分位于波导管试样通道中,在网络分析仪插入损耗测量窗口中执行归一化操作。

3) 在试样架上放置好待测试样,插入测试口,固定好待测试样,仪器自动测量插入损耗和回波损耗。

4) 在网络分析仪上得到发射源的功率 P_0 以及透过试样的功率 P_1,然后由式(8-11)计算得到 SE。

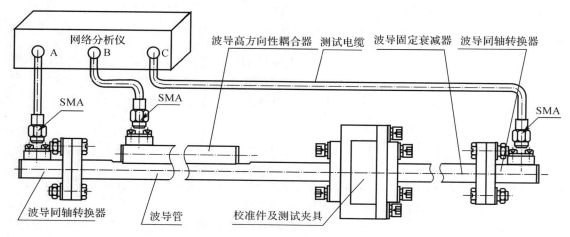

图 8-36 矩形波导管测试系统组成示意图

应当注意的是,测试过程中应保证试样的使用面朝向微波入射方向,在换取试样的过程中,取下试样后,应及时用校准板插在试样架上以防止微波泄露。

8.5.4 其他方法

双 TEM 室法,其装置由上、下两个 TEM 室组成,在两个 TEM 室共用壁上开一窗口,上边小室产生的能量通过窗口传输到下边的小室。上边小室接有输入信号源,下面的小室接有输出端口,分别测试穿透过窗口的垂直电场分量和水平磁场分量。测量方法与其他方法类似,当窗口不加试样和加试样时,分别测出入射功率功率 P_0 以及传输功率 P_1,然后由式(8-11)计算得到屏蔽效能。此方法的特点是输入功率较低,对周围的设备和人员电磁干扰较小,但安装试样较为复杂,接触电阻较大。

此外,还有学者设计了同轴方法测量 1 MHz~1 GHz 范围内的电磁屏蔽效能,一般同轴法所用的腔体都是圆形的,这里采用方形的腔体,并设计组建了相应的夹具。改进后的方法降低了样品制备难度,而且采用内导体横截面较小的方形同轴腔,使得内外导体间场分布近似于均匀平面波,更接近实际应用环境,适用于低频段下平板型材料的屏蔽效能的测试。

总体来说,进行材料的屏蔽效能测试时,要考虑材料物理化学性质、电磁波频率范围、材料的尺寸、测试环境以及试样与夹具之间的接触电阻等因素,从而选择合适的测试方法。随着对电磁屏蔽材料的深入研究,对电磁屏蔽效能的测试要求也越来越高,这同时也促进了电磁屏蔽测试方法的发展,通过改进测试方法、优化测试装置或采用多种测试技术结合的方式来提高测量结果的准确性,为研究新型电磁屏蔽材料提供技术保障。

参 考 文 献

[1] 刘顺华,刘军民,董星龙.电磁波屏蔽及吸波材料[M].北京:化学工业出版社,2007.

[2] 张凯,吴连锋,桂泰江,等.电磁屏蔽材料的研究与进展[J].材料导报,2021,35(增刊2):513-515.

[3] 刘宇辰,宋江锋,李迎春,等.碳复合材料在电磁屏蔽方面的应用研究[J].化工中间体,2012,9(9):10-22.

[4] 刘洋.碳纳米片的制备及其性能研究[D].哈尔滨:哈尔滨工程大学,2012.

[5] 范静静.基于碳纳米管复合体系导电棉织物的制备及其性能研究[D].无锡:江南大学,2018.

[6] PARK S H, HA J H. Improved electromagnetic interference shielding properties through the use of segregate carbon nanotube networks [J]. Materials, 2019,12(9):1395-1401.

[7] LUO X, CHUNG D. Electromagnetic interference shielding using continuous carbon-fiber carbon-matrix and polymer-matrix composites[J]. Composites Part B:Engineering, 1999, 30(3):227-231.

[8] 杨健.新型碳基纳米电磁屏蔽基材的制备[D].南京:南京大学,2012.

[9] 陈茂军,楼白杨,徐斌,等.膨胀石墨含量对竹炭/膨胀石墨复合材料电磁屏蔽性能的影响[J].材料科学与工程学报,2019,37(5):754-757.

[10] FARHAN S, WANG R, LI K. Electromagnetic interference shielding effectiveness of carbon foam containing in situ grown silicon carbide nanowires[J]. Ceramics International, 2016, 42(9):11330-11340.

[11] 刘兴民.原位自生碳纳米管对C/Si_3N_4和C/C复合材料电磁屏蔽性能的影响[D].西安:西北工业大学,2014.

[12] SHEN Q L, LI N J, LIN H J, et al. Simultaneously improving the mechanical strength and electromagnetic interference shielding of carbon/carbon composites by electrophoretic deposition of SiC nanowires[J]. Journal of Materials Chemistry C, 2018,6(22):5888-5899.

[13] KX A, LIN F A, GZ B, et al. The evaluation of microstructure of carbon/carbon composites generated by ultra-high temperature treatment towards excellent electromagnetic interference shielding property[J]. Carbon, 2022, 193:128-139.

[14] 金克霞.毛竹纤维素纳米晶导电薄膜制备及电磁屏蔽性能研究[D].北京:中国林业科学研究院,2020.

[15] SHEN B, YANG L, DA Y, et al. Microcellular graphene foam for improved

broadband electromagnetic interference shielding[J]. Carbon, 2016, 102: 154-160.

[16] HY A, NS B, MMR C, et al. Thin carbon nanostructure mat with high electromagnetic interference shielding performance: science direct[J]. Synthetic Metals, 2019, 253:48-56.

[17] LIU X, YIN X, KONG L, et al. Fabrication and electromagnetic interference shielding effectiveness of carbon nanotube reinforced carbon fiber/pyrolytic carbon composites[J]. Carbon, 2014, 68:501-510.

[18] ZHANG Z H, CHENG L S, SHENG T Y, et al. SiC nanofiber-coated carbon/carbon composite for electromagnetic interference shielding[J]. ACS Applied Nano Materials, 2022, 5(1):195-204.

[19] 王雨婷, 罗诗淇, 杨起帆, 等. 电磁屏蔽材料与结构的研究进展[J]. 纺织科技进展, 2022(3):10-13.

[20] TIAN S, ZHOU L, LIANG Z T, et al. 2.5 D carbon/carbon composites modified by in situ grown hafnium carbide nanowires for enhanced electromagnetic shielding properties and oxidation resistance[J]. Carbon, 2020, 161:331-340.

[21] 刘顺华, 刘军民, 董星龙, 等. 电磁波屏蔽及吸波材料[M]. 北京:化学工业出版社, 2014.

[22] 席嘉彬. 高性能碳基电磁屏蔽及吸波材料的研究[D]. 杭州:浙江大学, 2018.

[23] 马小惠. 碳基电磁屏蔽材料的制备及其性能研究[D]. 上海:上海大学, 2019.

[24] 王翊, 刘元军, 赵晓明. 碳系电磁屏蔽材料的研究进展[J]. 现代纺织技术, 2021, 29(1):1-11.

[25] 王雨婷, 罗诗淇, 杨起帆, 等. 电磁屏蔽材料与结构的研究进展[J]. 纺织科技进展, 2022(3):10-13.

[26] 程明军, 吴雄英, 张宁, 等. 抗电磁辐射织物屏蔽效能的测试方法[J]. 印染, 2003(9):31-35.

[27] 李刚, 蒋全兴, 孔冰. 平板型电磁屏蔽材料同轴测试方法[J]. 电讯技术, 1995, 35(3):6-12.

[28] 洪济晔. 电磁屏蔽效能的测量[J]. 自动化仪表, 2009, 30(9):24-26.

[29] 陈光华, 黄少文, 易小顺. 电磁屏蔽材料与吸波材料的性能测试方法及进展[J]. 兵器材料科学与工程, 2010, 33(2):103-107.

[30] 罗显云. 材料电磁屏蔽性能测试技术研究[D]. 成都:电子科技大学, 2018.

第9章 碳基复合材料的应用

9.1 碳基复合材料的应用现状

碳基复合材料是新材料领域中重点研究和开发的一种新型超高温材料,它具有密度小、比强度大、热膨胀系数低、耐高温、耐热冲击、耐腐蚀、摩擦性好等优异性能,可适应复杂的服役环境。由于其优异的抗烧蚀性能,碳基复合材料在航天工业已成功地得到应用;由于其优异的摩擦性能和高温性能,碳基复合材料刹车盘应用于飞机摩擦材料,占据了飞机刹车市场的主导地位;由于碳基复合材料优异的超高温性能,各国研究人员又把注意力集中于将该材料用作热结构材料。目前碳基复合材料的应用领域主要有以下方面。其一,碳基复合材料具有卓越的高温力学性能、抗热震性能、良好的高温烧蚀性能,是可以在 2 000 ℃ 以上使用的材料,因此可用在导弹发动机喷管、喉衬和航天飞机的鼻锥、机翼前缘等。其二,碳基复合材料热导率高、比热大、热膨胀系数低、耐摩擦磨损且摩擦系数稳定,是理想的制动刹车材料,现已广泛用于大中型民航客机。其三,碳基复合材料用于制造热压模具,由于具有质轻和难熔的性质,在金属铸造、陶瓷和粉末冶金生产中,采用碳基复合材料制作热压模具可减小模具厚度,缩短加热周期,节约能源和提高产量。其四,由于碳基复合材料耐高温、热导率高、比热大、热膨胀系数低,被广泛用于耐高温的核应用材料。其五,碳基复合材料具有优异的耐腐蚀性,在酸、碱、盐溶液及有机溶剂中呈现化学惰性,可以用于制造化学实验仪器,在工业污水处理以及废气处理等需要耐腐蚀性的场合具有应用优势。其六,碳基复合材料与生物组织的相容性好,可以用作人体骨骼替换材料。

9.2 碳基复合材料作为高速制动材料的应用

碳基复合材料最大的应用市场是飞机刹车片。英国 Dunlop 航空公司的碳基复合材料飞机刹车片在飞机上试用成功,随后碳基刹车盘被广泛用于高速军用飞机和大型民用客机的刹车片。碳基复合材料刹车片在 2000 年之前只占刹车片市场的 25%,而在 2000 年就达到 50%,而且增长越来越快。用碳基复合材料刹车片代替钢刹车片已是大势所趋。碳基复合材料刹车片具有一系列显著的优点。其一,重量轻。碳基复合材料料的密度小,而钢的密度较大,同样体积的碳基刹车片质量显著小于钢刹车片。其二,寿命长。碳基复合材料刹车片的使用寿命约为钢刹车片的 5 倍。英国 Dunlop 航空公司对钢制动器和碳基复合材料刹车片进行过比较,实验证明碳基复合材料料刹车盘的使用寿命显著延长。而使用碳基复合材料料刹车盘后还可以减轻重量,增加有效载荷,节约燃料消耗。图 9-1 为飞机的刹车盘。其三,性能好。碳基复合材料刹车片与钢相比具有导热系数高、热膨胀系数小、每次飞行磨损少和使用温度高等一系列优点。由于碳基复合材料热导率比钢高,因此碳基制动器比钢制动器散热快,前者的散热率比后者高,这对停飞时间较短的民航客机来讲极为重要。图 9-2、图 9-3 分别是碳基复合材料料比热和抗弯强度与温度的关系。其四,可超载使用。碳基复合材料料刹车盘的优点不仅在于重量轻、寿命长和节省费用,还有一个重要特点是,在紧急情况下,碳基复合材料料刹车盘可以超载使用。1981 年 8 月,一架客机从纽约肯尼迪机场起飞,但飞机一个轮胎因外物破坏而出现故障,起飞滑行时,这个轮胎旁边的一个轮胎也失灵,飞机只得利用余下的 6 个制动器被迫在高速下紧急制动,最后成功地刹车停住,事发时每个制动器都承受了极高的温度。事后检验发现,金属的转矩管已有部分出现熔化,但碳基复合材料料制动器还是经受住了考验,避免了一场事故的发生。碳基复合材料料制动器能抵受大能量的另一个证明是邓禄普航空部的实验,结果充分显示出碳基制动器超载运转的能力。

图 9-1　飞机刹车盘

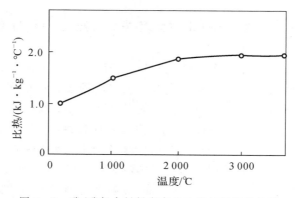

图 9-2　碳/碳复合材料刹车片比热与温度的关系

第9章 碳基复合材料的应用

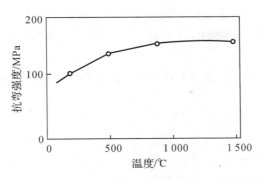

图 9-3 碳/碳复合材料刹车片抗弯强度与温度的关系

碳基复合材料汽车刹车盘的设计和测试起源于 20 世纪 70 年代后期。1980 年,英国的 Brabham 赛车竞技组织使用碳基复合材料刹车盘完成了超过 500 km 的方程式赛车比赛。碳基复合材料汽车刹车盘提供以下优点:整车重量缩减,刹车系统具有更为持久的制动性能,极大地降低了踏板压力,不再出现制动失效情况,由于整个刹车系统的减重,车辆在制动后可快速起动。在高温下,碳基复合材料刹车盘可咬合得更加紧密,并具有较好的稳定性。碳基复合材料汽车离合器在 20 世纪 80 年代获得了广泛发展。金属离合器使用距离较短,碳基复合材料汽车离合器则可以延长使用距离,碳基复合材料汽车离合器在 F1 赛车(见图 9-4)竞技领域获得了应用。

图 9-4 装备有碳基复合材料刹车盘的 F1 赛车

9.3 碳基复合材料在航空发动机上的应用

碳基复合材料研究的焦点集中在作为高温长时间使用的结构材料方面,尤其是航空发动机的热端部件。随着推重比增大,涡轮前进口温度不断提高,当航空发动机推重比提高时要求其热端工作温度也显著升高,要求材料的比强度提高。碳基复合材料比强度高,可以使发动机本身的重量大大降低,提高推重比,而且由于减少了冷却空气消耗,进而会使发动机效率得以提升。因此,世界各发达国家研究新一代高推比航空发动机无一不是把碳基复合材料作为关键材料来考虑,未来的发动机叶片的可能选材就是碳基复合材料。

9.4 碳基复合材料在航天热结构件中的应用

碳基复合材料在航天领域的应用主要包括以下方面:碳基复合材料可用作航天飞机的高温耐烧蚀材料和高温结构材料,如当航天飞机重返(再入)大气层时,机头温度极高,机翼前缘温度也高达上千摄氏度,这些苛刻的耐热部位都采用了碳基复合材料,如美国的航天飞机、美国国家空天飞机等机翼前缘和机头锥都采用了碳基复合材料,日本 HOPE 航天飞机、法国海尔斯航天飞机、俄国暴风雪号航天飞机、德国桑格尔空天飞机、俄罗斯图-2000 空天飞机的机翼和机头锥也采用了碳基复合材料。

由碳基复合材料制作的导弹弹头的端头(鼻锥),一方面可经受导弹再入时高温环境的考验,另一方面使命中精度得到提高;导弹发动机喷管的工作环境对其的要求十分苛刻,不仅要求材料烧蚀率低,而且抗热震性能要优异,碳基复合材料具备满足这些要求的潜能,因而在各种火箭、导弹上得到应用,如民兵、三叉戟、卫兵等导弹的端头和喷管等部件都采用了碳基复合材料。

碳基复合材料也可用于航天器件的散热装置。由航天飞行器电子仪器和能源输出装置产生的热量目前主要由散热装置排出,碳基复合材料在此应用领域具有优异的性能,使用碳基复合材料仅为传统全金属材料散热系统重量的 1/3,且具有更长的服役寿命。

9.4.1 碳基复合材料作为固体火箭发动机抗烧蚀材料的应用

固体火箭发动机喷管由于要承受超过 3 000 ℃ 的燃气温度,且存在液、固体粒子冲刷和高温燃气的化学腐蚀,因而工作环境极为严酷。由于没有冷却系统,所以燃气的高温必须由其自身承担,特别是喉衬部分工作环境最为恶劣,且要求其尺寸不能因烧蚀冲刷而变化,否则喉径变大,压力随之下降,则推力下降。第一代喷管多采用高强石墨为喉衬。以某型导弹作为代表的喷管多采用钨渗铜材料作为喉衬。碳基复合材料喉衬密度小,显著小于钨渗铜,且可根据不同的要求进行设计,抗气体的腐蚀,喉衬烧蚀均匀,无腐蚀台阶、凹坑,更可贵的是其强度在一定范围内随着温度的升高而上升。从事固体火箭发动机研制生产的国家陆续采用了碳基复合材料喉衬,由此使发动机的可靠性大幅度提高。同时从小尺寸的喉衬逐渐过渡到大型喉衬。碳基复合材料应用于喉衬部件的主要优点包括较好的设计便利性,较高的可预测性能,良好的性能稳定性,表面形貌的准确调控,减重,极富竞争力的成本优势。目前,碳基复合材料喉衬部件已广泛应用于固体火箭以及大型战术导弹推进剂引擎。图 9-5 是洲际弹道导弹的喉衬。商用火箭的发展为碳基复合材料喉衬的应用开拓了市场,法国的 Ariane 4 和 Ariane 5 绕地火箭发动机在该方面取得了极大进展,图 9-6 为 Ariane 5 的喉衬部件。

图 9-5 洲际弹道导弹喉衬

图 9-6 法国 Ariane 5 的喉衬部件

喷管扩散段的主要功能是控制燃气的膨胀,并且将最佳推力传送给发动机。它不仅要承受高温燃气的强力冲刷、高温腐蚀,而且它同时是承载件,由于减重的要求,其壁厚较小,到 20 世纪 90 年代,碳基复合材料扩散段在先进导弹固体火箭发动机上的应用已相当广泛,其主要原因是它可使第二级火箭减重达 35%,第三级火箭减重达 35%～60%,它是实现高冲质比喷管的关键技术。许多国家相继在战略导弹、卫星远地点发动机、惯性顶级发动机上使用了碳基复合材料扩散段。

9.4.2 碳基复合材料作为返回式航天飞行器热结构材料的应用

碳基复合材料具有良好的热辐射性能和抗烧蚀性能,其较小的密度可大幅降低飞行器的整体重量。同时,其也可以在高温下保持自身的强度和韧性,是极具发展潜力的飞行器热结构材料。自航天飞机的鼻锥帽及机翼前缘选用抗氧化碳基材料成功之后,各国的航天飞机也都相继选用这种材料,将来的航天飞机也同样离不开这些材料。图9-7是洲际弹道导弹的鼻锥。

图9-7 洲际弹道导弹鼻锥

同时,碳基复合材料还可应用于制备涡轮机叶片以提升燃料的燃烧温度。碳基复合材料在增压涡轮机叶片领域的应用经历了实验验证,一个未包覆涂层的轴向转子高速旋转后未出现失效现象。图9-8是一副经历过高速测试的碳基复合材料涡轮机叶片照片,该部件具有36个单片,直径达到37 cm,且质量仅为3.4 kg。

图9-8 经历高速测试的碳基复合材料涡轮机叶片

9.5 碳基复合材料作为生物材料的应用

碳材料具有优异的生物相容性,但传统碳材料的强度一般,且较脆,限制了它在生物医用材料领域的进一步应用。碳基复合材料的增强相和基体相都由碳构成,一方面继承了碳材料固有的生物相容性,另一方面又具有纤维增强复合材料的高强度与高韧性特点。它的出现解决了传统碳材料的强度与韧性问题,是一种极有潜力的新型生物医用材料,在人体骨修复与骨替代材料方面具有较好的应用前景。

碳基复合材料作为生物医用材料,主要具有以下优点:生物相容性好,整体结构均由碳构成,人体组织对其适应性好;在生物体内稳定,不被腐蚀,也不会由于生理环境的腐蚀而造成离子向周围组织扩散及植入材料自身性质的退变;具有良好的生物力学相容性,与骨的弹性模量十分接近,可减弱由应力遮挡作用引起的骨吸收等并发症;强度高、耐疲劳、韧性好,并且可以通过结构设计,对材料性能进行调整,以满足特定的力学要求;生物相容性好,碳材料是目前生物相容性最好的材料之一,以碳氢化合物热解生成的低温各向同性碳最具代表性,它反映了目前人工心脏瓣膜材料的最高水平,已在全世界获得了广泛的临床应用。碳基复合材料的结构组成虽具有复杂性和多样性,但从生物相容性角度来看,仍与一般碳材料有类似之处。碳基复合材料的基体相和增强相均由碳构成,其中增强相碳纤维属玻璃碳,基体相可以是树脂碳、沥青碳或热解碳,这种材料构成方式本身就对碳基复合材料的生物相容性进行了基本定位。相对于传统碳材料,碳基复合材料在强度和韧性方面的改善,使之在骨组织修复与替代方面更具潜力。

Adams 等人研究了碳基复合材料用于老鼠股骨的情况,结果表明,碳基复合材料具有极优异的硬组织相容性,骨皮层组织可很快适应该材料,在碳基复合材料与骨之间没有形成任何过渡软组织层,也没有出现任何炎症反应。通过与金属植入体进行对比发现:碳基复合材料与骨的界面剪切强度明显大于金属植入体与骨的界面剪切强度。经显微分析可观察到骨组织与碳基复合材料的凹凸表面结合得很紧密,并有骨组织向碳基复合材料表面沟槽生长的现象。

研究人员对比了各种人工骨材料制成的成犬大腿骨植入后拔出强度与植入时间的关系,发现碳基复合材料和碳纤维制件与生物组织有很强的结合力。用 X 射线仪检测植入前后材料的孔径变化可以发现:植入后一个月中,碳材料的孔径尺寸减小、数量减少,这是骨细胞长入的缘故。生物组织对碳材料优良的响应特性还赋予了碳基材料一些独特的生物相容能力,研究发现,将一端暴露在外的碳基棒插入软体组织后,皮肤可沿伸出的碳基棒向外生长,而且软组织紧紧地黏附在碳基复合材料的表面,在碳基复合材料与软组织间会形成很强的结合作用。研究人员发现,如果采用金属棒进行同样的实验,则在金属表面会形成一层纤维膜,从而将组织环境与金属植入体隔离,也不会出现皮肤向外生长的现象。皮肤延伸现象的出现可归结为碳材料与软组织内在的亲和作用及软组织向材料表面孔隙的长入。利用碳基复合材料的这一特性,可培育活组织使皮肤向前延伸,以固定普通类型植入体,这对于碳基复合材料在骨修复与骨替代方面的应用是十分重要的。Baquey 等人采用放射示踪法研究了碳基复合材料的血液相容性,发现在与血液接触一个小时内,碳基复合材料表面会产生明显的血小板黏附现象，而红细胞与纤维蛋白原却不会被碳基复合材料表面所黏附。进一步研究表明，碳基复合材料的微观结构对血小板的黏附机理有显著影响。碳基复合材料植入体进入人体后，将处于人体复杂的生物环境内，与血液、软组织、骨骼之间产生各种交互作用，影响因素十分复杂。从材料学角度出发，材料的微观结构、组织类型、表面状态及形貌等一系列材料特性问题，都会对碳基复合材料的生物相容性产生直接的影响。因此，为获得最适用于某种场合下的医用碳基复合材料，需要对材料的微观结构和表面状态进行有效控制，因此需要深入认识该材料生物相容性与微观结构组成之间的关系。由于优异的生物相容性与潜在的力学相容性，碳基复合材料在生物医用方面具有很好的应用前景。Christel 等人研究了几种不同微观结构的碳基复合材料用作人工髋关节的可行性，分析了不同类型碳基复合材料对骨皮层的长期响应特性。经研究发现：在几种碳基复合材料中，通过气相渗碳得到的热解碳基复合材料最适用于髋关节置换，这种材料具有关节置换生理环境所需的生物相容性和生物力学稳定性。另外，研究人员也开发了碳基复合材料人工齿根，研究发现，碳基复合材料植入体要与生物组织牢固结合，必须满足以下几点：①碳基复合材料植入体应具有很好的细胞附着性；②碳基复合材料的物理性质应近似于骨质；③碳基复合材料植入体表面应是多孔结构且孔隙要足够大，以便于细胞长入并能对新生细胞提供充分的氧和营养；④碳基复合材料多孔层表面应能和新生的骨胶原纤维形成三维交织的状态，使植入体和生物组成一体化，并能传递作用力。研究人员开发了框架结构的碳基复合材料人工齿根，其制备方法是以碳基复合材料为芯材，在表面缠绕碳纤维无纬布，然后在一定温度梯度下用 CVI 工艺渗积热解碳，热解碳的生成一方面把碳基芯材与碳纤维无纬布连接成一个整体，另一方面赋予材料坚硬的表面层。内部的热解碳填充得十分密实，而表皮有较大的孔隙率，有利于新生骨细胞在其内部的生长和发展。该结构具有适度的刚性、硬度、孔隙率和模量，从本质上仍是一种具有特定孔隙分布的碳基复合材料。

对于碳基复合材料在髋关节的应用，髋关节属于身体活动的连接机构，接触界面必然发生相对滑动而导致摩擦磨损。人体髋关节置换手术中，人工假体材料的摩擦学性能决定了其使用寿命和长期稳定性。目前对于碳基复合材料摩擦学行为已有较多研究，国内外相关文献报道了碳基复合材料的碳基体类型、热解碳织构、纤维排布方向、石墨化温度、表面状态以及摩擦试验机的载荷、温度、转速对其磨损率、磨损机理和磨粒状态的影响。但是其研究主要针对碳基复合材料在航空制动系统的应用，摩擦学性能测试采用的是盘-盘式摩擦试验机。在碳基复合材料的人工髋关节应用方面，G. I. Howling 等人研究了多种碳纤维类型和碳基体类型的生物医用碳基复合材料的摩擦学性能，发现碳基复合材料的摩擦因数小，其磨损颗粒对 L929 成纤维细胞和 U937 单核细胞均无毒性反应，另外，将磨损颗粒与单核细胞共培养发现，该磨损颗粒在颗粒体积和细胞数量比为 80：1 时仍然不能刺激 TNF-α 细胞因子的释放，说明颗粒诱导骨溶解发生的可能性较小。

与金属植入材料相比，碳基复合材料的医用研究与应用都是近些年的事，还存在许多急待解决的问题：从医学角度考虑制备专用碳基复合材料的研究工作较为欠缺，目前材料的选择局限于航空航天领域用碳基复合材料，缺乏从生物应用角度设计、制备的专用碳基复合材料，这项研究可能会涉及材料的力学分析、结构设计、微观组成控制、表面涂层与改性等一系列问题。与金属材料相比，复合材料的性能测试标准还很不规范，处于人体环境的响应也远比常规材料复杂,目前复合材料植入体的生物相容性和力学相容性还缺乏一个清晰的、规范的准则。碳基复合材料的出现,从根本上改善了单质碳材料的强度与韧性,解决了植入体与人体骨骼模量不匹配的问题。虽然目前碳基复合材料植入体的实际临床应用还不多,但其潜在的优势注定了它在生物医用材料方面良好的应用前景,需要我们积极在材料学、临床和基础医学上进行广泛深入的研究,推动我国生物医用碳基复合材料的研究和发展。

9.6 碳基复合材料发展前景展望

世界航空航天技术的发展对碳基复合材料的性能提出了更高的要求。尤其是高性能航空发动机热结构部件和空天飞行器的热防护系统对碳基复合材料的发展提出了新的挑战。现有的碳基复合材料制备工艺已可以成功制备出高密度、高强度的构件及产品,已开发的抗氧化涂层体系,例如镶嵌结构涂层、晶须(纳米线、纳米带)增强涂层、梯度涂层等。我国自主研发的碳基复合材料航空刹车制动器打破了国际市场垄断。抗氧化耐烧蚀碳基复合材料已在火箭喷管、喉衬、航天发动机热防护系统等实现部分应用。但是该材料的研究仍然有诸多问题悬而未决。目前我国碳基复合材料研究存在的主要问题包括:

1)碳基复合材料的基础理论和源头创新不足的问题。目前碳基复合材料的研究焦点多集中在其性能指标和应用行为上,材料的制备关键技术基础理论研究和源头相对滞后,碳基复合材料形成的物理化学过程不明确(例如化学气相沉积的物理化学过程和聚合物前驱体的裂解过程等),碳基复合材料在热/力/氧耦合环境下的服役失效机理未探明。

2)碳基复合材料产品的制备成本问题。该材料的制备周期长、制造工艺复杂、技术难度大,加之原材料价格昂贵,使其成本长期居高不下。

3)碳基复合材料的高温氧化问题。碳基复合材料的耐高温性能主要是在非氧化气氛中获得的。在氧化气氛中碳基复合材料约在 400 ℃中就开始氧化,并且氧化速率随着温度的升高而迅速增大,氧化将导致碳基复合材料力学性能大幅度衰减,从而限制了该材料在高温结构部件中的深入应用。

4)碳基复合材料产品的质量问题。碳基复合材料产品的热解碳织构难以实现精细控制,大多产品的热解碳呈现光滑层织构或者光滑层/粗糙层混合织构;碳基复合材料产品的不同批次的性能分散性较大。

5)碳基复合材料的性能检测标准统一化问题。目前碳基复合材料的性能检测标准大多参考树脂基复合材料的国家标准或欧洲标准,不同单位采用的测试标准也存在一定差异,由于性能检测标准的不统一,碳基复合材料的性能数据无法横向对比与共享。

6)碳基复合材料服役性能数据库缺乏。碳基复合材料致力于应用超高温、高压、强腐蚀等复杂服役环境,但由于该服役环境的影响因素众多,外部模拟困难,因而该材料在复杂服役环境的材料性能数据库不完善。

7)碳基复合材料的市场拓展问题。目前碳基复合材料的主要应用集中在飞机刹车片,在其他领域的应用不够深入和广泛。碳基复合材料具有耐高温、强度高、抗腐蚀、耐磨等特性,在冶金、化工、原子能、半导体、汽车等领域都有广阔的应用前景,如用于发热体、支撑架、料盘、坩埚、热压模、螺钉、螺帽、离合器、活塞、连杆、轴、热交换器、耐腐蚀管道、过滤分离器、人工骨骼等。

  针对上述存在的问题,今后碳基复合材料将在理论创新、制备工艺、应用拓展方面继续深入研究。未来该材料的发展趋势之一是碳基复合材料多尺度复合技术。复合材料的增强体将朝连续长纤维和短切纤维、微米线(带、条)和纳米线(带、条、颗粒)多尺度共增强的方向发展。发展趋势之二是碳基复合材料的基体改性与涂层一体化抗氧化技术。基体改性与涂层一体化抗氧化技术结合了两种技术的优点,同时克服了基体改性无法完全隔绝氧侵入和涂层界面不相容的问题,有望实现碳基复合材料长寿命、宽温域抗氧化。发展趋势之三是材料基因组技术在碳基复合材料结构设计、性能预测的运用,借助计算科学设计碳基复合材料微观结构,预测热/力/氧耦合环境下的材料服役行为,建立材料的服役性能和失效行为数据库。发展趋势之四是碳基复合材料产品的低成本化和大批量化。目前碳基复合材料的高温性能优势比较突出,需要在保持其高温性能的基础上降低成本、扩大生产规模。发展趋势之五是碳基复合材料的结构功能一体化,在保持碳基复合材料本身优异力学性能的基础上,实现隐身功能、隔热功能、电磁屏蔽等功能一体化。发展趋势之六是提升碳基复合材料产品性能的稳定性。目前,碳基复合材料的制备工艺都依赖于操作者的经验,影响因素多,难以保证工艺的重复性和可靠性,这一点将成为制约碳基复合材料产品生产的重要问题。因此,需要加强计算机过程模拟、专家系统与智能控制方面的研究,为碳基复合材料性能稳定性提升奠定基础。

参 考 文 献

[1] FITZER E. The Future of Carbon-carbon Composites[J]. Carbon,1987,25(2):163.
[2] 张立同,李贺军,成来飞等. 航空超高温复合材料的现状与发展[C]//第九届全国复合材料学术会议论文集. 北京:世界图书出版公司,1996.
[3] 李贺军,张守阳. 碳基复合材料[J]. 新型炭材料. 2001,16(2):79.
[4] 郭正,赵稼祥. 新型高性能蜂窝芯 KOREX[J]. 宇航材料工艺,1995(5):58-59.
[5] CAO J M,SAKAI M. The crack-face fiber bridging of a 2D-carbon composite[J]. Carbon,1996,34(3):387-395.
[6] 李贺军,曾燮榕,李克智. 碳基复合材料研究应用现状及思考[J]. 炭素技术,2001,116(5):24.
[7] ANADA K,GUPTA V,DARTFORD D. Failure mechanisms of laminated carbon-carbon composites Ⅱ:under shear loads[J]. Carbon,1994,42(3):797-809.
[8] 赵稼祥. 邓禄普.(Dunlop)航空部的碳基复合材料料[J]. 新型炭材料,1989(12):10-17.
[9] 刘文川,邓景屹. 碳基材料市场调查分析报告[J]. 炭素科技,2001,11(2):13.
[10] 李贺军,罗瑞盈,杨峥. 碳基复合材料在航空领域的应用研究现状[J]. 材料工程,1997(8):8.
[11] 刘玉清,李蒙立,等,民机用碳刹车现状及其预制体的研究进展[J]. 民用飞机设计与

研究,2001(3):27-30.
- [12] 杨尊社,王珏.飞机C/C复合材料刹车盘的发展[J].航空科学技术,2001(1):28-30.
- [13] 姬永兴,田泽祥.碳刹车盘在我国军用飞机上的应用前景[J].飞机设计,2000(1):49-51.
- [14] 宋允,任慕苏,孙晋良.C/C复合材料在推进系统上的应用[J].产业用纺织品,2000(6):39-42.
- [15] 任学佑,马福康.碳基复合材料的发展前景[J].材料导报,1996(2):72-75.
- [16] 霍肖旭,刘红林,曾晓梅.碳纤维复合材料在固体火箭上的应用[J].高科技纤维与应用,2000,25(3):1-7.
- [17] 苏君明.C/C喉衬材料的研究与发展[J].炭素科技,2001,11(1):6-11.
- [18] 于翘.俄罗斯军用非金属材料概况[J].航天考察技术报告,193(2):7.
- [19] 左劲旅,张红波,熊翔,等.喉衬用碳基复合材料研究进展[J].炭素,2003(2):7-10.
- [20] 刘文川.热结构复合材料的制备及应用[J].材料导报,1994(2):62-66.
- [21] 侯向辉,陈强,喻春红,等.碳/碳复合材料的生物相容性及生物应用[J].功能材料,2000,31(5):460-463.
- [22] 顾汉卿,徐国风.生物医学材料学[M].天津:天津科技翻译出版公司,1993.
- [23] 许增裕,刘翔,谌继明,等.新型多元掺杂面对等离子体碳基材料的性能研究[J].核科学与工程,2002(4):349-355.
- [24] 贺福,王茂章.碳纤维及其复合材料[M].北京:科学出版社,1995.
- [25] 崔福斋.生物材料学[M].北京:清华大学出版社,2004.
- [26] PAITAL S R, DAHOTRE N B. Calcium phosphate coatings for bio-implant applications: materials, performance factors, and methodologies[J]. Materials Science and Engineering:R,2009, 66 (1/2/3):1-70.
- [27] DOROZHKIN S V. Calcium orthophosphate-based biocomposites and hybrid biomaterials[J]. Journal of Materials Science, 2009, 44 (9):2343-2387.
- [28] HENCH L L. Bioceramics: from concept to clinic[J]. Journal of the American Ceramic Society, 1991, 74 (7):1487-1510.
- [29] WIMMER M A, SPRECHER C, HAUERT R. Tribochemical reaction on metal-on-metal hip joint bearings: a comparison between in-vitro and in-vivo results[J]. Wear, 2003, 255:1007-1014.
- [30] 王茂章.碳纤维制造、性质和应用[M].北京:燃料化学工业出版社,1973.
- [31] BUCKLEY J D. Carbon-carbon: an overview[J]. Ceramic Bulletin, 1988, 67 (2): 1169-1180.
- [32] CHRISTEL P, MEUNIER A, LECLERCQ S, et al. Development of a carbon-carbon hip prosthesis[J]. Journal of Biomedical Materials Research, 1987, 21 (2): 191-218.
- [33] FU T, HAN Y, XU K W, et al. Induction of calcium phosphate on IBED-TiO_x-coated carbon-carbon composite[J]. Material Letters, 2002, 57 (1):77-81.
- [34] SUI J L, LI M S, LU Y P, et al. Plasma-sprayed hydroxyapatite coatings on

carbon/carbon composites[J]. Surface and Coatings Technology, 2004, 176 (2): 188-192.

[35] WALKER P L. Carbon:an old but new material revisited[J]. Carbon, 1990, 28 (2/3):261-279.

[36] BOKROS J C. Carbon biomedical devices[J]. carbon, 1977, 15 (6):355-371.

[37] JENKINS G M, CARVALHO F X. Biomedical applications of carbon fibre reinforced carbon in implanted prostheses[J]. Carbon, 1977, 15 (1):33-37.

[38] 黄传辉. 人工髋关节的磨损行为及磨粒形态研究[D]. 北京:中国矿业大学, 2004:8-15.

[39] MATTEI L, PUCCIO F D, PICCIGALLO B, et al. Lubrication and wear modelling of artificial hip joints:a review[J]. Tribology International, 2010, 263:1066-1071.

[40] BUFORD A, GOSWAMI T. Review of wear mechanisms in hip implants:paper I:general[J]. Materials and Design, 2004, 25 (5):385-393.

[41] SCHWEIZER N, RIEDE U, MAURER T B, et al. Ten-year follow-up of primary straight-stem prosthesis made of titanium or cobalt chromium alloy[J]. Archives of Orthopaedic and Trauma Surgery, 2005, 123 (7):353-356.

[42] HERNANDEZ M A, MERCADO R D, PEREZ A J, et al. Wear of cast metal-Metal pairs for total replacement hip prostheses[J]. Wear, 2005, 259:958-963.

[43] GARCIAA J A, DIAZA C, MANDLB S. et al. Tribological improvements of plasma immersion implanted CoCr alloys[J]. Surface and Coatings Technology, 2010, 204 (18/19):2928-2932.

[44] NEVILLE N, DOWSON D. Biotribocorrosion of CoCrMo orthopaedic implant materials-assessing the formation and effect of the biofilm [J]. Tribology International, 2007, 40 (10/11/12):1492-1499.

[45] GONZALEZ V A, HOFFMANN M, STROOSNIJDER R, et al. Wear tests in a hip joint simulator of different CoCrMo counterfaces on UHMWPE[J]. Materials Science and Engineering:C, 2009, 29 (1):153-158.

[46] BUSER D, SCHENK R K, STEINEMANN S, et al. Influence of surface characteristics on bone integration of titanium implants, a histomorphometric study in miniature pigs[J]. Journal of Biomedical Materials Research. 1991, 25 (7):889-902.

[47] 熊信柏. 声电化学法制备碳/碳复合材料磷酸钙生物活性涂层研究[D]. 西安:西北工业大学. 2004:8-20.

[48] HUANG H H, LEE T H. Electrochemical impedance spectroscopy study of Ti-6Al-4V alloy in artificial saliva with fluoride and/or bovine albumin[J]. Dental Materials, 2005, 21 (8):749-755.

[49] SIVAKUMAR B, KUMAR S, SANKAR T S. Fretting corrosion behaviour of Ti-

6Al-4V alloy in artificial saliva containing varying concentrations of fluoride ions [J]. Wear, 2011, 270 (3/4): 317-324.

[50] 蒋书文,尹光福,郑昌琼,等. 钛合金表面类金刚石碳梯度薄膜的摩擦磨损性能研究[J]. 摩擦学学报, 2001, 21 (3): 167-171.

[51] 战德松,杨彦昌,周兴泰,等. 钛表面涂覆类金刚石碳膜的生物相容性研究[J]. 材料研究学报, 1999, 13 (4): 405-408.

[52] 郑学斌,季衍,黄静琪,等. 等离子喷涂抗菌羟基磷灰石涂层研究[J]. 无机材料学报, 2006, 21 (3): 764-768.

[53] 郑学斌,丁传贤. 等离子喷涂制备 HA/ZrO$_2$ 复合涂层[J]. 无机材料学报, 2000, 15 (2): 341-346.

[54] 韩建业,于振涛,周廉. 溶胶凝胶法制备 HA/TiO$_2$ 复合生物活性涂层及其体外活性[J]. 稀有金属材料与工程, 2008, 37(4): 551-554.

[55] 肖秀峰,刘榕芳,郑汤曾. 水热电化学法制备 HA/ZrO$_2$ 复合涂层[J]. 稀有金属材料与工程, 2005, 34 (11): 1798-1801.

[56] 刘斯倩,林军,陈钰娟,等. Ti 基板上磷酸钙薄膜的电沉积[J]. 稀有金属材料与工程, 2010, 39 (2): 262-265.

[57] 张亚平,高家诚,文静,等. 钛基激光涂覆生物陶瓷涂层的生物相容性[J]. 中国生物医学工程学报, 2002, 21 (3): 242-245.

[58] 张亚平,高家诚,文静. 钛合金表面激光熔凝一步法制备复合生物陶瓷涂层[J]. 材料研究学报, 1998, 12 (4): 423-426.

[59] SLONAKER M, GOSWAMI T. Review of wear mechanisms in hip implants: paper II-ceramics IG004712[J]. Materials and Design, 2004, 25 (5): 395-405.

[60] KUSAKA J, TAKASHIMA K, YAMANE D, et al. Fundamental study for all-ceramic artificial hip joint[J]. Wear, 1999, 225 (2): 734-742.

[61] CHANG L S, CHUANG T H. Ultrasonic testing of artificial defects in alumina ceramic[J]. Ceramics International, 1997, 23 (4): 367-373.

[62] KNAHRK K, SALZER M. Experience with bioceramic implants in orthopaedic surgery[J]. Biomaterials, 1981, 2 (2): 98-104.

[63] TIPPER J L, FIRKINS P J, BESONG A A, et al. Characterization of wear debris from UHMWPE on zirconia ceramic, metal-metal and ceramic-ceramic hip prosthesis generated in a physiological anatomical hip joint simulator[J]. Wear, 2001, 250: 120-126.

[64] DERBYSHIRE B, FISHER J, DOWSON D, et al. Comparative study of the wear of UHMWPE with zirconia ceramic and stainless steel femoral hears artificial hip joints[J]. Medical Engineering and Physics, 1994, 16 (3): 229-236.

[65] DAMBREVILLE N, PHILLIPE M, RAY A. Zirconia ceramics[J]. Materials Orthopaedic, 1999, 78 (7): 1-11.

[66] COVACCI V, BRUZZESE N, MACCAURO G. In vitro evaluation of the

mutagenic and carcinogenic power of high purity zirconia ceramic[J]. Biomaterials, 1999, 20 (4):371-376.

[67] 李玉宝. 生物医学材料[M]. 北京:化学工业出版社, 2003.

[68] CAO W P, HENCH L L. Bioactive materials[J]. Ceramics International, 1996, 22 (6):493-507.

[69] 顾其胜. 实用生物医用材料学[M]. 上海:上海科学技术出版社, 2005.

[70] SUN L, BERNDT C C, GROSS K A, et al. Material fundamentals and clinical performance of plasma-sprayed hydroxyapatite coatings: a review[J]. Journal of Biomedical Materials Research, 2001, 58 (5):570-592.

[71] YU L G, KHOR K A, LI H, et al. Effect of spark plasma sintering on the microstructure and in vitro behavior of plasma sprayed HA coatings[J]. Biomaterials, 2003, 24 (16):2695-2705.

[72] ZYMAN Z, WENG J, LIU X, et al. Amorphous phase and morphological structure of hydroxyapatite plasma coatings[J]. Biomaterials, 1993, 14 (3):225-228.

[73] CHEN J, WOLKE J C, GROOT K. Microstructure and crystalline in hydroxyapatite coatings[J]. Biomaterials, 1994, 15 (4):396-399.

[74] ROOME C M, ADAM C D. Crsytallite orientation and anisotropic strains in thermally sprayed hydroxyapatite coatings[J]. Biomaterials, 1995, 16 (4):691-696.

[75] DING S, JU C, LIN J C, et al. Characterization of hydroxyapatite and titanium coatings sputtered on Ti-6Al-4V substrate[J]. Journal of Biomedical Materials Research, 1999, 44 (5):266-279.

[76] WOLKE J C, WAERDEN J M, SCHAEKEN H G, et al. In vivo dissolution behavior of various RF magnetron-sputtered Ca-P coatings on roughened titanium Implants[J]. Biomaterials, 2003, 24 (4):2623-2629.

[77] CLERIES L, MARTINEZ E, FERNANDEZ J M, et al. Mechanical properties of calcium phosphate coatings deposited by laser ablation[J]. Biomaterials, 2000, 21 (7):967-971.

[78] LIU D, YANG Q, TROCZYNSKI T. Sol-Gel hydroxyapatite coatings on stainless steel substrates[J]. Biomaterials, 2002, 23 (5):691-698.

[79] MA J, WANG C, PENG K W. Electrophoretic deposition of porous hydroxyapatite Scaffold[J]. Biomaterials, 2003, 24 (5):3505-3510.

[80] OLIVEIRA L, ELVIRA C, REIS R L, et al. Surface modification tailors the characteristics of biomimetic nucleated on starch-based polymers[J]. Journal of Materials Science:Materials in Medicine, 1999, 10 (6):827-835.

[81] HUANG S P, ZHOU K C, HUANG B Y, et al. Preparation of an electrodeposited hydroxyapatite coating on titanium substrate suitable for in vivo applications[J].

Journal of Materials Science:Materials in Medicine, 2004, 19 (1):437-442.

[82] WANG H, ELIAZ N, ZHOU X, et al. Early bone apposition in vivo on plasma-sprayed and electrochemically deposited hydroxyapatite coating on titanium alloy [J]. Biomaterials, 2006, 27 (23):4192-4196.

[83] SUI J L, LI M S, LU Y P, et al. Plasma-sprayed hydroxyapatite coatings on carbon/carbon composites[J]. Surface and Coatings Technology, 2004, 176 (2): 188-192.

[84] SUI J L, LI M S, LU Y P, et al. The effect of plasma spraying power on the structure and mechanical properties of hydroxyapatite deposited onto carbon/carbon composites[J]. Surface and Coatings Technology, 2005, 190 (2/3):287-292.

[85] BIGI D, BOANINI E, BRACCI B, et al. Nanocrystalline hydroxyapatite coatings on titanium:a new fast biomimetic method[J]. Biomaterials, 2005, 26 (19):4085-4089.

[86] XIONG J Y, LI Y C, HODGSON P D, et al. Nanohydroxyapatite coating on a titanium-niobium alloy by a hydrothermal process[J]. Acta Biomaterialia, 2010, 6 (4):1584-1590.

[87] OSTERBOS C J, RAHMY A I, TONINO A K, et al. High survival rate of hydroxyapatite-coated hip prostheses:100 consecutive hips followed for 10 years [J]. Acta Orthopaedic, 2004, 75 (5):127-133.

[88] PARVIZI J, SHARKEY P E, HOZACK W J, et al. Prospective matched-pair analysis of hydroxyapatite-coated and uncoated femoral stems in total hip arthroplasty[J]. Journal of Bone and Joint Surgery, 2004, 86 (7):783-786.

[89] REIKERAS D, GUNDERSON R B. Excellent results of HA coating on a gritblasted stem:245 patients followed for 8-12 years[J]. Acta Orthopaedic, 2003, 74 (5):140-145.

[90] ROBERTSON F, LAVALETTE D, MORGAN S, et al. The hydroxyapatite-coated hip:outcome in patients under the age of 55 years[J]. Journal of Bone and Joint Surgey, 2005, 87 (8):12-15.

[91] SINGH S, TRIKH S P, EDGE A J. Hydroxyapatite ceramic-coated femoral stems in young patients: a prospective ten-year study[J]. Journal of Bone and Joint Surgey, 2004, 86 (6):1118-1123.

[92] WIDMER M R, HEUBERGER M, VOROS J, et al. Influence of polymer surface chemistry on frictional properties under protein-lubrication conditions:implications for hip-implant design[J]. Tribology Letters, 2000, 10 (1/2):111-116.

[93] CHOWDHURY S K, MISHR A, PRADHAN B, et al. Wear characteristic and biocompatibility of some polymer composite acetabular cups[J]. Wear, 2004, 256 (11/12):1026-1036.

[94] BERTOLUZZ N, FAGNANO C, ROSSI M, et al. Micro-Raman spectroscopy for

the crystalline characterization of UHMWPE hip cups run on joint simulators[J]. Journal of Molecular Structure, 2000, 521:89-95.

[95] VAHID J, JAGATIA M, JINA Z M, et al. Elastohydrodynamic lubrication analysis of UHMWPE hip joint replacements [J]. Tribology and Interface Engineering Series, 2000, 38 (5):329-339.

[96] DOWSON D, WALLBRIDGE N C. Laboratory wear tests and clinical observations of the penetration of femoral heads into acetabular cups in total replacement hip joints Ⅰ: charnley prostheses with polytetrafluoroethylene acetabular cups[J]. Wear, 1985, 104 (6):203-215.

[97] ATKINSON J R, DOWN D, ISAAC G H. Laboratory wear tests and alinical observations of the penetration of femoral heads into acetabular cups in total replacement hip joints Ⅲ: the measurement of internal volume changes in explanted charnley sockets after 2-16 years in vivo and the determination of wear factors[J]. Wear, 1985, 104 (6):225-244.